U0294641

高等学校碳中和城市与低碳建筑设计系列教材
高等学校土建类专业课程教材与教学资源专家委员会规划教材

丛书主编　刘加平

低碳教育建筑设计

Low-Carbon Educational Building Design

李志民　周崐　主编

中国建筑工业出版社

图书在版编目（CIP）数据

低碳教育建筑设计 = Low-Carbon Educational Building Design / 李志民，周崐主编 . — 北京：中国建筑工业出版社，2024. 9. —（高等学校碳中和城市与低碳建筑设计系列教材 / 刘加平主编）（高等学校土建类专业课程教材与教学资源专家委员会规划教材 / 刘加平主编）. — ISBN 978-7-112-30362-5

Ⅰ. TU244

中国国家版本馆 CIP 数据核字第 202431HS53 号

为了更好地支持相应课程的教学，我们向采用本书作为教材的教师提供课件，有需要者可与出版社联系。
建工书院：https://edu.cabplink.com
邮箱：jckj@cabp.com.cn　电话：（010）58337285

策　　划：陈　桦　柏铭泽
责任编辑：李　慧　陈　桦　杨　琪
责任校对：赵　力

高等学校碳中和城市与低碳建筑设计系列教材
高等学校土建类专业课程教材与教学资源专家委员会规划教材
丛书主编　刘加平

低碳教育建筑设计

Low-Carbon Educational Building Design

李志民　周崐　主编

*

中国建筑工业出版社出版、发行（北京海淀三里河路9号）
各地新华书店、建筑书店经销
北京海视强森图文设计有限公司制版
北京中科印刷有限公司印刷

*

开本：787毫米×1092毫米　1/16　印张：$16^3/_4$　字数：326千字
2024 年 12 月第一版　2024 年 12 月第一次印刷
定价：69.00元（赠教师课件）
ISBN 978-7-112-30362-5
（43642）

如有内容及印装质量问题，请与本社读者服务中心联系
电话：（010）58337283　QQ：2885381756
（地址：北京海淀三里河路 9 号中国建筑工业出版社 604 室　邮政编码：100037）

《高等学校碳中和城市与低碳建筑设计系列教材》
编审委员会

《高等学校碳中和城市与低碳建筑设计系列教材》

总序

党的二十大报告中指出要“积极稳妥推进碳达峰碳中和，推进工业、建筑、交通等领域清洁低碳转型”，同时要“实施城市更新行动，加强城市基础设施建设，打造宜居、韧性、智慧城市”，并且要“统筹乡村基础设施和公共服务布局，建设宜居宜业和美乡村”。中国建筑节能协会的统计数据表明，我国 2020 年建材生产与施工过程碳排放量已占全国总排放量的 29%，建筑运行碳排放量占 22%。提高城镇建筑宜居品质、提升乡村人居环境质量，还将会提高能源等资源消耗，直接和间接增加碳排放。在这一背景下，碳中和城市与低碳建筑设计作为实现碳中和的重要路径，成为摆在我们面前的重要课题，具有重要的现实意义和深远的战略价值。

建筑学（类）学科基础与应用研究是培养城乡建设专业人才的关键环节。建筑学的演进，无论是对建筑设计专业的要求，还是建筑学学科内容的更新与提高，主要受以下三个因素的影响：建筑设计外部约束条件的变化、建筑自身品质的提升、国家和社会的期望。近年来，随着绿色建筑、低能耗建筑等理念的兴起，建筑学（类）学科教育在课程体系、教学内容、实践环节等方面进行了深刻的变革，但仍存在较大的优化和提升空间，以顺应新时代发展要求。

为响应国家“3060”双碳目标，面向城乡建设“碳中和”新兴产业领域的人才培养需求，教育部进一步推进战略性新兴领域高等教育教材体系建设工作。旨在系统建设涵盖碳中和基础理论、低碳城市规划、低碳建筑设计、低碳专项技术四大模块的核心教材，优化升级建筑学专业课程，建立健全校内外实践项目体系，并组建一支高水平师资队伍，以实现建筑学（类）学科人才培养体系的全面优化和升级。

“高等学校碳中和城市与低碳建筑设计系列教材”正是在这一建设背景下完成的，共包括 18 本教材，其中，《低碳国土空间规划概论》《低碳城市规划原理》《建筑碳中和概论》《低碳工业建筑设计原理》《低碳公共建筑设计原理》这 5 本教材属于碳中和基础理论模块；《低碳城乡规划设计》《低碳城市规划工程技术》《低碳增汇景观规划设计》这 3 本教材属于低碳城市规划模块；《低碳教育建筑设计》《低碳办公建筑设计》《低碳文体建筑设计》《低碳交通建筑设计》《低碳居住建筑设计》《低碳智慧建筑设计》这 6 本教材属于低碳建筑设计模块；《装配式建筑设计概论》《低碳建筑材料与构造》《低碳建筑设备工程》《低碳建筑性能模拟》这 4 本教材属于低碳专项技术模块。

本系列丛书作为碳中和在城市规划和建筑设计领域的重要研究成果，涵盖了从基础理论到具体应用的各个方面，以期为建筑学（类）学科师生提供全面的知识体系和实践指导，推动绿色低碳城市和建筑的可持续发展，培养高水平专业人才。希望本系列教材能够为广大建筑学子带来启示和帮助，共同推进实现碳中和城市与低碳建筑的美好未来！

刘加平

丛书主编、西安建筑科技大学建筑学院教授、中国工程院院士

前言

在全球气候变化的时代背景下，低碳发展已成为当今世界的重要议题。2020 年 9 月，中国在第七十五届联合国大会上宣布，CO_2 排放力争于 2030 年前达到峰值，努力争取 2060 年前实现碳中和。建筑行业作为能源消耗和碳排放的主要领域之一，肩负着实现可持续发展的重要使命。教育建筑作为培养未来人才的场所，更应率先践行低碳理念，为广大学生树立可持续发展的榜样。因此，编写这本《低碳教育建筑设计》教材具有重要的现实意义和深远的社会意义。

本教材旨在为建筑学专业学生和从业者提供一个全面了解低碳教育建筑设计的平台，帮助他们掌握低碳建筑设计的理论和方法，培养他们的低碳设计意识和创新能力。通过本教材的学习，读者将能够深入了解低碳教育建筑的设计理念、技术策略和实践案例，为设计出更加环保、节能、舒适的教育建筑奠定坚实基础。低碳教育建筑设计是一个综合性领域，涉及建筑学、生态学、能源学、环境科学等多个学科知识。本教材在编写过程中，充分考虑了多学科的交叉性和综合性，力求将各学科知识有机地融合在一起，形成一个完整的低碳教育建筑设计知识体系。教材内容涵盖了低碳教育建筑的设计理念、规划布局、建筑形态、能源系统、节能措施以及绿色材料等各个方面。在教材的编写过程中，我们注重理论与实践相结合，通过实际案例分析，帮助读者更好地理解和掌握低碳教育建筑设计的方法和技巧。同时，我们还注重鼓励读者在设计实践中积极探索和创新，提出更加新颖、实用的低碳设计方案。

本教材的编写团队由具有丰富教学经验和实践经验的专家学者组成，他们在教育建筑以及低碳建筑设计领域有着深入的研究和实践经验。在编写过程中，编写团队充分借鉴了国内外先进的低碳建筑设计理念和技术，结合我国实际情况，进行了深入研究和探讨，力求使本教材具有较强的科学性、实用性和可操作性。截至 2024 年底，已建成配套核心课程 5 节并上传至虚拟教研室，建成配套实践项目数 10 项，建成配套教材课件 1 套，打造了较完整的纸数融合的教学体系。我们希望这本教材能够成为建筑设计专业学生和从业者的良师益友，帮助他们在低碳教育建筑设计领域不断探索和创新，为推动我国建筑行业的可持续发展做出积极贡献。同时，我们也希望通过这本教材的出版，能够引起社会各界对低碳教育建筑的关注和重视，共同营造一个更加美好的绿色未来。

最后，感谢所有为本教材的编写和出版付出辛勤努力的人员，感谢各位专家学者的悉心指导和宝贵建议，感谢出版社的大力支持和配合。由于时间和精力所限，书中难免存在一些不足之处，欢迎广大读者提出宝贵意见和建议，以便我们在今后的修订中不断完善。

本教材由李志民、周崐主编，各章节的执笔者依次为：

第 1 章　陈雅兰、罗琳

第 2 章　李帆、王晓静

第 3 章　周崐、李曙婷

第 4 章　王晶懋、陈雅兰

第 5 章　李曙婷、周崐

第 6 章　王琰、许懿

参与本教材编写工作的还有：王灏、王思敏、王奕楠、胡慕蝉、赵楠、郭佳音、安睿、张玉鑫、杨浩、郑垚、马思悦、卢春雨、齐佳乐、范李一璇、高洁、储慧、韩明、贾库、朱静玥、张浩克、容康宁、何储悦、翟欣、冯淼玥、张鑫。

目录

第1章 教育建筑及其低碳发展概述

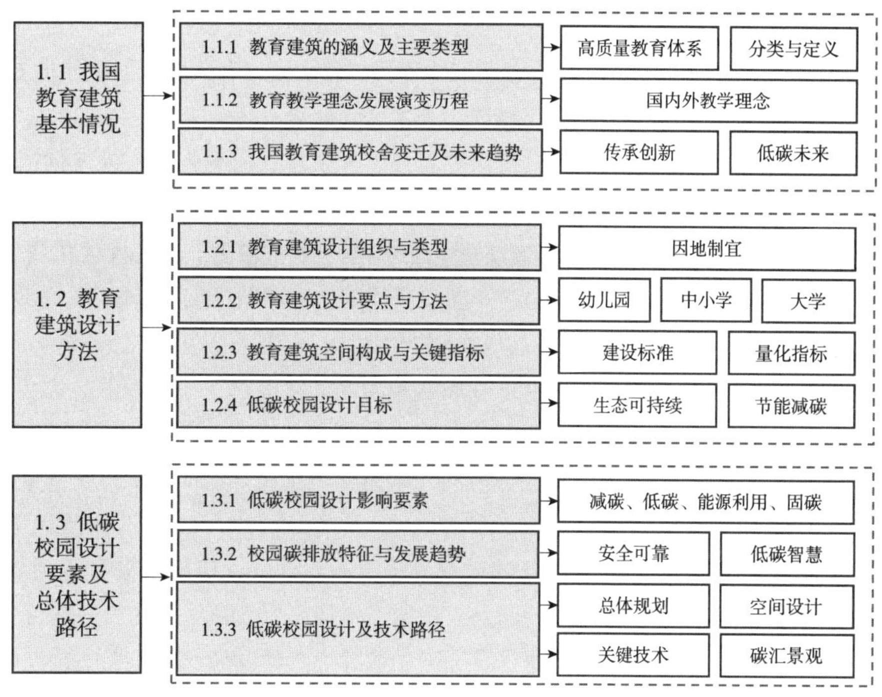

- 什么是低碳校园?
- 低碳校园设计要素有哪些?
- 从哪些路径开展低碳校园设计?

1.1.1 教育建筑的涵义及主要类型

1）教育建筑的建设概况

中华人民共和国成立以来，我国建成了世界最大规模的教育体系，办学条件显著改善，办学水平不断提高。进入21世纪以来，教育公平取得了重大进展，教育发展以促进公平为重点，以提高质量为核心，为经济腾飞、社会进步、民生改善、中华民族伟大复兴和人类文明进步均做出了重大贡献。

教育、科技、人才是全面建设社会主义现代化国家的基础性、战略性支撑。坚持教育优先发展、加快建设教育强国、人才强国是我国的重要国策。其中，坚持以人民为中心发展教育，加快建设高质量教育体系，发展素质教育，加快义务教育优质均衡发展和城乡一体化，优化区域教育资源配置，可促进教育公平。在教育体系中，不断强化学前教育、特殊教育普惠发展，坚持高中阶段学校多样化发展，统筹职业教育、高等教育、继续教育协同创新，极大地推进职普融通、产教融合、科教融汇，优化职业教育类型定位。加强基础学科、新兴学科、交叉学科建设，加快建设中国特色、世界一流的大学和优势学科，助力实现全民终身学习的“学习型社会、学习型大国”目标。

我国基础教育事业发展迅速，九年义务教育已全面从基本均衡向优质均衡迈进，满足人民群众对提高受教育水平的美好期待。伴随高考综合改革的向前推进，普通高中教育进入新高考、新课程、新教材和质量评价同步实施、协同推进的“黄金期”。其中，2021年高等教育学校总数达到3012所（图1-1），各种形式的高等教育在校生总规模4430万人。社会经济发展促使企业不断转变人才要求，作为技术人才摇篮的职业教育也随之改革。《教育部关于深化职业教育教学改革全面提高人才培养质量的若干意见》（教职成〔2015〕

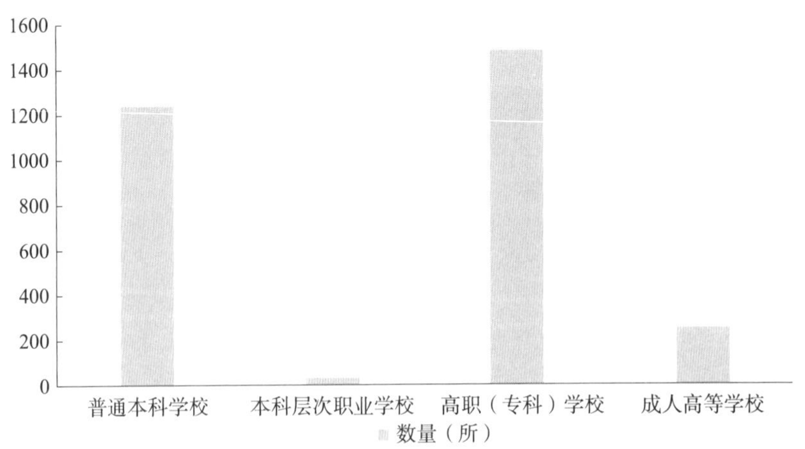

图1-1　2021年全国高等教育学校数量

6号）提出：公共基础课和专业课都要加强实践教学，积极推行认识实习，培养具有扎实理论基础与较强实践操作能力的技术型人才是高职教育最终目标。

2）教育建筑的建设意义

当今世界正处在创新发展的关键时期，人才竞争日趋激烈，面对前所未有的机遇和挑战，深化教育改革成为全社会的共同心声。伴随着中国特色社会主义事业进入新时代，社会的主要矛盾转化为人民日益增长的美好生活需要和不平衡不充分发展之间的矛盾。教育事业是实现中国梦的基石，优先发展教育事业、建设教育强国是中华民族伟大复兴的基础性工程，必须把教育事业放在优先位置，加快教育现代化，办好人民满意的教育。培养“德智体美劳”全面发展的社会主义建设者和接班人，努力让每个孩子都能享有公平且有质量的教育。

教育建筑作为教育活动的物质载体，其空间环境合适与否决定着教育行为能否顺利完成。伴随着教育理念和教育改革的不断更新，教育建筑品质的提升是时代之需，建设适应高品质办学的教育建筑具有重要的现实意义。教育建筑是育人的环境空间，精神文明的重要标志。因此，教育建筑的功能首先应满足以学习者为主体、教师为主导的教与学、各种活动、师生间及学习者间的相互交流、师生生活、社会终身教育等的物质需要；其次，教育建筑应满足一定的人文性、艺术性，并具有高品位的文化氛围，给师生以精神营养和潜移默化的熏陶；再次，要具有生态环境和可持续发展的功能，以适应未来教育的需要。在全世界追求“公平而卓越”的教育改革浪潮下，营建育人为本的优质教育建筑成为人们推进教育改革的重要举措。

基础教育是整个教育体系的关键部分，只有打好这个基础，我国的教育事业和全民素质才能得以稳步发展和提高。中小学校作为承担基础教育的空间主体，其建设意义重要性不言而喻。从全球的教育发展情况来看，随着全球化和科学技术的飞速发展，当前的教育体系与世界各国的实际经济与社会需要日益脱离，新的教育模式必须要适应、培养学生们的个人能力，使其更具包容性、凝聚力和生产力。在国际上，世界经济论坛发表了《未来学校：为第四次工业革命定义新的教育模式》，对世界各国中小学教学模式特点进行了比较，旨在探索教育发展的新模式。新一轮中小学校空间环境变革已拉开帷幕。

改革开放以来，我国高等教育事业得到长足发展，自1999年至今，已进入大规模发展时期。高等教育是新时代创新人才培养的摇篮。一个国家的高等教育体系需要有一流大学群体作为支撑，一流大学群体的水平和质量决定了高等教育体系的水平和质量。我国“十四五”规划和2035年远景目标纲要明确提出，到2035年我国将基本实现社会主义现代化，建成教育强国。

“十四五”时期“建设高质量教育体系”，特别强调要“提高高等教育质量”。面对新的全球化创新发展时代要求，高素质人才的作用尤其突出。对青年一代的成长而言，创新素质能够让个人更好地适应未来职场的挑战，掌握核心创新能力，对个人前途发展、终身学习也具有关键作用。因此，高等学校作为育人主体环境，具有十分重要的建设意义。与此同时，我国针对高职教育的改革也颁布了重要的措施，从调整中等教育结构到明确职业教育性质，再到确定职业教育的法律地位，高职院校的发展进入了新的历史阶段。

3）教育建筑的分类与定义

教育建筑是指人们为了达到特定的教育目的而兴建的教育活动场所，即幼儿园、小学校、中等学校、高等院校等。以下对教育建筑中的几类典型校园加以定义和说明：

（1）幼儿园

幼儿园是几百年前从普鲁士引进的体制，旧称蒙养园、幼稚园，是进行学前教育的学校。根据《幼儿园工作规程》规定，幼儿园是对 3 岁以上学龄前幼儿实施保育和教育的机构，适龄幼儿为 3~6 岁。幼儿园教育作为整个教育体系的基础，是对儿童进行预备教育（性格完整健康、行为习惯良好、初步的自然与社会常识）的机构，保教工作由语言、科学、艺术、健康和社会等五个领域的各种活动构成，各领域相互融合，共同决定教学内容。

（2）中小学校

小学校是人们接受最初阶段正规教育的机构，是基础教育的重要组成部分。一般 6~12 岁为小学适龄儿童，中等学校又分为：普通初级中学（初中）、普通高级中学（普通高中）、高级职业中学 / 职业高级中学（职高）、中等专业学校（中专）、技工学校（技校）。通常意义上讲，广义的“中小学校”在总体布局、功能设置等方面较为接近，属于一种类型的教育建筑。其中，小学和初中属于九年义务教育阶段。我国实行九年义务教育制：小学六年加初中三年，各类中小学校，除高中三年外，其余均属义务教育。见表 1–1。

我国义务教育及高中教育阶段 表 1–1

<table>
<tr><td rowspan="2">九年义务教育阶段</td><td>完全小学（1~6 年级）</td><td>九年制学校（1~9 年级）</td></tr>
<tr><td>初级中学（1~3 年级）</td><td rowspan="2">完全中学（1~6 年级）</td></tr>
<tr><td>非义务教育阶段</td><td>高级中学（1~3 年级）</td></tr>
</table>

注：完全中学（1~3 年级）初中属义务教育，（4~6 年级）高中属非义务教育。

（3）高等教育学校

高等学校是指进行高等教育的学校，是本科院校、专门学院和专科院校的统称，简称高校。高等学校主要分为普通高等学校、职业高等学校、成人高等学校。

1.1.2　教育教学理念发展演变历程

1）国内教育政策和理念

（1）学前教育发展历程

中华人民共和国成立以后，1951 年颁布的第一个学制规定："实施幼儿教育的组织为幼儿园，招收 3~7 岁的幼儿，使他们的身心在入小学前获得健全的发育"。1952 年的《幼儿园暂行规程草案》提出了幼儿园的双重任务：承担幼儿身心健康发展和便于妇女参加社会建设。1978 年后，全国人大、中共中央、国务院、教育部等多部委颁布了一系列措施，恢复与建立了我国幼儿教育的机构、体制，逐步完善了相关法律法规，开展了多渠道、多层次、多形式的幼儿教育事业发展，探索和建设具有中国特色的幼儿教育。1987 年 3 月，中国劳动人事部与国家教育委员会联合颁布《全日制寄宿制幼儿园编制标准（试行）》，对幼儿园班级的人数进行了规定，小班 20~25 人，中班 26~30 人，大班 31~35 人，全日制幼儿园的师生比为 1 ∶ 6~1 ∶ 7。进入 21 世纪，国家规定"实施素质教育应当贯穿于幼儿教育、中小学教育、职业教育、成人教育、高等教育等各级各类教育，应当贯穿于学校教育、家庭教育和社会教育等各个方面"。

（2）中小学教育发展历程

我国 1951 年颁布《关于改革学制的决定》，实行中华人民共和国新学制。随后经历"文化大革命"，1986 年《中共中央关于教育体制改革的决定》提出九年义务教育，同年出台《义务教育法》，标志着我国基础教育发展到一个新阶段。教育建筑也陆续出台相应参考，各地基础教育建筑的建设发展日趋定型。

从现代中小学校建筑空间环境的发展规律来看，大致可分为 5 个时期：①学校从"无"到"有"的创立时期；②从"有"到普遍定型化时期；③从定型化到发展提升时期；④新型（特色型，有待研究）学校创立及摸索时期；⑤新型学校普及时期（若④阶段已确认则此阶段为探索时期）。教育与学校建筑的发展是一个连续不断、螺旋上升的过程，学校建筑的模式甚至可能出现倒退过程，即使是看似相同的建筑模式，其所代表的教育理念不尽相同，使用者的使用方式也不尽相同。

（3）大学教育发展历程

高等教育从大众化教育走向普及化教育。农业经济时代，没有受过正式教育的人一样可以从事生产。工业经济时代，接受中等教育即可掌握足够的技术进入社会生产活动。到了新经济时代，“知识在各个领域日益成为人类行为的基础和准绳”。从农业经济的精英教育，到工业经济后期的大众教育，到普及化教育，是新经济对知识的社会化要求和人力素质的要求所决定的；高等教育的培养目标走向创新性教育，新经济是一种创新性的经济，以灌输式训练为特点的传统高等教育必将被创新性教育所取代；高等教育走向终身化，联合国教科文组织在2000年世界教育报告中再次强调走向全民终身教育；高等教育形式多样化，从大学培养侧重点看有研究型大学、综合型大学、社区大学、初级学院、职业学院等。

我国古代大学采用书院模式，近代大学规划中传统与西化并存，有明确的功能分区、结构形式，有较为明晰的校园主空间，教学区形成庭院或广场。中华人民共和国成立后至改革开放前，大学校园进行了第一次院系调整，主要以苏联当时的高校体系为蓝本，按主要学科归并的原则设计专业学院。改革开放以后，新的大学校园规划吸取国外现代大学的设计思想，并结合国情及各自特点，在独立开敞式的基础上，出现了整体集中式校园的雏形。21世纪大学校园规划以大学校园的功能为基础，具有传播知识、创造知识、应用知识的功能。当代大学校园建筑设计有集约化趋向、重视交往空间、单体设计与时代地域文化相结合、智能化与可持续发展的原则。

2）国外教育政策和理念

（1）英国：现代学校建筑研究起源于欧美国家，英国是对现代教育最早展开研究的国家。英国有公立、私立学校之分。英国多数公立学校（State Schools）都是综合性中学（Comprehensive Schools），个别地区还有现代中学（Secondary Modern Schools）和文法学校（Grammar Schools），现代中学偏向职业学校、特色学校、灯塔学校、社区学校、补助学校等。英国还专门设有基金会学校，其与公立学校的不同之处在于它们由民选的理事机构管理，有权选择学校内部发生的事情。其次还设立信托学校，从基金会学校演变而来。

（2）美国：美国教育发展阶段较为清晰，但实际情况复杂。美国自成立之初就是一个移民国家，直至现在也存在种族歧视现象，其教育发展亦如此。进入21世纪后，美国政府陆续出台的多个教育计划，偏向教育公平、创新教育、技术教育、科学教育等，表明了美国对于国内教育问题的意识及发展的决心。正如英国教育学家埃蒙德·金所著述的那样：美国的教育发展更像是“轮子上的实验”，变革层出不穷。

（3）日本：日本现代教育开始于明治维新（19世纪60年代末），明治维新后由国家进行了统一的义务教育，其发展和改革多参考西方标准，更多的是由建筑形式引领教育改革，不过并不是完全仿西，保存了一些自己的传统。从2000年后施行的教育政策来看，其注重德育教育、体育教育、创新教育、个性化教育、艺术教育、国际化教育、社会公益教育，班级规模小班化发展。

（4）俄罗斯：俄国的十月革命是俄罗斯教育发展的转折点，俄国专门用作学校教学用的建筑物最早出现在18世纪下半叶，18世纪以前的教会学校和较高形式的学校大多是设立在其他用途的建筑物中。沙皇在1800年建设的“平民学校”，走廊狭窄、教室狭小、采光不足，造成学生近视、驼背、疲劳，不能正常发育。19世纪下半叶需要从事大工业生产的人数增加，工业发展，致使学校增多，但当时能够进入中学学习的仍是统治阶级子弟，广大工人和农民依然是文盲。俄罗斯在1925—1934年修建学校时，出现了被称为“庞大的学校”（概念可类比我国“超大规模”学校）。

（5）其他国家：德国、瑞士、瑞典三国都在采取积极步骤，大力推进“波洛尼亚进程”，逐步引进英美教育体系中的学士、硕士学制，取代以往实施的“本硕连读”学制，以进一步与国际高等教育学制接轨，推动国际交流，同时也有利于大学生尽早地进入劳动市场。为了增强大学的国际竞争力，德国政府推出“精英大学”计划，目的是将自由竞争机制引入高校，由联邦和各州政府共同出资打造“德国版的哈佛大学”，重视吸引优秀拔尖人才；其次增强大学校长联席会的作用。芬兰、丹麦两国政府与大学积极推进“博洛尼亚进程”，高度重视高等教育的国际化进程，采取积极措施，提高大学，尤其是研究型大学的教育质量，努力使本国的高等教育居于欧洲前列，并跻身世界先进行列，提升欧洲大学的竞争力。首先，启动大学管理体制的全面改革，推进研究型大学建设，芬兰现有研究型大学21所（含一所国防大学）归教育部直接管理，另有29所应用科技大学隶属地方政府，芬兰政府计划继续加大改革力度，倡导以新的形式开展和推进大学间的合作，以应对科研与教育发展中的未来挑战；其次，实施质量评估，确保教育质量和科研水平的提高；再次，强调大学的教学、科学研究职责和社会责任意识。澳大利亚经过数十年的努力，已成为高等教育国际化最成功的国家之一，并在国际教育中发挥着举足轻重的作用。澳大利亚高等教育国际化政策演进可以划分为导向市场阶段（1979—1990）、教育服务贸易阶段（1991—2009）以及可持续和全面发展阶段（2010—2019）。1979年到2019年，澳大利亚政府注重对高等教育国际化质量的保障、高等教育国际化政策与市场环境相结合，加强同亚太国家及地区的交流与合作，积极鼓励和资助澳大利亚学生到亚洲国家参与学习和社会实践活动，增强跨文化交流能力，形成双向流动的新局面。2021年11月，澳大利亚颁布了《澳大利亚国际教育战略（2021—2030）》，力求通过全新的战略调整，指引国内外教育利益相关者未来10年的战略行动。新加坡的大学一直受到政府权力的管理和制约，大学的自治权和政府集权之间的争论成为新加坡大学治理的焦点。在2000年开始实施大学改革，政府认为关注大学治理的目的是确保大学内的系统、管理机构、组织程序和资源分配步调一致，使之有助于大学目标的实现，采取了引入国际一流大学的方式激活本国大学竞争力。通过建立审查考核机制等扩大和保障大学内部自治权、确立大学公司法人制度、引入社会多方利益团体参与等改革手段，新加坡的大学厚积薄发，成为亚洲甚至世界教育中心之一，大学国际排名涌进国际一流高校之列。

1.1.3　我国教育建筑校舍变迁及未来趋势

1）校舍变迁规律

（1）办学规模变化

中华人民共和国成立后，党和政府对幼儿教育十分重视，一方面妥善地接管了旧中国的幼儿教育机构，并加以整顿和改革；另一方面积极地、有计划、有步骤地发展建立社会主义幼教体系。我国幼儿教育事业的发展，在各个历史时期很不平衡。1957年全国有幼儿园1650多所，1958年“大跃进”猛增至69 520多所，比1957年增长41倍。1960年发展到最高峰78 490多所，比1957年增长了46.6倍。这种畸形的高速发展脱离了我国当时的经济发展水平，因而绝大多数幼儿园设施简陋、经费短缺、师资水平低下。1961年，在国家调整经济方针的指导下，幼儿园数量回落至6万余所，直到1963年才恢复到1957年的水平。此后，幼儿园的发展开始逐步回升。但在“文化大革命”期间，幼儿园停办。直到1979年召开全国托幼工作会议，1981年我国幼儿教育的发展才开始上升到新的水平。1995年，我国在园幼儿数比改革开放初期的1980年翻了一倍。2001年至今，学校数量减少、学校规模扩大，体现出效益优先的经济意识。学校规模的扩大遭到了教育界的批评，主要原因是大规模学校不利于教育活动的开展，降低教师同学生的交流机会。

我国在进入21世纪的“十五”初期的2001年7月，教育部颁发了《幼儿园教育指导纲要》，标志着我国幼儿园的发展开始回暖。“十二五”国家开始了“第一期学前教育三年行动计划”，并颁布《国家中长期教育改革和发展规划纲要（2010—2020年）》，公办幼儿园数量开始由下降转为上升，而民办园逐渐回落，且占比有所下降。通过实施纲要，学前教育事业飞速发展，全国学前三年在园的幼儿人数相当于一个中等人口国家，适龄儿童的毛入园率达到了中上收入国家的平均水平。

我国学校建设依据《中小学校设计规范》GB 50099—2011，其中规定“完全小学应为每班45人，非完全小学应为每班30人；完全中学、初级中学、高级中学应为每班50人”。城市地区公立中小学建设基本按照小学45

人、中学 50 人设计建造。由于我国采用公立为主、私立为辅的教育模式，私立学校（单位配建等）往往将多余学位提供给社会，教育局同时具有管理权，所以也基本按照 45~50 人配建；国际学校情况特殊，多按照国外标准 30 人配建。而国外地区班级人数配额，英国公立学校最多为 35 人，私立学校最多 20 人；俄罗斯在 1936 年校舍规模就按照班级平均 40 人计算并配置，后调整至现在的 25 人。我国不论对比发达国家还是发展中国家而言，班级人数规模均居于前列（图 1-2）。

（2）功能布局变化

早期特点：沿用旧时（书院时期）房舍、厅堂，或借用民宅、寺庙等，有的校园平面接近于现代学校平面，但建筑物类型为传统的木构建筑（图 1-3）。

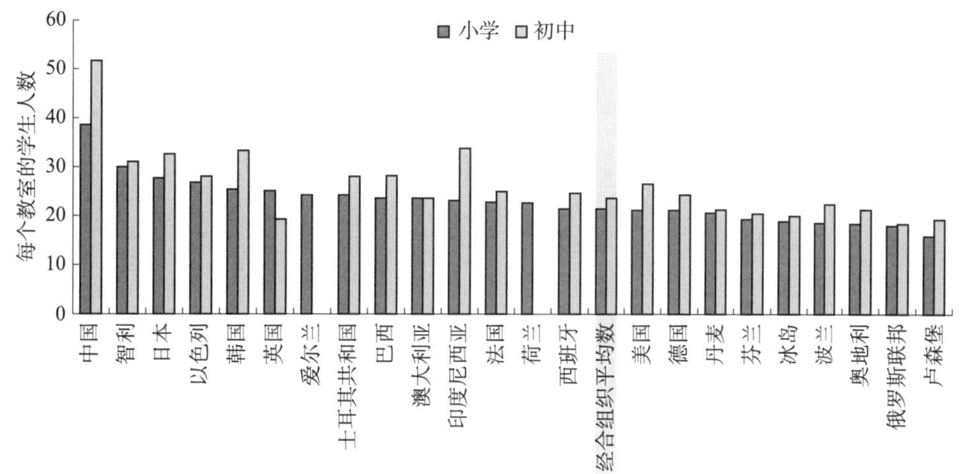

图 1-2　中小学平均班级规模
资料来源：经济合作与发展组织官网

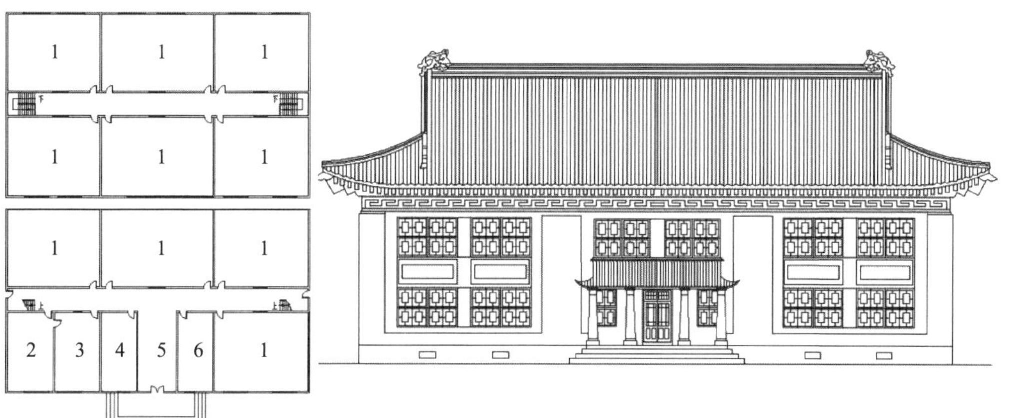

1—教室；2—教导室；3—事务所；4—应接室；5—大门；6—校长室

图 1-3　早期典型案例，左 - 重庆复旦中学，右 - 重庆联立中学
资料来源：小学建筑与设备，重新绘制

中期特点：校园功能发展已与我国标准化建设中提出的功能构成和平面形式相差无几。如下图所示（图 1–4），每层 8 间教室，共四层，其中 30 间普通教室、一间音乐教室、一间科技活动室。底层为办公室、二层为行政办公用房、三层为教师办公室、四层为教工单身宿舍。门厅上面二层为教师办公室、三层为会议室、四层为学生休息厅。西端底层，南面设阅览室和藏书室，便于低年级学生使用。二层为化学实验室，可节省管道。三层为生物实验室、四层为物理实验室；北面为平房阶梯教室，且有的校园平面已有标准化建设趋势，其中典型方案（图 1–5），总用地 18 652m^2，总建筑面积 6958.6m^2，总使用面积 4864.9m^2，容积率 0.37。教室排列采用南廊式组合在一起，东侧布置餐厅，阶梯教室指标 1.07m^2/ 座。20 世纪 80 年代的中学建筑开始对学生室外活动空间的创造进行研究。利用建筑围合各种庭院、天井、专用活动区等各种手段为学生课外活动、交往创造了条件。在全国性开展“标准化”建设，并出现超大规模学校。除具有初期功能外，“普通教室 + 实验楼 + 标准操场 + 教师办公楼”的配置成为定式，注重学生和老师对生活空间的需求，开始注重大空间（报告厅）的使用。

近期特点：标准化设计趋势统一全国大部分地区。开始注重新的教学空间适应教育理念的变化，例如 2016 年正式启用的北方某三小（图 1–6），依据当代社会对教育提出的新要求，打破标准化设计的模式，提升校园整体的建设品质。具体表现在：①校内建筑空间构成加入了规范中所不具备的功能：会堂、礼堂、戏剧厅、游泳馆、诸子家、梦工厂、工匠坊等；②注重加大“多功能空间”的规模，并同时结合其他功能：加宽了走廊宽度，走廊上设置图书阅览区域；③不仅为学生提供交流合作的空间，也为老师提供提升和交流的平台：设置共享交流区域，开放讨论区；④结合学校的用地特征及

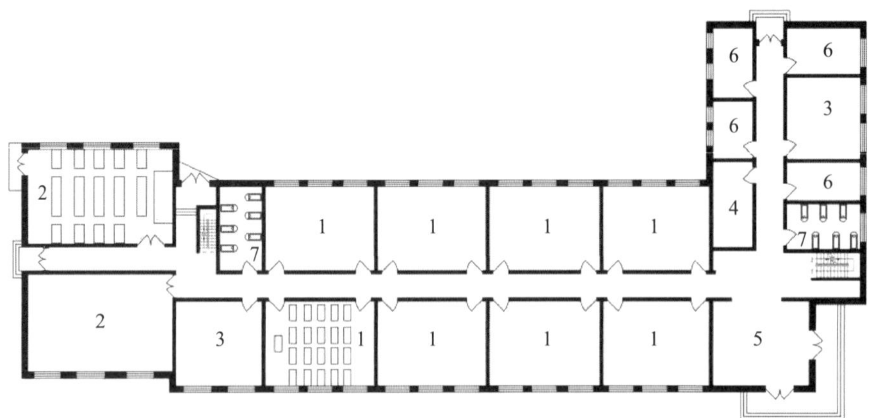

1—教室；2—多功能室；3—会议室；4—应接室；5—门厅；6—办公室；7—卫生间

图 1–4　上海某中学平面图
资料来源：上海市中小学校设计，重新绘制

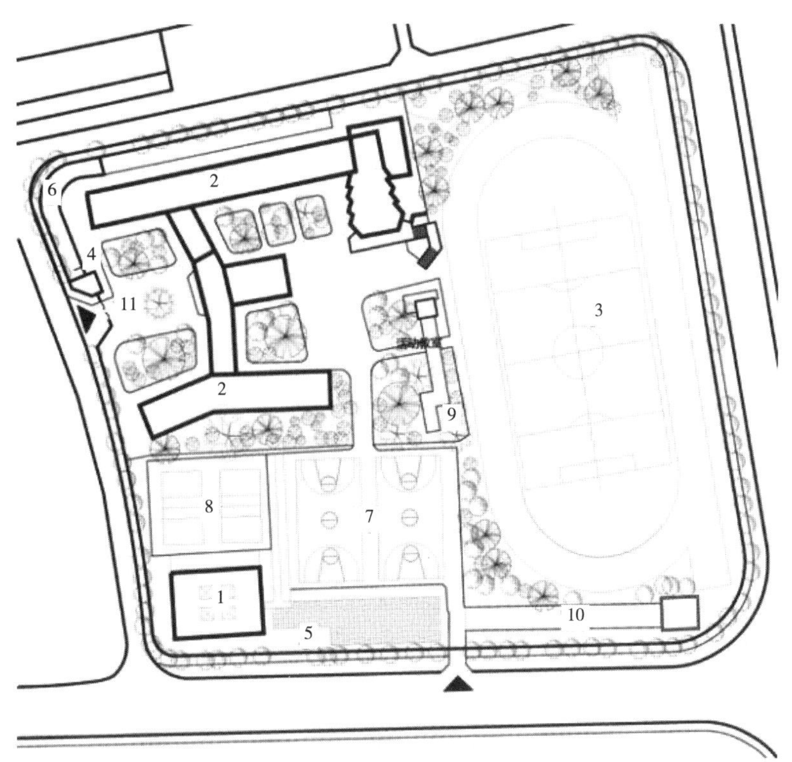

1—雨天活动房；2—教学楼；3—田径、小型足球场；4—传达室；5—花房、植物园地；6—自行车棚；7—篮球场；8—排球场；9—亭廊绿化；10—跳远沙坑；11—喷水池及花台

图 1-5　南方某中学 30 班

资料来源：中小学建筑设计图集，重新绘制

图 1-6　北方某三小

运动需求进行运动场的设置。由于场地限制，在设置操场和室内运动场时，采用竖向叠加的办法。

（3）空间模式变化

从职能分散向集约立体化发展：城市化进程加速城市发展，建成区建筑除遗留的历史建筑外，无一不向高层化、立体化发展，意味着在水平和垂直两个方向上发展，在垂直方向上又包括向高空和地下发展两个方面。建成区用地早已规划完全，很难找到空地再进行开发，尤其是一线、二线城市，只

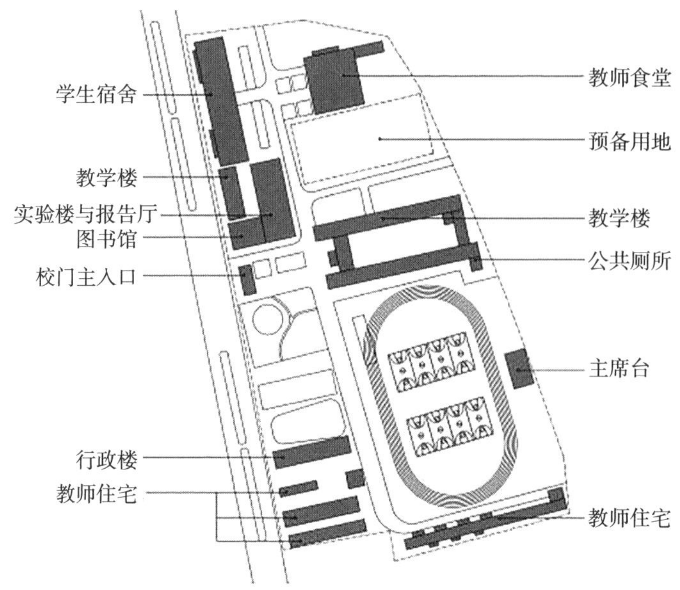

图 1-7 安徽某一中

资料来源：朱兴兴,《超大规模高中组团空间结构模式研究》

能寻求垂直方向的发展，导致高层和超高层建筑越来越多。而校园建筑，特别是中小学建筑，规模变大（图 1-7），由于其特殊性和规范制约不得向高层发展，地下空间作为备用方案被启用。开发地下建筑的经济成本较高，但相对于建成区另外划拨用地而言，其费用相对较低，可行性较高。在我国现行中小学设计规范、标准中虽未规定中小学的设计容积率，《中小学校建筑设计规范》GB 50099—2011 规定：一般中学容积率不宜大于 0.9，以经验值来看，建设容积率一般为 0.7。设计人员采取了立体化设计方法（图 1-8），突破了以往容积率的经验值。

从传统型校园转向开放式校园：传统型学校采用的是“编班授课制”的教育模式，这种模式是现代工业教育采取的最典型的教学组织方式，以统一的矩形教室为基本单位，按不同年龄和知识程度编班（小学、初中和高中），按一定的教学大纲来规定授课内容，在固定的时间内进行封闭式教学。这种教学方式使得大规模的、统一的人才培养成为可能，也使劳动者在具备一定知识和技能水平之后，能够快速投入社会工作中。这种教育模式具有极大的人为性和明确的目的性，对个体的发展方向作出社会性规范，一切的活动和环境都是经过精心组织和特殊加工的，具有较强的计划性和系统性，能统一有效地提升教学质量和教学效率。传统编班授课制的教育模式建立在现代大工业生产基础上，它始于文艺复兴时期，在 18、19 世纪得到发展，20 世纪后成型，是大工业社会的产物。它的核心目的是在急速发展的工业化社会中培养工业社会所需的大量人才，同时也极大地扩大了受教育的人群，充分体

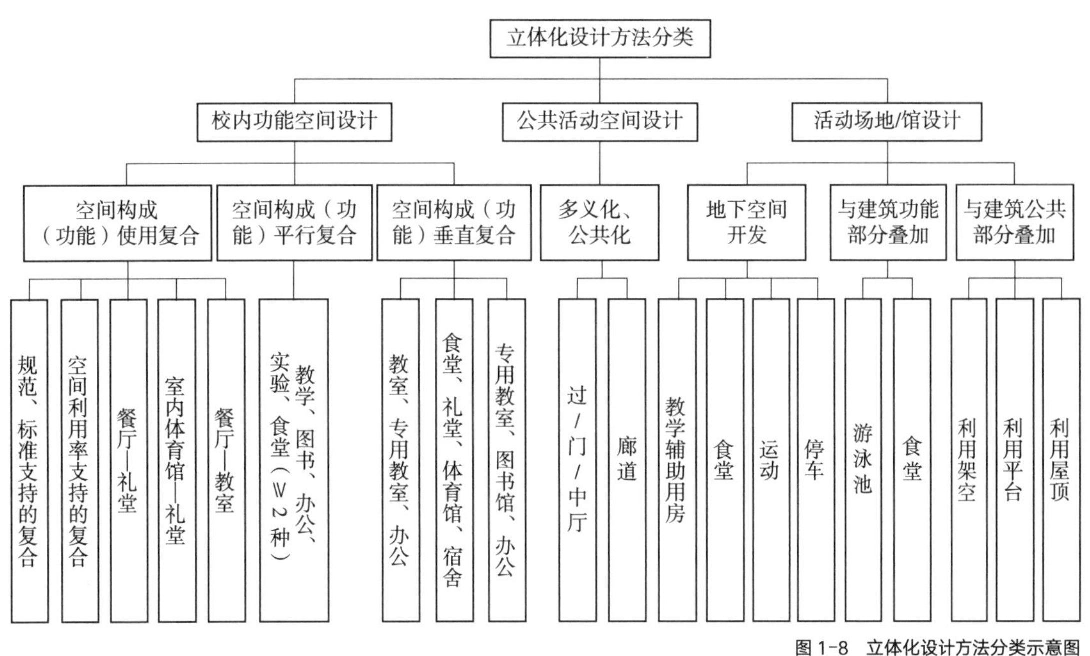

图 1-8　立体化设计方法分类示意图

现出现代工业化教育所特有的性质。采用高度集中统一的方法来提高教学效率，降低教学费用。也正因为如此，此模式至今仍被广泛采用，并且在许多国家继续彰显它的生命力。

从阶段性教育向终身教育：20 世纪 80 年代以来，世界各国开始新一轮大规模的中小学教育改革，大大提高了教育水平，提出了“终身教育”的理念。“终身教育”的理念建立在民主化和普及化的教育基础上，谋求正规教育与非正规教育、学校教育与社会教育多元并存发展，在个人全生命时期内组织并提供一个终身学习的完整体系，提高人的素质和生活质量，促进社会的发展。国家推进教育改革，促进各级各类教育协调发展，逐步建立和完善终身教育体系，为公民接受终身教育创造条件，并用法律形式确立了终身教育在我国教育事业中的地位和作用。终身教育、终身学习是教育发展和社会进步的共同要求。其中，素质教育、因材施教、重视学生的个性发展、以人为本的教育更多地关注个人需要、尊重人的个性，其教育目的就是培养完善的人，使每个人潜在的才能得到充分的发展。开放大学不断加强基础设施与内涵建设，创新人才培养模式，在终身教育体系和学习型社会建设中发挥重要作用。在推动普通高等学校学历继续教育规范、健康、有序发展中以“全面规范、提高质量”为主线，对普通高校举办的学历继续教育改革作出全面部署，推动形成办学结构合理、质量标准完善、办学行为规范、监管措施有效、保障机制健全的新格局。具体包括，全面实施义务教育、普通高中课程方案和课程标准，突出育人方式改革，加强统筹指导，强化教学资源、教学评价、实验教学、培训研修等支撑，立足处理好统一规范管理与激发改革活力的关系，引导各地各校将育人蓝图转化为自觉的改革行动，引导校长、教师将育人理念转化为实际的教育教学行为，促进学生核心素养发展。

2）发展趋势展望

（1）绿色校园

在社会环境中，群众、社会以及国家的发展重视环境与经济的协调发展，生态文明建设的地位和作用尤其突显。《绿色校园评价标准》GB/T 51356 对“绿色校园”定义为：在全寿命周期内最大限度地节约资源（节能、节水、节材、节地）、保护环境和减少污染，为师生提供健康、适用、高效的教学和生活环境，对学生具有环境教育功能，与自然环境和谐共生的校园。推进绿色发展，开展创建节约型机关、绿色家庭、绿色学校、绿色社区和绿色出行等行动。绿色发展已经成为新时代的必然要求，在教育领域，体现绿色发展理念的途径之一就是推进绿色学校的建设。

（2）低碳校园

低碳校园是低碳城市建设的重要环节，学校是城市内空间规模较大、人口高密度聚集的区域，也是城市中的一个小社会。校园是社会活动的重要载体和组成部分，校园低碳化建设是实现社会可持续发展的目标之一。学校对于低碳、碳中和及可持续发展等的意识和行动开始的较早，以可持续校园建设实践探索为主，通过绿色建筑设计、低碳设施、绿色能源、制定低碳减排目标政策等措施来减少校园碳排放量，建设低碳校园；以校园为平台，树立典范向社会推广，实现社会的可持续发展。其中，降低校园建筑能耗、提高能源利用效率，是低碳校园节能减排的关键要点。

总的来说，“低碳校园”是指在“双碳”目标的指导下，贯彻可持续发展战略思想，遵循生态学原理和人与自然协调的原则，通过合理规划设计和建设实施，形成体现校园特色和文化内涵的校园生态系统，旨在让低碳的生活理念深入当代学生的思想中，从而将低碳的理念和模式推广至整个社会。

（3）智慧校园

随着科学技术的不断革新，智慧城市的兴起带动了新一代信息技术——“大数据”的发展。在这种力量的推动下，教育界教学模式进入新一轮改革，使得“智慧校园”的建设理念在校园建设领域迅速发展起来。2010 年以来，在《国家中长期教育改革和发展规划纲要（2010—2020 年）》的推动下，智慧校园不再停留在理念层面。2017 年，国务院印发《国家教育事业发展“十三五”规划》明确提出，“支持各级各类学校建设智慧校园……探索未来教育新模式”。

关于“智慧校园”的概念，目前国内专家学者们没有一个统一的定义。从狭义上说，“智慧校园”以物联网为基础、个性化服务为理念，通过信息化手段使校园生活、工作以及学习智慧化，旨在促进智慧教学和智慧学习的校园环境。从广义上讲，“智慧校园”是“技术 + 教育 + 管理 + 服务 + 理念”五位一体的总体描述，它是利用新一代信息技术整合共享教育资源，形成智慧化、一体化的教育新模式。“智慧校园”的概念内涵可以界定为两个层面：一种是从衡量技术实现的角度来评估校园“智慧性”，建立评估体系，强调物联网、大数据等新兴技术的应用，强调课堂教与学行为数据的采集与分析、智能感知型学习情境的创设、智慧场所体验下评估学习效果与空间环境之间的关系；另一个层面是通过空间环境的智慧型设计来实现教与学的“智慧”，通过整合资源，提供多种类型的教学空间，支持灵活多变的教学模式、开放共享的空间体验，创造有利于交流共享的校园环境。

（4）人文校园

在新一轮的教育改革下，我国积极推动整体教育模式由应试教育型转向素质教育型，国家明确强调要培养学生综合素质，鼓励发展课外兴趣活动，音乐、美术等艺术课程也全面普及。在地级标准中也明确提出对艺术、技术、体育、德育、心理、信息技术方向的重视。多地提出“至少参与一项艺术活动”“观展、赏乐、参演、听讲、培训”“足球、篮球、排球、田径、游泳、体操、乒乓球、羽毛球、武术”“开设合唱、器乐演奏、舞蹈、戏剧、书法、朗诵等社团”“开设舞蹈、戏剧、戏曲、影视、演奏等课程”“公共体育场馆设施为学校体育提供服务”“建立校外科技活动场所与学校科学课程相衔接”等导向性举措。对于人文教育和素质教育提出的各项课程，校园功能部室配备更加多样化，校园空间的多义融合和混合性更高、人文气息更加浓厚、人文校园的建设推进将适应未来更加灵活弹性的教学需求。

（5）未来学校

1999 年，教育部制定《面向 21 世纪教育振兴行动计划》，其中将“现代远程教育工程”作为重要内容之一，教育信息化由此开始走入基础教育。自 2006 年美国成立第一所“未来学校”（School of Future）以来，关于如何在中国构建“未来学校”的讨论层出不穷。随着教育信息化背景下教育改革的推进，“未来学校”相关议题不断升温，中国“未来学校”的建设与发展也在政策层面得到了支持。

教育部连续五年将“未来学校”的建设写入教育信息化工作要点，由中国教科院负责推进落实。中国教育科学研究院先后发布《中国未来学校白皮书》《中国未来学校 2.0：概念框架》《未来学校研究与实验计划》《2017 年教育信息化工作要点》，其中明确提出：推动未来学校研究计划，筹备成立未来学校研究中心，研制未来学校评价标准，扩大试点地区和试点学校，发布

《2017 年度中国未来学校发展报告》和英文版《中国未来学校白皮书》，召开“一带一路”未来学校研讨会。

中共中央、国务院印发《中国教育现代化 2035》，作为我国第一个以教育现代化为主题的中长期规划，其中将“加快信息化时代教育变革”列为重点改革任务之一，自上而下推动了对“未来学校”新型样态的探索。该计划旨在实现教育系统的现代化发展，培养更多具有创新能力和国际竞争力的人才。提出了加强教育科技、提高教师素质、改革评价制度等重要举措，为未来学校教育改革提供了指导方针。“未来学校”旨在打破传统教学模式和传统教室的时空限制，引进高科技手段，学校进行创新教育、学生进行创新活动。在推行教育改革的同时，面对日益多样的课程，校园建筑应创造更多样的灵活空间以适配不同的教育功能，以良好的环境激发学生自发性、创造性的学习，实现校园开放共享。

从教育建筑各个类型特征进行区分，设计原理及方法呈现相似性，可划分为：幼儿园、中小学、高等教育学校。

1.2.1 教育建筑设计组织与类型

1）教育建筑设计组织

（1）设计任务书阶段：属于建筑设计的策划阶段，“总体设计是在基地上安排建筑、塑造建筑之间空间的艺术，是一门联系着建筑、工程、景园建筑和城市规划的艺术”。校园总体设计可以说是一门空间设计艺术，它包括建筑与建筑、建筑与基地、建筑与城市等空间关系的设计。校园建筑总体设计从项目立项开始贯穿学校建设项目设计全过程，包括从项目设计前期至项目施工图全部完成，再到项目施工，最后到学校交付使用及协助后期管理。具体流程涉及设计前期策划与咨询、方案设计、初步设计和施工图设计等各个阶段（表 1–2）。

（2）方案设计阶段：处于建设项目设计工作的开始，直接影响到整个项目建设的全过程，对项目工程造价、现场施工、未来投入使用等方面的影响甚至超过施工图设计阶段。建筑方案设计一旦确定，就基本确定了整个项目的规划布局、交通组织、内部功能、建筑材料、风格色彩等种种要素。建筑方案设计实质上是一个不断分析、创造、修改、优化的过程。在这个过程中最常用的阶段是：①前期分析：一般为宏观政策分析、项目区位分析、项目用地分析、上位规划分析等宏观层面的内容；②设计思考：一般为项目 SWOT（优势、劣势、机遇、挑战）分析，思考本项目可能出现的问题；③设计策略：对前述分析内容，尤其是可能存在的问题提出解决方案，意味着已经开始进行方案设计思考，甚至进入多个概念性草图方案的比较阶段；④设计理念：为方案提供具有吸引力的主题，用一句高度概括的语句或是几

设计任务书指导校园规划设计主要关系与流程　　表 1–2

设计阶段	设计前期	方案设计	初步设计	施工图设计
总体设计	基本布局	布局深化	深化设计	完成设计
主要工作内容	项目了解（教学模式 + 班级模式）	基地调研	建筑设计（功能组合 + 平面布局）	
	参与立项	内外关系	总图设计（交通系统 + 竖向设计 + 景观系统 + 分期建设）	
	参与调研	功能布局	设备设计（给水排水 + 电气 + 暖通）	
	参与选址	交通流线		

资料来源：张一莉、章海峰等，《城市中小学校设计》

个关键词，提出本项目设计方案的主题；⑤设计表现：设计效果图或者动画的表现，往往体现对项目形象（尤其是外立面）的感性创造；⑥技术图纸及经济指标：再一次回归理性，体现建筑设计的技术性的一面，严谨的功能分布最终呈现出符合之前一切分析的、能解决问题、合乎逻辑的设计方案。

2）教育建筑设计类型

（1）学前教育学校：幼儿园因其服务对象的生理、心理特征以及保教活动的独特方式，决定了幼儿园建筑设计不同于成人建筑的模式。从整体幼儿园教育规律总结其共性，如各班幼儿按生活要求都有 2.5 小时的午睡时间，建筑设计必须为每班提供一定的睡眠空间。此外，幼儿园教育不同于小学校的教育，它不是以上课为主，而是按“一日生活管理规程”进行活动的。而“一日生活管理规程”针对大、中、小班，因幼儿生理特征的差异，各教学时间段不同，且春、夏、秋、冬季因季节不同，作息时间也有微差。幼儿一日生活规程不管上述情况如何，活动规律是在一个基本的幼儿活动单元内进行，即在建筑设计中要将活动室、寝室、卫生间和户外活动场地形成一个联系十分紧密的整体。而且，游戏是幼儿园教学的主要形式，全日制幼儿园每日不得少于 2 小时，寄宿制幼儿园每日不得少于 3 小时。为满足幼儿园教学的这种需要，建筑设计必须重视活动空间的多功能使用要求，并且必须把室外活动场地作为幼儿园建筑设计的重要内容。

（2）中小学校：传统中小学校总体布局以相同规格大小的矩形教室空间按层堆叠布置，按各个区域的流线顺序和关系，用交通廊道通过水平或垂直的方式联系各个功能分区，这是传统中小学校“编班授课”式典型的建筑空间形式，且采用“行列式”布局。随着现代建筑设计思潮的兴起，一大批现代建筑师开始思考和探索学校建筑的发展方向，并参与实践。“现代建筑”式的学校具有现代建筑鲜明特点，设计以功能为主导，功能划分明确简要，建筑空间体量宜人，强调室内外环境的联系。城市传统中小学校在规划设计时，有时会考虑向城市居民开放体育运动区等区域，有时需要考虑分期建设的可能性，有条件的学校根据需要也会考虑预留部分学校发展用地。

（3）高等教育学校：现代高等教育的理念，体现在大学校园建设中，建筑环境设计与教育理念相依托而存在，教育理念与社会要求、各种设计要素综合，使大学校园建设成为一个整体的系统工程。整体化校园规划从理论上讲是指规划、地景、建筑等学科的整合，并引入城市设计理论的方法作为指导，使校园具有不可分割的连续性的整体环境氛围。从研究对象上讲是将局部纳入全局，以整体校园人居环境为研究范畴，将各层次的空间联成整体系统来考虑。校园传统的单幢大楼设计转向校园整体环境的创造，研究最适宜培养人的空间环境。这种空间环境在规划设计中可以结合地域地理条件和文化传承，使校园环境多样统一、和而不同，并将有序、理性、规律的教学与无序、丰富、多彩的自然环境有机结合，营造出因地制宜和多样化的高雅人文环境。

1.2.2 教育建筑设计要点与方法

1）幼儿园建筑设计

幼儿园设计注重日照间距、防噪声间距和通风间距。功能空间组合方式可分为线性、集中式和离心式。

（1）线性组合方式：以水平廊道连接若干活动单元呈一字形、锯齿形、弧形等。优点是各班活动室、卧室都能得到良好的采光、日照、通风条件。缺点是交通流线长，外界干扰多。

（2）集中式组合方式：在一个居于中心的主导空间周围组织多个活动单元。

（3）离心式组合方式：以一个主导组团作为联系中心，其他组团单元则以发散式或风车形散布四周，呈现离心式构图（图 1-9）。

幼儿活动单元的空间模式受幼儿教育模式的制约分为：单簇式活动单元和多簇式活动单元。幼儿园设计的空间要素及构成如表 1-3 所示。

（1）单簇式活动单元：以一个班为一个完整的教学单位，从幼儿生活、教学到管理自成一体，并且以此为单元进行多样组合而构成幼儿园建筑主

幼儿园空间要素及构成　　表 1-3

园内活动	卫生	盥洗、更衣	衣帽收容、卫生间、储藏
	休息	小憩、睡眠	卧室
	活动	进餐、运动、游憩、学习	活动室、活动场地、音体室、场地公共活动
	饮食加工	盥洗、休息、烹饪、准备	厨房、休息炊事员、卫生间
	管理	制作、管理、隔离、晨检、入园、接待	传达值班、晨间接待、医务保健、办公、会议、教具制作、储藏

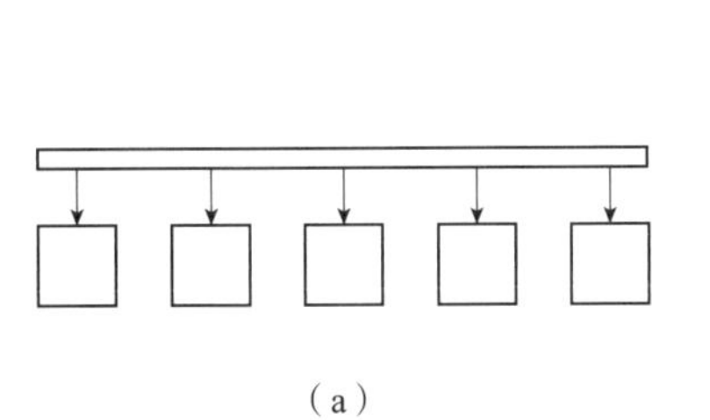

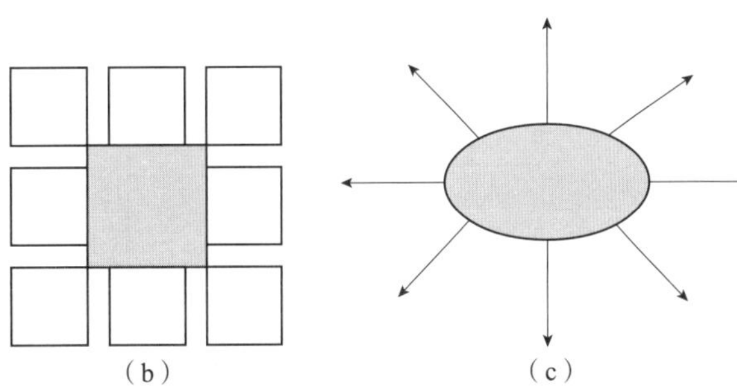

图 1-9　功能空间组合方式示意图（a）－线性，（b）－集中，（c）－离心
资料来源：张宗尧、赵秀兰，《托幼 中小学校建筑设计手册》

体，是我国目前幼儿园建设的基本模式。一个完整的单簇式活动单元包含了活动部分（活动室）、睡眠部分（卧室）、辅助部分（卫生间、衣帽间、储藏室）。单簇式活动单元有利于按不同年龄特点分别进行针对性的教育，适合我国以“班”为单元按同一模式在固定的班组内由教师进行传授、教育的方式；强调卫生隔离、避免交叉感染，各班自成体系。但各单元独立性较强，不利于幼儿个性的发展。多簇式活动单元：包含若干小规模的班组活动区域，当需要进行较大型室内游戏或者各班组进行合组活动时，会在一个面积较大的游戏空间内进行。

（2）多簇式活动单元适于幼儿自主开展活动的开放式教育，有利于幼儿个性的发展；各班组相对独立，又可加强幼儿之间的相互交往，便于小组交流。但在避免幼儿交叉感染问题上不如单簇式活动单元有利。

幼儿园设计中最主要的是活动室和卧室的设计（图 1-10）。活动室面积、尺寸应满足全班幼儿进行多种活动、游戏及作业需要。根据《幼儿园教育指

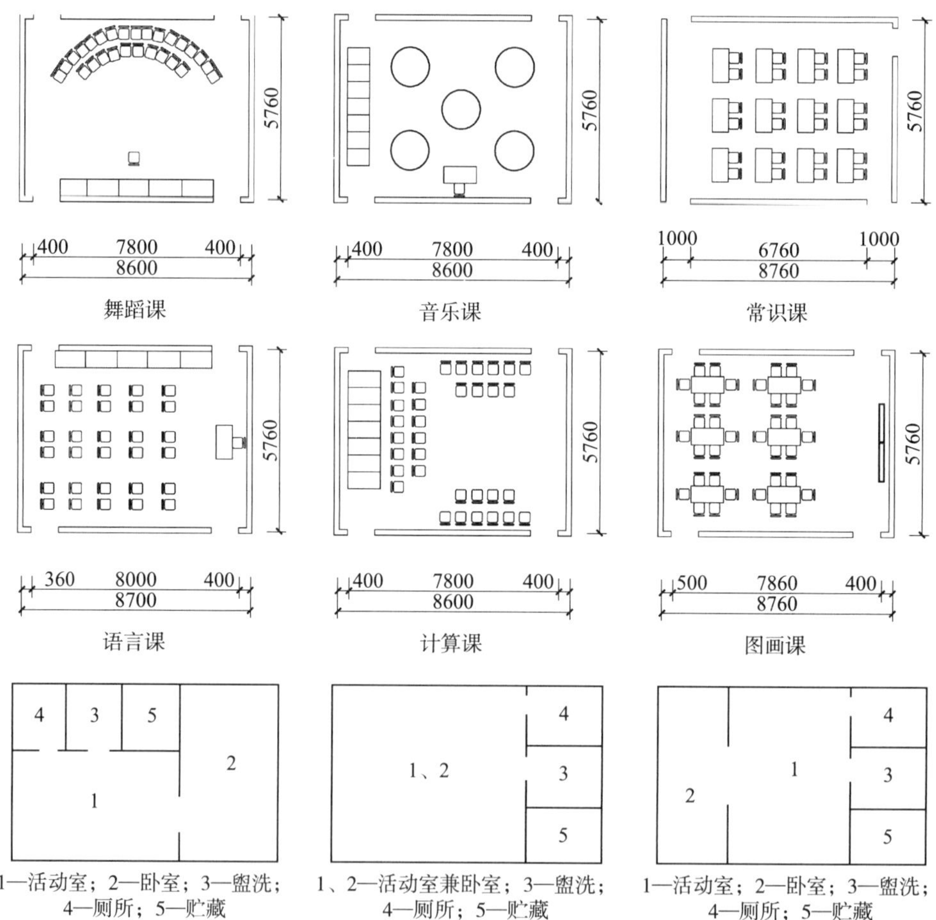

图 1-10 活动室、卧室布置尺寸，卧室：左－专用卧室，中－活动室兼卧室，右－专用与兼用结合

资料来源：张宗尧、赵秀兰，《托幼 中小学校建筑设计手册》

导纲要（试行）》，幼儿园应设置语言、计算、常识、音乐、美术、体育等课程。卧室可分为专用卧室、活动室兼卧室及专用与兼用相结合三种。专用卧室：功能单一、室内空间布置整齐，易于保持整洁，便于管理且有利于培养幼儿有规律、爱整洁的卫生习惯；活动室兼卧室：空间开阔且扩大活动室面积，提高空间使用率，但空间作为午睡时，幼儿常需打地铺，增加保育人员的工作量，管理不便，此形式可设置部分固定卧具提高空间利用率；专用与兼用相结合：部分面积作专用卧室，设置固定卧具，部分活动式卧具也可设在活动室内，使用、管理均较方便，但需注意室内陈设的布置。

2）中小学建筑设计

传统的中小学建筑设计注重各类用房的建筑朝向及间距控制，总平面布局设计有几种常见样式（图 1-11），一般校园出入口应与市政道路衔接，但不应直接与城市主干道连通；分位置、分主次应设不少于 2 个出入口，且应人、车分流，并宜人、车专用，消防出入口可利用校园出入口，但应满足消防车至少有两处分别进入校园、实施灭火救援的要求。当下城市人口集中，就学需求较大，由于用地限制产生了一批高密度、高容积率的校园，总平面布局除了要满足上述要求外，在立体化设计上较为灵活。

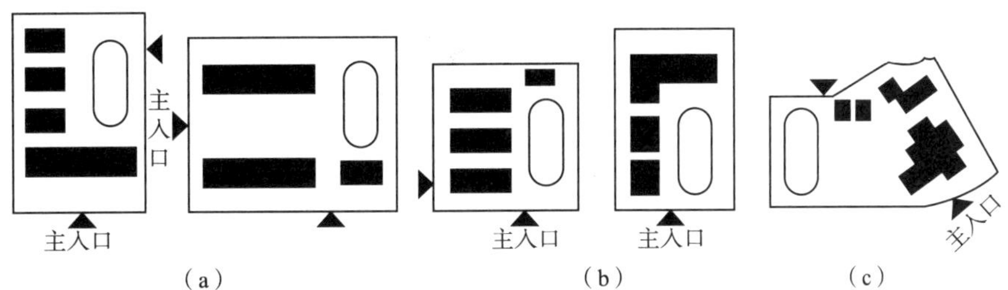

图 1-11　中小学总平面布局常见样式

（a）－主入口设于教学区前，（b）－主入口设于教学区与体育场之间，（c）－因地制宜

中小学建设的功能用房较多，其任务书规定有明确的功能分区，各建筑、各用地应功能分区明确，动静分区、洁污分区合理，既联系方便，又互不干扰。例如，教学用房宜采用外廊或外走道，尽量避免内廊或内走道；教学建筑宜采用半围合或敞开庭院式围合，不宜采用封闭内院式围合等。

3）大学建筑设计

教学区建筑一般包括教学楼、实验楼、图书馆等。教学楼又分为公共教学楼和专业教学楼两大类型。实验楼又分为专业实验楼和公共实验楼两种。其中专业教学楼和专业实验楼按照一个或者多个专业、系科建楼，包括传统的系楼往往将专业教学、专业实验楼和同一学院的院系办公结合在一起，成组团布置；公共教学楼和公共实验楼包括各类大小教室，由全校统一排课调配使用，多用于一二年级的公共基础课。教学区建筑之间往往有较密切的联系。学生由于选修不同课程的需要，上下课之间需要在不同教学楼之间往来。组团化、整体化的设计方式将建筑物各层用连廊联系起来，方便了学生在同一楼层之间穿行。由于学科发展变化的不定性，以及当前校园建设的高速性，大学中心区的建筑往往采用通用性的室内空间布局。统一柱网、模数化开间设计，使得室内空间的划分有较多的可能性，并可以随着今后功能调整的需要对空间进行二次划分。教学中心区强调营造交往空间，注重地域差别，教学建筑追求具有文化品位的建筑风格，塑造文化格调。

学生生活区建筑包括学生宿舍、食堂以及小卖部等服务设施。学生生活区作为学生在校园停留较长时间的场所，它承载了更多的功能，包括：睡眠、休息、交往、自习等。在学生宿舍的建筑设计中要强调并有意识地营造学生的自学和交往空间。学生宿舍的三大主要功能——睡眠休息（生理功能）、自学（学习功能）、交往（社交功能），这三个功能根据私密到公共的要求，分为两个层次。睡眠和自学是私人空间层次，交往是公共空间层次。在学生生活区功能上需要设置一定的生活服务配套设施。设置的方式可以零散设置，也可以进行有机整合，在合适方便的位置进行统一规划设置和管理。

校前区建筑组成一般包括校行政办公楼、科技交流中心、国际会议中心等建筑。校前区在广义上包括校门广场、校门和校前区建筑。校前区建筑功能：一方面承载着校园面对社会的第一形象，即礼仪性功能；另一方面是校园对社会交往的窗口，它是校园与社会的连接体，也是社会环境到学术环境的过渡，注重空间、交通、形象的设计。

1.2.3 教育建筑空间构成与关键指标

1）校舍建设标准参考

我国可参考的规范及标准分类较多，互相之间有嵌套关系，以下分类列出常见参考的标准及规范。按照教育类型：《托儿所、幼儿园建筑设计规范》《幼儿园建设标准》（表 1-4）；《中小学校设计规范》《城市普通中小学校校舍建设标准》《中小学理科实验室装备规范》《农村普通中小学校建设标准》《汶川地震灾后重建学校规划建筑设计导则》（表 1-5）；《普通高等学校建筑面积指标》《高等职业学校建设标准》（表 1-6）。除了国家标准外，各省市也出台相应标准以应对地域、经济等带来的不同差异。另有专项标准（表 1-7），例如“智慧校园建设标准”（《广东省中小学智慧教室建设指南》《深圳市中小学“智慧校园”建设与应用标准指引》等），“绿色校园建设标准”（《绿色校园评价标准》）。

幼儿园国家建设标准　　表 1-4

标准项目	《托儿所、幼儿园建筑设计规范》JGJ 39—2016	《幼儿园建设标准》建标 175—2016
执行时间	2019.10	2017.1
批准部门	住房和城乡建设部	住房和城乡建设部、国家发展和改革委员会
主编部门	教育部	教育部
适用对象	适用新建、扩建、改建托儿所、幼儿园规划建设	适用幼儿园新建项目，改建和扩建项目参照执行
主要内容	幼儿园的规模、基地和总平面、建筑设计、室内环境建筑设备	选址与规划布局、面积指标、建筑与建筑设备、主要技术经济指标

中小学国家建设标准　　表 1-5

标准项目	《城市普通中小学校校舍建设标准》建标〔2002〕102 号	《中小学校设计规范》GB 50099—2011	《中小学理科实验室装备规范》JY/T 0385—2006	《农村普通中小学校建设标准》建标 109—2008	《汶川地震灾后重建学校规划建筑设计导则》ZBBZH/JT 25—2008
执行时间	2002.7	2012.1	2006.7	2008.12	2008.10
批准部门	建设部、教育部	住房和城乡建设部	教育部	住房和城乡建设部、国家发展和改革委员会	住房和城乡建设部、教育部、国家发展和改革委员会
主编部门	教育部	教育部	教育部	教育部	教育部
适用对象	适用于城市新建中小学校规划建设	适用于城镇、农村中小学校规划建设	适用于中小学校理科实验室空间设计及设施配备	适用于乡镇及农村普通中小学校新建、改扩建	适用于指导汶川地震灾后重建的幼儿园、中小学规划建设
主要内容	校舍规划建设各项面积指标	校舍用地布局、校舍建设面积指标、安全通行与疏散、室内环境	普通中小学理科实验室装备面积、数量、设施要求	农村中小学的校舍用地布局、校舍建设指标	汶川地震灾后重建学校的建设指标、规划与建筑设计、结构及设备

高等学校国家建设标准　　表 1-6

标准项目	《普通高等学校建筑面积指标》建标 191—2018	《高等职业学校建设标准》建标 197—2019
执行时间	2018.9	2019.12
批准部门	住房和城乡建设部、国家发展和改革委员会	住房和城乡建设部、国家发展和改革委员会
主编部门	教育部	教育部
适用对象	适用于新建的普通本科高等学校，改建、扩建的学校参照执行；有特殊需要的高等学校增加校舍建筑面积必须经有关主管部门批准	适用于新建高等职业学校、高等专科学校，改建和扩建的高等职业学校、高等专科学校参照执行
主要内容	建设规模与项目构成、校舍建筑面积指标	建设规模与项目构成、选址与校园规划、面积指标、建筑与建筑设备、主要技术经济指标

个别省制定的普通高级中学建设标准对比　　表 1-7

项目 \ 标准	贵州省普通高中学校建设规范	浙江省寄宿制普通高级中学建设标准	山东省普通高级中学基本办学条件标准	江西省普通高级中学基本办学条件标准
最大规模校园建筑面积（m^2）	20 385	66 497	26 690	48 622
最大规模校园占地面积（m^2）	62 599	111 396	65 255	71 400
最大规模生均占地面积（m^2/生）	20.86	37.13	21.75	30（走读制） 39（寄宿制）
最大规模生均建筑指标（m^2/生）	8.1	22.17	8.9	14.73

2）功能构成类型

中小学校有明确的功能构成类型（表 1-8），教学用房包括普通教室、专用教室、公用教室等，是学校教学空间的核心，承担大部分的授课活动。其次还包括办公用房和生活用房，为学校师生提供生活服务和支持。

功能构成类型　　表 1-8

普通教室	编班授课教室
专用教室	计算机教室、语言教室、美术教室、书法教室、音乐教室、舞蹈教室、体育建筑设施（风雨操场、游泳池、游泳馆）； 小学增设：科学教室、劳动教室； 中学增设：（化学、物理、生物、综合、演示）实验室、史地教室、技术教室
公共教学用房	合班教室、图书室、学生活动室、体质测试室、心理咨询室、德育展览室、任课教师办公室
教学辅助用房	教师休息室、实验员室、仪器室、药品室、准备室、陈列室、各资料室、教具室、乐器室、更衣室
行政办公用房	行政办公室、档案室、会议室、学组及学社办公宣传室、文印室、广播室、值班室、安防监控室、网络控制室、卫生宣传（保健室）、传达室、总务仓库、维修工作办公室
生活服务用房	饮水处、卫生间、配餐、发餐室、设备用房——应 食堂、淋浴室、停车库（棚）——宜 学生宿舍、食堂、浴室——寄宿制学校

3）量化指标体系

校园规范和标准可参考的较多，量化指标是制定校园建设任务书的非常重要的参考，直接影响到校园的建设。以下仅列出部分高校量化指标参照（表 1-9、表 1-10）。

十一项规划的建筑面积总指标（m²/生） 表 1-9

学校类别	学校规模（生）	十一项校舍总指标			学校类别	学校规模（生）	十一项校舍总指标		
		用自然规模计算	用折算规模计算	总计			用自然规模计算	用折算规模计算	总计
综合大学	2000	23.98	3.69	27.67	医学院校	1000	30.06	4.31	34.37
	3000	22.57	3.45	26.02		2000	25.8	3.71	29.51
	5000	21.01	3.22	24.23		3000	24.18	3.46	27.64
工科院校	2000	27.49	3.69	31.18	政法院校	2000	17.63	3.68	21.31
	3000	25.84	3.45	29.29		3000	16.7	3.42	20.12
	5000	24.07	3.22	27.29		5000	15.77	3.18	18.95
师范院校	2000	23.92	3.69	27.61	财经院校	2000	17.63	3.68	21.31
	3000	22.61	3.45	26.06		3000	16.7	3.42	20.12
	5000	21.06	3.2	24.26		5000	15.77	3.18	18.95
农业院校	2000	27.29	3.69	30.96	外语院校	1000	21.19	4.35	25.54
	3000	25.51	3.45	28.96		2000	18.53	3.78	22.31
	5000	23.63	3.22	26.85		3000	17.64	3.5	21.14
林业院校	2000	28.06	3.69	31.75	体育院校	500	30.41	5.59	36
	3000	26.45	3.45	29.9		1000	36.05	4.34	40.4
	5000	24.35	3.22	27.57		2000	30.27	3.75	34.02

注：十一项建筑面积的总指标系不含教工住宅与教工宿舍的面积。

资料来源：宋泽方、周逸湖，《大学校园规划与建筑设计》

大学、专门学院、专科学校类别及指标对比 表 1-10

大学、专门学院		
学校类别	学校自然规模（生）	三大项指标合计（m²/生）
综合大学、师范、政法、财经、外语院校	1000	68
	2000	63
	3000	58
	5000	54
工业、农业、林业、医学院校	1000	72
	2000	68
	3000	63
	5000	59
体育院校	500	119
	1000	110
	2000	88

高等专科学校		
学校类别	学校自然规模（生）	三大项指标合计（m²/生）
师范、政法、财经、外语院校	1000	65
	2000	60
	3000	56
工业、农业、林业、医学专科学校	1000	70
	2000	66
	3000	61
体育专科学校	500	116
	1000	108

注：三大项指标分别指的是生均教学行政用房、生均教学科研仪器设备值、生均图书三项指标。

资料来源：宋泽方、周逸湖，《大学校园规划与建筑设计》

1.2.4 低碳校园设计目标

1）低碳校园设计理念

当前通过对国内外实现校园碳中和的实践经验进行归类总结，提出符合我国校园实现碳中和的实施路径，为未来实现校园碳中和提供经验与参考。

（1）生态可持续设计理念："低碳校园"强调营造校园建筑与环境间的生态平衡，在"生态观"的指导下实现对教育建筑领域的可持续发展，强调代际公平与延续；"低碳建筑"概念对全社会提出要求，是共同应对气候变化问题过程中产生的概念，从校园建筑全生命周期考虑，降低建筑活动中的 CO_2 排放，强调以碳排放作为衡量其应对气候变化与能源危机的效果指标。

（2）节能减碳设计理念：2020 年 9 月，习近平总书记在联合国大会一般性辩论中提出，"中国将提高国家自主贡献力度，采取更加有力的政策和措施，二氧化碳排放力争于 2030 年前达到峰值，努力争取 2060 年前实现碳中和"。2021 年 10 月 24 日，中共中央、国务院印发的《关于完整准确全面贯彻新发展理念做好碳达峰碳中和工作的意见》发布。

"节能减碳"目标着眼于降低碳排放，有利于推动经济结构绿色转型，加快形成绿色生产方式，助推高质量发展。突出降低碳排放，有利于传统污染物和温室气体排放的协同治理，使环境质量改善与温室气体控制产生显著的协同增效作用。加快降低碳排放步伐，有利于引导绿色技术创新，加快绿色低碳产业发展，在可再生能源、绿色制造、碳捕集与利用等领域形成新增长点。

2）节能减碳总体目标

（1）减少碳排：校园内，无生产制造碳排放，交通排放也比较少，建筑碳排放量是校园碳排放的主要组成部分。建筑碳排放的主要来源为建筑材料生产、运输、建筑施工和运行中所产生的能耗。因此，减少建筑碳排放是低碳校园的核心工作。在做好建筑低碳运行的同时，重视建设、施工阶段的减碳，为运行阶段的低能耗、低排放创造良好的先决条件。设计建设低碳建筑，大力推行低碳施工，也是实现低碳校园的重要基础和主要途径。

（2）减少碳源：校园的主要碳排放源分为三大类，校园建筑运行、校园交通和校园生活，其中校园建筑是学校教学、科研、生活和服务保障的主要场所，建筑能耗占据重要比例。在校园建筑领域，减少碳源主要是指减少建筑材料生产运输所产生的"物化"碳源、建筑建设阶段的施工碳源以及建筑运行阶段的碳源。

（3）增强碳汇：主要通过植物碳汇和建筑碳汇两个路径来增强碳汇。空间绿植的种植与生长情况对建筑碳减排有积极的作用。据测定，1kg 的叶绿素每年可以固定 215kg 碳，当城市的绿化覆盖率达到 50% 时，可使空气中 CO_2 浓度保持在 320μmol/mol。提高空间绿植的碳汇作用可从增加空间绿植量和提高绿植固碳效率两个方面入手。强调通过采用绿化等碳汇系统实现对总体碳排放量的降低作用，并通过运用再生能源调整优化建筑能源使用结构，增强碳汇能力。

1.3.1 低碳校园设计影响要素

（1）交通减碳技术：建筑场地交通的合理性影响建筑实现低碳目标。绿色交通系统的建设非常重要，采用道路交通规划技术合理规划人行通道与机动车通道的比例、位置，慢行交通系统与标识规范化、立体化设计，将自行车专用道、步行主干道、机动车道分隔开来，有效设置立体停车位，增强校园绿色景观。

（2）低碳技术：技术是建设低碳建筑的重要环节。降低建筑能耗、提升建筑环境质量为目的的低碳建筑技术总体策略，主要包括建筑形体与空间设计、围护结构保温技术、围护结构隔热技术、建筑遮阳技术、日照采光低碳技术、自然通风技术和立体绿化等。

（3）能源利用技术：校园能源系统配置需依据对冷热负荷的估算预测，根据校园地域、气候等情况，以传统的电力、热力、燃气为基础，地热能、光伏光热等可再生能源共同构成校园能源供应系统。可采用结合可再生能源的分布式能源系统提升综合效率；设置蓄能装置应对校园能耗负荷的复杂性和多变性，实现“削峰填谷”；开发利用微网技术，使校园内建筑间互为补充，互为备份；利用校园智慧能源管控系统，监测光伏、储能、太阳能、空气源热泵热水系统的运行，实现与智能微网、智能热网、校园照明智能控制系统及校园微网系统信息集成及数据共享。

（4）固碳措施：固碳措施主要从增加空间绿植量和提高绿植固碳效率两方面入手，即通过提高绿地率以及立体绿化设计来增加空间绿植量，通过选择固碳释氧效果高的植被以及采用复层绿化栽植方式可以有效提高绿植的固碳率。

1.3.2 校园碳排放特征与发展趋势

1）校园能耗现状

校园能耗现状主要包括：建筑能耗、交通能耗、生活能耗三种类型。

（1）建筑能耗包括：校园建筑面积以及教学实验设备。校园建筑总能耗呈增长趋势，校园设施的多样性与复杂性决定了用能种类的多样化，以及能耗波动的多样化。由于校园人口密度比较大，教学及生活区域也比较集中，故耗电率比全国人均水平高。另外，校园建筑耗电量在冬夏季与春秋季有明显的波动，冬夏季耗电量较大。

（2）交通能耗：具有明显潮汐性，其源自“交通需求在时间分布和空间分布上的不平衡性”。在上下课时间点、进餐时间段、举办大型活动等特殊时间会有大量的师生涌上校内道路，与其他时间段形成显著差异。校园交通碳排放具有多样性与复杂性。首先，校园交通系统由多个子系统组成，从交通方式来看可分为步行系统、非机动车系统和机动车系统；这些子系统及其相互之间的关系，组成了校园交通系统。

（3）生活能耗：主要包括学生在“衣”“食”“用”三方面的碳排放；学生生活用能行为包括饮食、洗衣物、塑料袋和纸制品消费等日常行为。而这些行为会产生大量垃圾。需要采用垃圾分类、可回收利用的垃圾桶等进行垃圾处理。

2）校园碳排放特征

改革开放以来，我国教育事业得到长足发展，在校生人数不断增多，建筑数量与建筑面积快速增长，能源和资源消耗显著增长，校园能耗约占社会总能耗的 8.5%，校园生均能耗指标高于居民人均能耗指标。碳排放产生路径包括：电、暖等建筑能耗、教学生活中的碳排放等。校园碳排放具有以下特征：①人均能耗高：校园面积大，人员密集，碳排放水平高于城市平均水平。②碳排放复杂性高、关联性强：学校有明确的地域边界，是相对完整的闭环聚落，学生、教师、后勤、行政等群体类型多，教学楼、办公楼、宿舍楼、实验楼、餐厅、体育馆、机房等建筑类型多，学习、办公、住宿、餐饮、文体活动、出行等需求类型多，校园碳排放呈现复杂性高、关联性强的特点；③碳排放间歇性、潮汐性明显：校园一年之内有周期相对固定的工作日、寒暑假，一天之内教学、办公、休息、运动等活动强度较为固定，相对于商业、社区等碳排放，碳排放的全年间歇性、全天潮汐性特征明显。

3）校园碳汇分类与量化方法

针对校园全生命周期的碳汇类型和指标因子，结合各阶段的校园碳排放特点提出适用于建筑设计阶段的建筑碳清单组成框架。建材物化阶段，其碳排放活动量清单包括主要建材生产量和建材运输距离；施工阶段是基于建筑规模（主要为建筑面积）统计相应工序的机械台班使用量；建筑运行阶段是根据建筑规模（主要为建筑面积）计算暖通空调系统、人工照明系统和电梯设备等能耗活动量，在碳排放活动同时还需考虑绿植碳汇量和使用可再生能源代替化石能源减少 CO_2 排放的碳减排活动量；建筑拆除阶段的清单和数据类似施工阶段，其碳排放活动量清单包括基于建筑拆除面的机械种类及台班使用量，建筑废弃物的运输距离（图 1-12）。

碳汇能够直接或间接地固定 CO_2，降低大气中的 CO_2 浓度。校园碳汇主要考虑的是绿植的作用，其次是建筑混凝土的固碳作用。植物固碳：植被的固碳原理主要是通过光合作用，叶片中的叶绿素吸收 CO_2 和水分产生碳水化合物并释放氧气。相对于植物呼吸作用产生的 CO_2，植物光合作用吸收

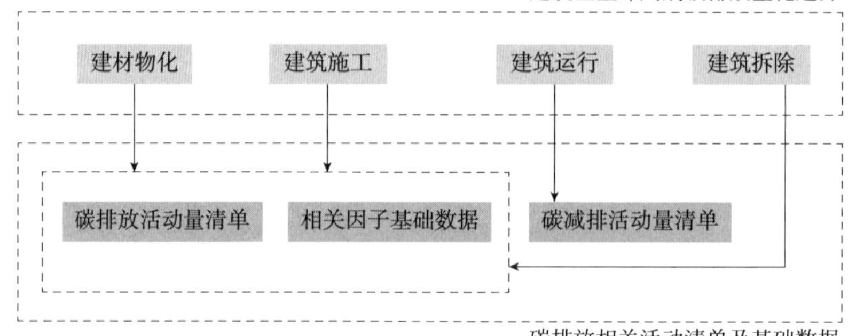

图 1-12　建筑各阶段碳排放相关清单与基础数据概括图

的 CO_2 量更多，植物整体表现为固碳释氧。混凝土的固碳：原理是 CO_2 可以通过混凝土表面的孔洞进入其内部，并在有水的条件下，混凝土中的水泥与 CO_2 发生碳化反应。碳化作用积累的大量碳在装配式建筑碳汇系统中可能会贡献一定的固碳效能。

目前常用的衡量碳排放量化方法列表如下，其中三种评价体系中 CO_2 相关指标特征如表 1-11 所示。

4）低碳校园发展趋势与对策

未来低碳校园的总体目标是建设低碳智慧校园能源体系，实现"安全可靠、低碳智慧"两个目标，需具备"低碳能源供应、多能互补协同、能效综

各种碳排放量化方法的比较　　表 1-11

方法类型	实测法	排放因子系数法（过程分析法）	物料衡算法（投入产出法）	混合法
量化逻辑	通过实际碳排放量的监测获取数据	经济活动水平与相应碳排放因子相乘获得	质量守恒：投入系统或设备的物料质量必须等于该系统产出物质的质量	综合排放因子系数法与物料衡算法的优势
适用范围	有实测条件的项目	有明确工序流程的具体经济活动	有相关统计数据支撑的行业、区域、部门等宏观碳排放量的分析	涉及具体行业（项目）及相关行业（项目）的整体与具体碳排放水平
使用优势	真实体现各项目及经济活动的实际碳排放量，获取数据直接准确	能提供更准确、更详细的工艺信息和相对更新的数据	整理和分析碳排放量相对较快，能完整体现宏观的上游系统边界中的碳排放水平	可兼顾宏观与微观具体的碳排放分析，兼顾经济活动直接与间接碳排放情况
使用局限	对实测条件要求高，工作量大，监测方式和设备技术的不同易产生误差	环节边界定义的不完备，次要环节的忽略等情况，会带来计算结果的误差	不能准确详细地分析具体项目活动各阶段的碳排放量，利用投入产出表进行计算，相对较为粗糙	对于排放因子系数法和物料衡算法之间的边界选择会影响结果数值，不同侧重点的混合法影响结果值，工作量较大，工作难度大，适用性仍需验证

资料来源：刘科、冷嘉伟，《大型公共空间建筑的低碳设计原理与方法》

合最优、数字全面赋能、跨界模式创新”五大特征，应提升“低碳转型、能源转型、数字化转型”三元转型核心能力，通过“能源流、碳流、信息流与价值流”四流融合推动低碳校园的智慧能源体系建设的发展路径。

（1）低碳规划策略：低碳校园建设的规划设计着眼于校园的整体规划，既充分发挥自然资源的优势，又能满足学校建设的总体需求，使环境建设与功能建设同步。同时，全面了解规划区域内自然资源、生态环境以及自然生态特征与校园活动的联系，运用生态系统整体优化的原理和方法，合理地设计和建设校内建筑。从可持续发展的角度出发，最大限度地实现资源的循环利用，推进校园建设的健康发展。科学规划校园绿色景观环境可以有效降低噪声污染，为师生构建一个减缓视觉疲劳的生态环境，减少局部热岛效应。

（2）建筑的低碳设计：建设低碳校园，低碳建筑设计是关键。具体措施可包括合理选择建筑的地址、采取合理的外部环境设计、合理设计建筑形体，以改善既有的微气候，充分利用建筑室外微环境来改善建筑室内微环境。在建筑围护结构组成部件（屋顶、墙、地基、隔热材料、密封材料、门、窗、遮阳等设施）的设计过程中注重对建筑能耗、环境性能、室内空气质量与热舒适环境的影响，提高围护结构各组成部件的热工性能，选择围护结构组合优化设计方法。

（3）建筑运行碳减排策略：设备系统的节能调适与更新已成为国内众多校园节能减排主要建设路径之一，包括区域能源、热电联产、光伏发电、地源热泵、余热废热回收、高效空调、高效新风、节能照明、分项计量、智能监测与控制、智慧信息服务平台等一系列主流的高能效、低碳排设备系统。对过时的、低效的各类设备系统进行不同程度的调适和优化。应充分利用互联网、物联网等信息技术，优化升级节能监测平台，改造配电室、变压器、供暖锅炉等基础设施，更新节能灯具、高效用热末端，提高供电、供热系统使用效率。

（4）水资源使用减排策略：废水的再生综合利用和节约用水是实现水资源使用减排的主要路径，新建、扩建雨水收集设施、中水处理站，增大非传统水资源利用率，是实现水资源碳减排的主要手段。国内外多个校园案例在水资源减碳上采用的方式相近，但会根据不同需求，在侧重上有所不同。

（5）集中供暖减碳策略：学校的教学类建筑和宿舍楼是占比较大的两类建筑，同时也是学生经常出入的场所，教学类建筑白天有学生上课，建筑负荷较大。学生宿舍楼与教学类建筑的使用情况正好相反，晚上的负荷较大，学校类建筑与其他公共建筑的特殊之处还表现在学校有寒暑假，假期期间除部分建筑正常使用外，大部分处于闲置状态，负荷相对较小。因此，供暖系统由于供暖季外界气候变化较大、学期和寒假供暖需求负荷差别大、不同类型建筑供暖需求不一致等特点，其供暖系统容易出现较大浪费的现象。集中供暖减碳的路径主要通过设备升级、引进先进设备和引入新能源，并利用好供暖的周期性、差异性。

（6）道路交通减碳策略：校园内师生出行时间有一定的规律，对于学生来说，主要通行方式是步行，自行车、代步车等非机动车方式占一小部分比例，不同校区之间的通行方式主要是校车、公共汽车、共享单车、校内绿色摆渡车等方式。教职工的交通方式以小汽车等机动车为主。为构建绿色、低碳校园，学校要加强绿色交通系统的建设，合理规划人行通道与机动车通道的比例、位置等。在设计步行通道时，要综合场地、交通量、绿化设施以及建筑美观性等方面进行考量。在校园内建立慢行交通系统，鼓励师生用步行或自行车代替机动车，在校园内设置自行车专用通道以及步行主干道，并禁止机动车通行。机动车以路径简洁、便于停车为主，提高地下利用率，加设地下停车位，在节约地上空间的同时，对校园内的生态景观等也不会造成破坏。

（7）可再生能源利用：在校园建设规划过程中，应注重对于太阳能、风能、地热能等技术较为成熟的可再生能源应用。在设计过程中，应注重校园建筑设计参数与可再生能源利用潜力之间的匹配关系。对于太阳能利用，应注重建筑一体化的设计与建造，包括从太阳能资源利用的角度合理选择建筑的朝向、建筑的平立面形式、屋顶的倾角等，为太阳能资源收集设备的安装创造必要的先天条件。对于其他类型的可再生能源，应注重能源品位与能耗需求之间的匹配，同时应遵守经济性原则，避免过高投入与较低产出的应用弊端。

（8）绿化植被固碳：综合采用覆草屋面、平台花园、垂直绿化等手段增加建筑的有机表面，减小建筑的热（冷）负载，同时吸收 CO_2。高校可以加强碳捕获和碳存储技术的研发与技术推广，适时通过碳捕获、碳存储技术进行碳汇减排。

1.3.3 低碳校园设计及技术路径

1）低碳校园总体规划

（1）生态可持续设计

生态可持续设计是以“生态学”理念为指导，以校园空间环境为整体，保护环境和减少污染，为师生提供健康、适用、高效、可持续的教学和生活环境，设计对学生具有环境教育功能、与自然环境和谐共生的校园。

（2）低碳交通规划

①步行系统：在设置步行系统时需要将一些休息、交流及学习的空间纳入设计，在步行道路设置上尽量选取最短距离，不合理的路段需及时调整，步道与景观结合设计，在步行体验上更加丰富。同时，在步道的两侧可设置适宜尺度的绿化及小品，丰富步道空间；

②非机动车系统：中小学校学生主要靠步行为主，高等学校学生主要的

出行工具有电动车、自行车，根据人们活动频率及距离设置相关的公共自行车租借点以及电动车停放点，在校园的各个校门口设置相关的停车区域，根据理想的步行出行距离 200~500m，将停车点间距控制在该范围之内，在使用较为频繁且适合骑车的食堂、图书馆等周边设置自行车停车区域；

③公交车系统：校园中公交车全部使用新能源汽车，用碳排放更少的能源来代替，同时可使用摆渡车，电动车的普及将大大减少校园内的碳排放；

④机动车系统：机动车系统设置需要避免或限制有较多噪声污染和空气污染的机动车进入，对于校园内部而言，需要合理地设置停车位，并且将机动车停车位尽量靠近校园出入口设置，鼓励进校园后采用步行或者自行车的交通方式，避免机动车过多地在校园内行驶。

（3）能源高效利用

通过校园能源规划，做好校园能源系统顶层设计，优化学校能源资源配置，提升用能效率，是实现低碳校园的重要途径。制订校园节能减排的量化目标，对校园区域形成全面、合理、综合的能源规划，运用节能设计、智能控制、新能源等技术手段和建筑调适、行为节能等管理措施，实现校园能源消耗的有效控制、能源结构的合理调整、能源系统的高效运行以及能源体系的优化管理。合理的校园能源规划不仅提升了学校用能系统建设运行水平，还能提高区域能源供需协调能力，促进清洁能源就近消纳。

2）低碳校园空间设计

（1）减碳空间模式：建筑空间设计主要包含建筑房间布置及交通流线设计，不同的布置会使建筑产生不同的能耗。因此，校园建筑的空间设计宜尽可能集约化、减少不必要的建筑空间，从建筑设计阶段减少建设与运行阶段的建筑碳排放量。建筑中的主要空间宜设在南部或东南部，充分吸收利用太阳能来保持较高的室内温度；将对热环境舒适度要求较低的过厅、卫生间、设备室、走廊等辅助空间设在最易散热的北侧，并尽量减少北墙的窗户面积。

（2）减碳潜力优化：建筑形体很大程度上决定了建筑围护结构与外部空气接触的面积及对太阳辐射的接收量，对建筑能耗影响较大。围护结构总面积与体积关系的比值体形系数是节能设计的主要控制参数之一。在设计中应避免超出使用功能外的空间、增加多余装饰构件等。在满足使用功能的前提下，宜集中设置过渡、辅助空间，选择合理的建筑层高，优化结构设计。在满足结构合理性的基础上，控制材料的使用和碳排放量。

（3）减碳设计方法：严格按照气候分区的节能要求建设建造。以寒冷地区为例，基于地域性的气候特征，尽可能降低建筑外围护结构表面积的比例，并使热工性能较差的外围护构件面积降至最小；尽量扩大南立面面积占总围护结构表面积的比例，在满足基本通风、采光要求的基础上，减少北向、西向等不利朝向墙面面积及窗墙比。通过控制建筑体形系数来节约建筑能耗，降低建筑造价。在校园建设中采用低碳墙体材料，结合节能门窗，为建筑的节能减排提供可靠基础。

3）节能减碳关键技术

（1）超低能耗技术：超低能耗建筑设计应坚持被动式节能技术为主、主动式节能技术为辅、充分利用可再生能源的基本路线。主要包括：通过优化建筑布局、朝向等设计，多利用太阳光、自然通风、地形、植被等场地自然条件，并注重与气候的适应性，实现建筑在非机械、不耗能或少耗能条件下，满足建筑供暖、降温和采光需要；采用高性能的围护结构保温系统和门窗，来降低供暖和制冷对能源的消耗；利用高效新风热回收系统回收利用排风中的能量降低供暖制冷需求，不用或少用辅助供暖供冷系统；有效利用可再生能源，减少一次能源的使用。供暖供冷设备选型时，应优先选用能效等级为一级的产品。

（2）低碳结构体系：采用低碳建筑结构体系和具有低碳属性的建筑材料，可以从源头上减少建筑物化碳排放，低碳效益显著。建设低碳建筑，应从减少建材用量、使用低碳结构材料、减少施工量三个方面综合考虑，尽量选用低碳结构体系，主要包括：结构轻量化、结构合理化。降低建材使用量，减少建材生产的能源消耗，减少碳排放量。通过减少不必要的建筑造型，采用合理经济的平面布局、跨度尺寸、空间设计，可有效降低建筑结构设计复杂性，减轻自重，减少用料和施工量。建筑结构体系，主要有混凝土结构、钢结构、木结构和混合结构等。以木材、钢材为主材的结构体系具有低碳属性，配合以合理的结构设计，可以实现较低的建造碳排放量。

（3）绿色环保材料：随着建筑材料在建筑中的使用，其消耗量成为建筑碳排放的主要组成部分。建设低碳校园建筑，应尽可能选择具有低碳属性的建材，从源头上减少建筑碳排放量。低碳型建材即生产阶段碳排放较少、碳排放因子较小的建材。金属类材料的碳排放因子均比较高；水泥、混凝土、砂浆类次之；而木材、砂石、玻璃等建材的碳排放因子较低。尽量选用低碳型水泥、使用回收再利用的建材、尽量就地取材、使用高性能、高耐久性材料，减少建材的使用量，延长建筑构件的使用寿命，也是减少建筑碳排放的有效途径。

（4）可再生能源技术：大力推广校园中对于可再生能源的利用。太阳能路灯、太阳能集热器，太阳能新风、太阳能供暖技术、太阳能光伏发电、绿色照明等低碳照明技术可为学校节约燃煤，从而减少碳排放。空调、制冷供暖设备等低碳技术也可以大大减少碳排放。太阳能与浅层地热能综合利用，设计安装太阳能与浅层地热能结合的热泵系统为中央空调供冷供热。利用太阳能向地下热源补热，进行负荷平衡，实现了跨季节蓄热，确保地源热泵系统长期高效运行。

4）碳汇景观优化设计

（1）气候分区影响：气候变化和分区的不同影响着植物生长、分布和繁衍，驱动着植物多样性发生改变，和生物多样性直接相关。在大尺度范围内，温度与降水是决定植物多样性分布格局的主要因素。因此，气候分区对地上部分碳累积的影响主要表现在通过降水及温度等气候因子影响地上植被。其中，对土壤碳截获的影响主要表现在通过影响土壤温度、含水量等影响土壤微生物、土壤呼吸等过程。因此，针对不同气候分区开展植物多样性及碳汇、土地利用驱动的景观格局、气候变化的耦合分析等，将为该气候区的植物多样性保护以及碳汇功能提升等提供科学依据及理论参考。

（2）植物群落固碳：绿植固碳是目前最有效、最经济，也是最健康的固碳方法之一。建筑中的绿植固碳可分为一般的地上种植和立体绿化，绿植固碳方面，需要满足丰富的绿化和植物配置。校园的景观设计充分遵循生态学和景观生态学的理论，以及因地制宜、适地适树的原则，科学地进行校园树种规划，构建校园生态园林绿地系统体系。所以，校园中设计较多的生态绿地，植物通过光合作用的固碳量可以显著提升。

（3）土壤环境固碳：通过土地资源实现固碳目标，应尽可能保留原有场地土壤资源与植被资源。通过控制建筑占地面积，提高绿地率，可以较为科学地增加场地绿植面积。在保护原有场地植被的基础上，也可通过土地置换增加种植面积。

（4）节水与中水利用：校园建筑的供水系统用户端全部采用节水器具，并建设污水处理系统，对校园内的杂排水进行收集、处理和分级利用，冲厕用水、绿化用水、道路降尘喷洒及冲刷等全部使用中水，使得中水利用产生较好的社会效益和经济效益。

（5）海绵校园设计：2003 年，《城市景观之路：与市长们交流》最早将“海绵”类比成自然湿地、河流等对城市旱涝灾害的调蓄能力。海绵城市是指城市如同海绵，在适应环境变化和应对自然灾害的时候所具备的“弹性”和调蓄能力。海绵校园是海绵城市理念的深化延伸，属于低影响开发下海绵城市理论体系范畴，并融入了校园景观规划的理论。海绵校园主要包括教育、科研、空间布局、雨水、建筑、植物、文化、材料。适用于海绵校园的主要单项技术措施，包括绿色屋顶、可渗透路面、生物滞留设施、干式植草沟、雨水湿地、植被缓冲带，筛选的设施占地面积较小、适用性强、景观效果好、维护建设费用较低。

参考文献

[1] 张平海．中国教育早期现代化研究[D]. 上海：华东师范大学，2001.

[2] 杨文海．壬戌学制研究[D]. 南京：南京大学，2011.

[3] 王伦信．清末民国时期中学教育研究[D]. 上海：华东师范大学，2001.

[4] 宗树兴．1986年《中华人民共和国义务教育法》立法和实施研究[D]. 保定：河北大学，2010.

[5] 梁剑．普通高中办学体制转型研究[D]. 重庆：西南大学，2017.

[6] 刘冬．黄土高原县域中小学校布局调整模式及其校舍空间计划研究[D]. 西安：西安建筑科技大学，2013.

[7] 刘志杰．当代中学校园建筑的规划和设计[D]. 天津：天津大学，2004.

[8] 李志民，陈雅兰，李诗娴．中小学校建筑空间环境变迁及其规律探析[J]. 城市建筑，2018，07：20-22.

[9] 王枫．面向2035的中小学智慧学校建设：内涵、特征与实践[J]. 中国教育学刊，2018，09：25-33.

[10] 李佳妮．基于"指标体系"的职业院校智慧校园模型架构设计及其价值分析[J]. 信息技术与信息化，2019，08：141-142.

[11] 普旭．我国中小学智慧教室建设规范初探[D]. 武汉：华中师范大学，2013.

[12] 曾飞云．深圳市中小学"智慧校园"建设状况研究[D]. 深圳：深圳大学，2017.

[13] 陈侃杰．基于"智慧学校"理念的中小学校典型空间设计研究[D]. 杭州：浙江大学，2016.

[14] 中华人民共和国住房和城乡建设部．中小学校设计规范：GB 50099—2011[S]. 北京：中国建筑工业出版社，2012.

[15] 中华人民共和国教育部．城市普通中小学校校舍建设标准[S]. 北京：高等教育出版社，2003.

[16] 中华人民共和国教育部．农村普通中小学校建设标准[S]. 北京：中国计划出版社，2009.

[17] 中华人民共和国教育部．汶川地震灾后重建学校规划建筑设计导则[M]. 北京：清华大学出版社，2008.

[18] 王崇杰，薛一冰，何文晶．绿色大学校园[M]. 北京：中国建筑工业出版社，2012.

[19] 刘科，冷嘉伟．大型公共空间建筑的低碳设计原理与方法[M]. 北京：中国建筑工业出版社，2022.

[20] 王崇杰，杨倩苗，房涛，等．低碳校园建设[M]. 北京：中国建筑工业出版社，2022.

[21] 中国绿色建筑与节能专业委员会绿色校园学组．绿色校园与未来5[M]. 北京：中国建筑工业出版社，2016.

第2章 低碳校园规划

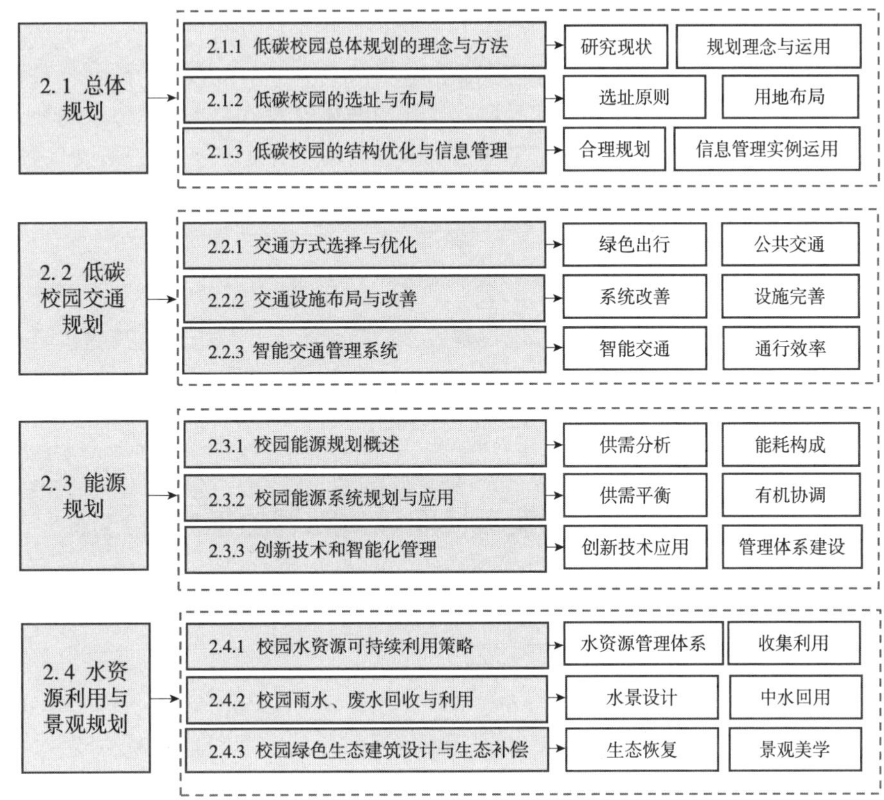

- ▶ 低碳校园的结构优化与信息管理平台结合的思路有哪些?
- ▶ 低碳校园交通稳定化理念的提出可以解决那些问题?
- ▶ 校园能源规划有哪些创新型技术?
- ▶ 校园水景设置中可以采取哪些水资源回用措施?

随着人类经济生产水平的持续提升，社会发展水平也随之提高。然而，大规模的生产活动不仅向大气中排放了大量 CO_2，导致全球气候整体变暖，还成为雾霾等空气污染现象的重要原因。2020 年 9 月，国家领导人在第 75 届联合国大会上公布了我国的“双碳”战略目标。数据显示，截至 2019 年，我国 CO_2 排放量已较 2005 年同期下降了 50% 以上，有效改善了我国当前的空气质量状况。校园建筑数量众多、功能多样，往往具有较长的使用寿命。作为城市的一部分，其低碳建设对城市的整体环境具有重要影响。一个低碳的校园不仅可以改善校园的环境质量，又能传达低碳环保理念，让学生在学习生活中就感受到低碳生活的重要性，还会对周边区域产生积极影响，推动城市的绿色低碳发展。因此，对低碳校园总体规划与建设路径的研究具有重要的现实意义。

教育建筑类型丰富，包括幼儿园、中小学、高等教育建筑等，对于总体规划而言，规模越大、功能越多元、系统越复杂的校园，其低碳规划的意义越重大，效果越明显。因此，针对较大规模的中小学校和高等教育学校建筑的总体规划研究具有代表性。

2.1.1 低碳校园总体规划的理念与方法

1）低碳生态的相关概念

（1）低碳经济

低碳经济是指在可持续发展理念指导下，通过技术创新、制度创新、产业转型、新能源开发等多种手段，尽可能地减少煤炭、石油等高碳能源消耗，减少温室气体排放，达到经济社会发展与生态环境保护双赢的一种经济发展形态。低碳经济是以减少温室气体排放为目标，构筑低能耗、低污染为基础的经济发展体系，包括低碳能源系统、低碳技术和低碳产业体系。

（2）低碳校园

低碳校园是在保障学校正常教学、研究、生活等日常使用要求的情况下，努力打造的环境友好、资源节约、可持续发展的集信息化、现代化、低碳化于一体的新型校园。

2）国内外对低碳校园的理论和技术研究

（1）国外对低碳校园的研究现状

国外对学校生态建筑的研究起步于二十世纪六七十年代，进入二十一世纪以来，对学校生态建筑研究的文献激增，新的学校教育模式和规划设计模式已经成为学术界研究的热点。

1998 年美国凯林（Kellyn）介绍了美国蒙大拿州立大学兴建的世界上第

一所“绿色”学院科学馆，分析了绿色建筑采用的设计方法、绿色技术和材料。西班牙普拉斯（Prats）和丘利安（Chillon）从工程角度研究了校园中水资源利用问题，介绍了西班牙阿利坎特大学反渗透水工厂的运行情况。

2006年，美国绿色建筑委员会公布绿色学校评估体系（LEED for School），这一评估体系是在新建筑的绿色评估体系（LEED for New Construction）基础上发布的中小学校（即 1~12 年级学校）版本，从可持续场地设计、水资源利用效率、能源与大气环境、材料与资源、室内环境质量、革新设计等六个方面对学校建筑给予评分。随后其他国家也相继出台针对学校的评价标准，如 2008 年的英国教育建筑性能评估体系（BREEAM Education），2010 年的澳大利亚绿色之星教育版 V1（Greenstar Education V1）等。

2007 年加州大学伯克利分校根据《京都议定书》(于 1997 年 12 月 11 日获得通过，使工业化国家和转型经济体承诺根据商定的具体目标限制和减少温室气体（GHG）排放，落实《联合国气候变化框架公约》）对美国碳排放的限制以及加利福尼亚州的减排计划，提出在 2014 年将温室气体排放量还原到 1990 年的水平，到 2050 年碳排放水平比 1990 年低 80%的计划。

2011 年基尔帕特里克（Kilpatrick）分析了苏格兰近 50 所中小学校的能耗数据，得出了学校能耗日变化、周变化趋势与规律，为校园节能提供了基准。东京大学通过对各种 CO_2 排放源的评估并结合本校的实际情况，制订了建设低碳校园的最优原则，提出了 2012 年 CO_2 比 2006 年水平降低 15%、2030 年 CO_2 比 2006 年水平降低 50%的计划。

研究学者们还借鉴其他生态、低碳方面的评价工具对低碳校园进行了评估研究。例如迈克尔（Michael）分析了近期衡量高等教育交叉机构可持续性研究，回顾了 11 种交叉机构评价工具，归纳了在高等教育中实现可持续的评价参数。

（2）我国对低碳校园的研究现状

我国对绿色学校建筑研究起步晚，但是发展迅速。1996 年我国正式引入绿色学校这一概念，2003 年发布了《绿色学校指南》，并对绿色学校作出了定义：绿色学校应以可持续发展理论为指导，在满足学校教育功能的基础上，利用一切可利用的资源，加强学校环境管理和提升师生环境素养。随后各种针对绿色校园设计研究的文章陆续发表，如刘显成在《地域性绿色建筑设计探讨》一文中，通过对地域性气候等因素进行分析，探讨了地域性绿色建筑设计；董利斌、张婷在《成都地区中小学校建筑自然通风应用研究》一文中，针对成都地区特殊自然通风条件，提出改善当地中小学教室通风条件的方法策略。

我国逐步出台了相关法律法规，保障和促进绿色校园建设与发展。1994 年 3 月，中国政府批准的《中国 21 世纪议程——中国 21 世纪人口、环境与发展白皮书》开启了我国可持续发展战略；1996 年《建筑节能技术政策》颁布实施；2001 年《夏热冬冷地区居住建筑节能设计标准》JGJ 134 在夏热冬冷地区开始实行；2001 年《中国生态住宅技术评估手册》开始指导绿色住宅建设；2006 年我国第一部《绿色建筑评价标准》投入使用；2012 年 11 月中国城市科学研究会绿色建筑与节能专业委员会绿色校园学组编写完成《绿色校园评价标准》，并在北京通过标准专家评审会审查。标准提出了节地、节能、节材、节水、室内、运行管理、教育推广等方面的标准内容，对绿色中小学相关内容进行评价。

中国低碳发展制度和政策体系逐渐完善，形成以约束性目标为引领，抓大放小，突出重点行业和地区，包括规划、法律、行政命令、试点、市场、财税等多方面政策保障体系。从“十二五”开始，碳排放强度目标写入我国国民经济和社会发展五年规划纲要，“十三五”形成了一套包括能源总量、能源强度、碳强度的多维度约束目标体系。在政策类型方面，从行政命令型逐渐过渡到行政命令和市场型政策并重的局面，初步探索构建了应对气候变化的投融资和市场机制，并注重试点示范在政策制定和实施过程中的重要作用。同时，积极参与气候合作，为中国参与全球治理提供了有力的支持。现阶段，我国有 2030 年碳排放达峰目标。2035 年，我国基本实现现代化，生态环境根本好转，美丽中国建设目标基本实现；2050 年，我国实现社会主义现代化强国目标。

3）低碳校园规划的理念与方法

（1）低碳校园规划的理念

①本土化理念

低碳校园的规划应以当地的自然资源和环境条件为基础，在充分利用地方性资源的同时，控制规划建设的成本。通过深入挖掘地方特色资源，利用地域特色，依托地方景观特色，并在尊重地方生态环境的前提下科学地进行规划设计。这样不仅能有效保护地方生态资源和景观，还能减少对外部资源的依赖，实现成本控制和高效规划的目标。

②生态化理念

环境对人才的成长具有深远的影响。在绿色建筑和低碳校园规划中，核心理念是“生态化”。为构建一个生态化、安全化的校园建筑群落环境，必须遵循这一理念来营造低碳生态环境。利用自然条件，特别是有利的地形条件，依托已有的景观环境、绿色资源以及植被资源进行规划设计。在规划过程中，应多加考虑校园小环境，使绿化等生态要素真正融入校园的整体环境和校园生活中，从而达到环境育人的目的。

③人性化理念

师生是校园的使用主体，是校园规划和工程建设的最终服务对象。应该围绕着师生的需求进行区域规划，为他们提供生态化、绿色健康的空间和优美恬静的环境。根据学生及教师各自的行为特点，创造良好的学研环境和活动空间。实现科学、人文、生态的内在融合，建筑、环境、文化的有机融合。

同时，需建立便捷的道路交通系统，确保设施齐全、出行便利、运行顺畅，只有形成人性化的空间布局，才能从根本上实现低碳校园规划设计的价值。

（2）低碳校园规划的思路

①用地布局中的低碳思路

实行鲜明的功能分区。将教学、科研、住宿、体育活动和绿地合理划分，建立和完善公共交通系统，并减少校园内部的交通流量。如果校园内有实验室和实验平台，应将其相对集中布置，有利于不同学科之间的交流与融合，从而促进学科创新与发展。反之，若功能布局分散，将在一定程度上导致间接性碳排放。

公共建筑应建于校园周边位置以便向社会开放。大学作为传播文化知识的重要平台，与周边单位和社区的交流越来越密切。文化艺术类建筑如体育馆、博物馆、图书馆、音乐厅等，其布局应考虑减少校内交通流量。

②水资源利用中的低碳思路

规划建设污水处理、中水回用系统。建设污水处理站，产生的中水既可以满足冲厕的需要，也可以用于绿化灌溉，还可以在假期或冬季中水用量少时补充校园景观水系，提高再生水的利用率，减少城市用水供应量，达到节约水资源的目的。

规划建设雨水收集系统。在校园规划建设时要充分考虑当地的天气和降水情况、校园地貌和地质条件等，做好校园园林景观区、硬化铺装区和各建筑屋面的雨水收集系统，合理设置各部位的排水管道，将雨水导入校园的景观水系或雨水收集池中。

③园林景观规划中的低碳思路

绿化景观布局要因地制宜。在校园规划中，科学地分配绿化面积，结合地形地貌考虑校园的整体性和美观性，以此来规划建设校园的绿化景观。

在景观植物的选用上也要因地制宜。应结合校园当地的气候和土壤条件，多种植本土植物，提高植物存活率，同时要尽量选择对气温、季节变化适应力较强的植物，确保景观植物在秋冬季也较为完整，不破坏校园整体的协调性和美观性。

④校园能源管理中的低碳思路

规划建设能源监管系统。实时采集学校水电能耗数据，全面了解各单体和各用电主体末端水电能耗情况。通过对水电能耗的分析诊断，及时发现异常点，采取相应措施，减少能源浪费。同时，制定科学的用能定额指标，提高能源管理的科学化和信息化水平，确保能源使用的合理化和高效性。

规划建设楼宇自控系统。楼宇自控系统能够对建筑内的暖通空调、给水排水、供配电、电梯等众多分散设备的运行、安全状况、能源使用状况及节能管理实现集中监视、管理和分散控制，不仅能够自动调节楼内的环境温度，降低机电设备的能源消耗，预防突发事故发生，而且由于系统操作简单，还可以大大减少人力投入，降低用工成本。

规划建设公共区域智能照明系统。通过采用智能控制技术、有线 / 无线物联网通信技术，实现灯光的遥控开关、调光、全开全关等多种灯光控制场景。既可降低人工成本，节约能耗，延长灯具使用寿命，也可改善公共区域光照环境，提高工作效率和管理水平。

（3）低碳校园规划与建设路径

①制定完善的节能减排制度

就现有的校园碳排放量的考评与监管制度进行优化。一方面，政府部门应该面向社会积极推行科学考评管控制度，除针对校园科研、能源运用等指标开展考核工作外，还需围绕其制定更高效的低碳建设能力考核制度；另一方面，需健全自身的校园低碳监管体系，全面推行管控制度。

在校园内制定更具量化特性的减排标准制度。以高校为例，首先，高校需充分发挥自身的科研资源和能力优势，对实际碳排放进行核算处理。其次，政府部门应积极支持高校建立碳排放核算体系，提供更为标准和科学的减排标准参考，并为其提供有效的碳核算和节能减排的量化指导方案。

②在校园内部全面推广节能减排技术

对校园内部现有的能源及材料使用进行低碳化处理。目前大部分校园主要依赖水、电、天然气和煤炭供能，其中电力和煤炭用途广泛，使用对象包括食堂、学习和办公区域等。为实现低碳目标，应将使用的能源类型转向低碳能源，推动清洁能源和环保材料的研发应用，并在校园建设中优先考虑低碳技术，如太阳能路灯和环保操场等。

校园办公低碳化。为了实现校园办公的低碳化目标，可以采取以下措施：首先，减少耗材设备的使用，推广无纸办公方案，减少文件复印等操作，转向利用互联网在线文档处理事务和利用电子邮件进行沟通。其次，办公人员应充分利用公共交通系统，减少私家车进校次数；取消不必要的出差会议，以网络视频会议代替部分“办公桌会议”。

③积极营造良好校园低碳学习及生活氛围

作为学校的一份子，无论师生还是领导者，均应该在校内营造良好的低碳生活氛围，具体而言，可从以下几个方面着手：

在校园内全面推行低碳经济理念，并做好低碳实践工作。一方面，应该积极在校内推行低碳宣传活动，例如，举办低碳校园建设辩论赛、低碳技术设计竞赛等；另一方面，注重校园网低碳建设，以此替代部分传统的线下宣传画报，通过线上形式，提升交流实效性的同时，进一步促进低碳校园建设。

在校园内部构建完善的低碳行为管理准则。其一，引导学生养成良好的节约用水、用电习惯，食堂用餐不浪费粮食，秉承低碳出行理念；其二，在校内构建低碳行为监督惩处制度，以此来有效规范学生低碳行为。

④通过校园碳汇来减碳

低碳校园的建设不但要从“碳源”上进行有效抑制，还应从“碳汇”角度进行考虑。“碳汇”的方法主要有两种，一种是利用植被吸收 CO_2；另一种是通过将 CO_2 捕获和埋存来减少其在大气中的排放量。例如，在校园内进行合理的土地利用规划，确保校园内有一定数量和质量的植被，其面积需保障校园内部的“碳汇”需求。采用覆草屋面、平台花园、垂直绿化等手段增加建筑的有机表面，以减小建筑的热（冷）负载，同时吸收 CO_2，为校园“碳汇”减排作出贡献。

4）低碳校园规划的实际运用——以扬州大学扬子津校区为例

扬州市位于江苏省中部，与同纬度的地区相比，夏季炎热冬季寒冷，季节性气候特征明显。年平均降水量为 1020mm，最热月平均温度在 25~30℃之间，极端高温可达 40.7℃，因此夏季需要降温。冬季最冷月平均气温在 0~10℃之间，日平均气温低于 5℃的天数接近 90 天，缺乏供暖使室内环境非常不适。因此，该地区在建筑设计中既需要考虑供冷和隔热，也需要考虑供暖和保温。

扬州大学扬子津校区位于扬州市大学城，占地 68.16ha，总建筑面积约 26 万 m^2，校区整体一次性完成规划，分期建设实施，一期首先入驻 4 个工科学院。在具体设计中，用规划设计手段“应对区域气候”是构思的切入点和创作思路的起点（图 2-1）。

（1）功能布局的低碳思路

区域特征和功能需求是总平面布局的关键要素。扬子津校区规划为六个功能区，包括：公共教学区、专业教学区、生活服务区、文体活动区、资源共享区及可持续发展区。公共教学区和专业教学区布置学院组团；生活服务区包括学生宿舍、食堂及生活服务街；文体活动区位于生活服务区以西，布置运动场等设施；资源共享区由图书馆及文体馆构成，方便与周边社区及单位的交流。

该校区在总体规划布局上体现了调整微气候的节能减排策略。该地区冬季和夏季主导风向往往相反。夏季需减少对南风的阻挡，引导气流进入，而冬季通常需阻挡北向冷气流入。因此，总体规划布局采用“北密南疏”的方式，南部“工”字形的半开敞组团形成穿堂风，而北侧是毗邻南绕城公路防护林的试验田基地，为该校区提供良好的防风绿色屏障（图 2-2）。

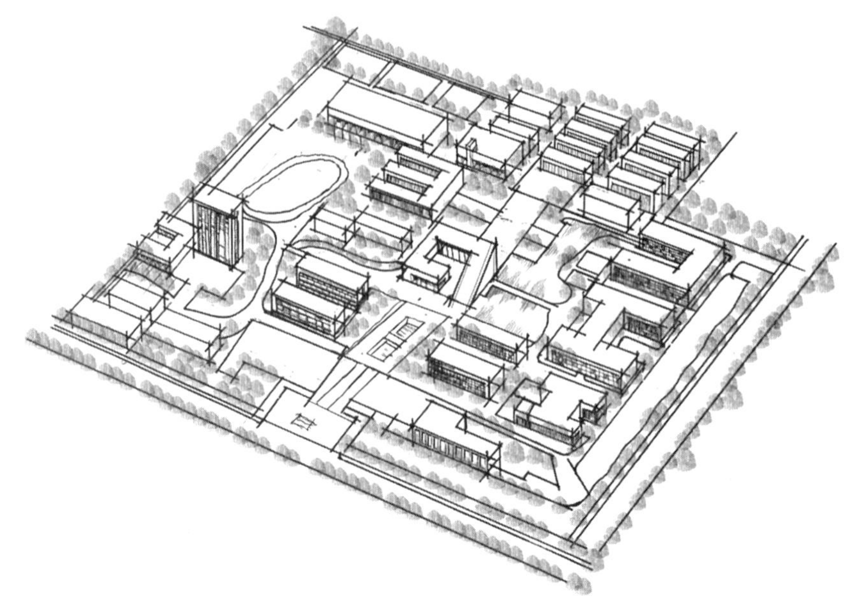

图 2-1　扬州大学扬子津校区手绘鸟瞰图
资料来源:《华中建筑》1003-739X（2015）09-0121-04 重新绘制

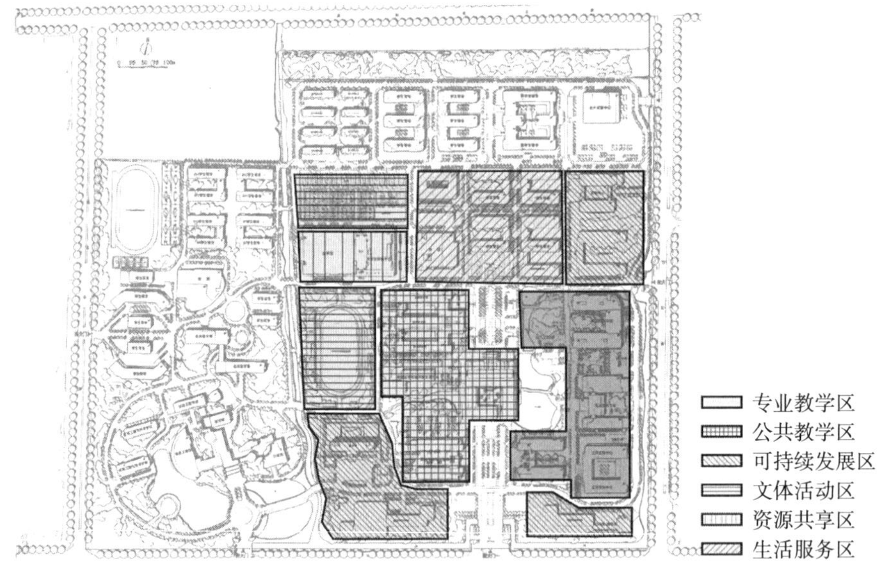

图 2-2　扬州大学扬子津校区总平面图
资料来源:《华中建筑》1003-739X（2015）09-0121-04 重新绘制

（2）绿化及水系统的低碳思路

为了有效缓解恶劣气候的影响，该校园北侧规划为试验田基地，与绕城公路的防护林共同形成绿化带。主干道形成的“∪”形景观带与农田绿地、河道围合整个校园的微气候区。通过保留原有植被和水资源，并进行整合改造，形成完善的绿化和水系统。引入合理的道路交通系统，并以组团院落的形式布置建筑，实现内外融合的气候复合区。南侧和东侧结合原有排涝河，形成围合的水系统。夏季东南风通过水系统二次组织发散，改善整个校园的风环境。

（3）能源管理系统的低碳思路

该校区的能源管理系统以监测建筑物为基础，结合建筑面积、内部功能区域划分、运转时间等客观数据对整体能耗进行提取、统计、分析，包括：电能计量、给水管网监测、智能路灯管理系统等，并对校区的路灯和建筑物实行水电计量远程智能监控。对2011—2013三年间部分建筑全年单位面积耗电量及逐月变化趋势进行分析，见图2-3，可知在校园建筑中，食堂和烹饪学院年单位面积耗电量较大，而教学楼和图书馆相对平稳。从图2-4可以看

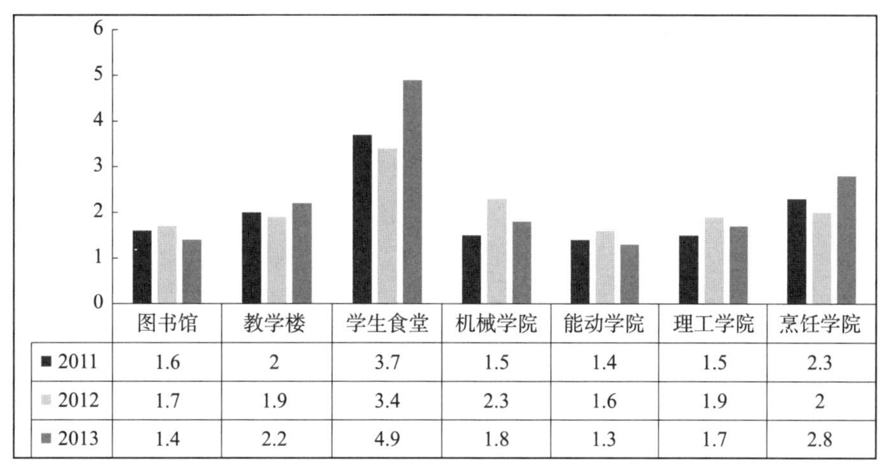

	图书馆	教学楼	学生食堂	机械学院	能动学院	理工学院	烹饪学院
■ 2011	1.6	2	3.7	1.5	1.4	1.5	2.3
■ 2012	1.7	1.9	3.4	2.3	1.6	1.9	2
■ 2013	1.4	2.2	4.9	1.8	1.3	1.7	2.8

图2-3　扬子津校区部分建筑全年单位面积耗电量

资料来源：《华中建筑》1003-739X（2015）09-0121-04 重新绘制

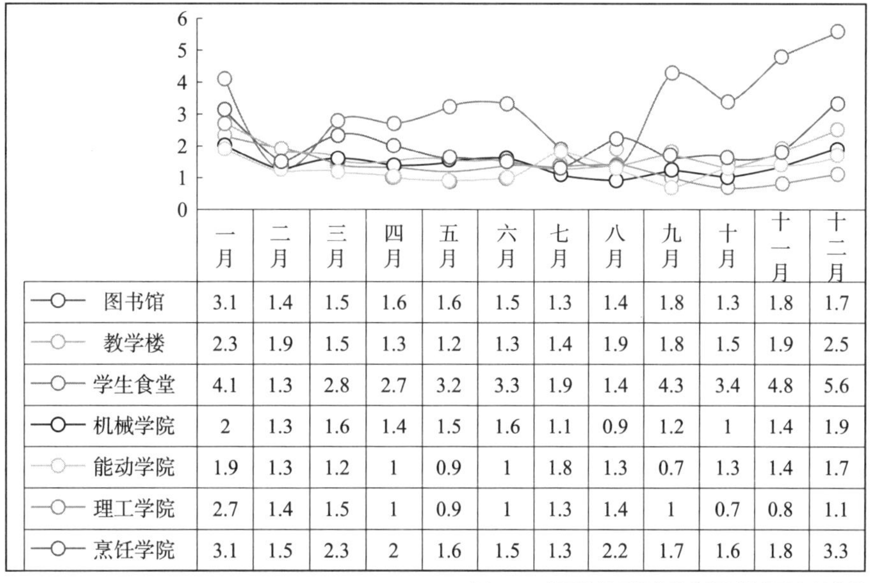

	一月	二月	三月	四月	五月	六月	七月	八月	九月	十月	十一月	十二月
图书馆	3.1	1.4	1.5	1.6	1.6	1.5	1.3	1.4	1.8	1.3	1.8	1.7
教学楼	2.3	1.9	1.5	1.3	1.2	1.3	1.4	1.9	1.8	1.5	1.9	2.5
学生食堂	4.1	1.3	2.8	2.7	3.2	3.3	1.9	1.4	4.3	3.4	4.8	5.6
机械学院	2	1.3	1.6	1.4	1.5	1.6	1.1	0.9	1.2	1	1.4	1.9
能动学院	1.9	1.3	1.2	1	0.9	1	1.8	1.3	0.7	1.3	1.4	1.7
理工学院	2.7	1.4	1.5	1	0.9	1	1.3	1.4	1	0.7	0.8	1.1
烹饪学院	3.1	1.5	2.3	2	1.6	1.5	1.3	2.2	1.7	1.6	1.8	3.3

图2-4　扬子津校区部分建筑逐月单位面积耗电量

资料来源：《华中建筑》1003-739X（2015）09-0121-04 重新绘制

到，能耗变化呈明显的季节性，指标最大值出现在 1 月份和 12 月份，其他月份基本平稳，而 7、8 月份为该地区暑假期间，因此并未出现用电高峰值。该能源管理系统的监测数据能够为未来单体建筑能源系统的优化改进和设备运转时间的调整提供可靠的依据。

2.1.2 低碳校园的选址与布局

1）低碳校园选址原则

（1）安全性

低碳校园在选址时，安全是首要的考虑因素。应避开地震断裂带、地质塌陷、山体滑坡、暗河、洪涝等自然灾害易发和人为风险高的地段，同时避免污染超标的地段。对于土质松软、承载能力较差的地基，需进行加固处理。校园内不应有排放超标的污染源，并且与各类污染源的距离应符合国家相关标准规定的防护距离。

应根据校园建筑及使用者的特点，满足教育内容的需求，打造适合学生心理和行为的室内外空间。注重选用节能环保的材料，以维护学生身体健康。提升建筑物质和精神的双重可持续性，创造更健康的学习环境。

（2）适宜性

学校选址应作用地适宜性评价：应首先考虑使用废旧用地，场地建设不破坏文物及其历史环境、自然水系和其他自然与文化保护区，不任意占用基本农田、森林、湿地和其他限制性用地。

教学楼布局设计是一个综合考量多方面因素的过程。首先，要考虑本地气候特点，因为气候条件直接影响建筑的能耗和舒适度。例如，在炎热地区，应考虑增加自然通风和遮阳设施，而在寒冷地区，则需注重建筑的保温性能。此外，建筑的朝向也会对能耗产生显著影响，比如在北半球，南向的建筑可以获得更好的日照条件。其次，需要满足教育功能的需求。不同的教学活动可能对空间大小、形状、采光和声学效果等有不同的要求。

因此，在布局设计前要进行实地调研和总结分析，确保设计方案能够应对当地的具体条件，并且适应教学组团的具体需求。然后，选择典型样本进行节能对比，确保选址和布局决策的科学性和合理性。通过对不同布局和朝向的建筑进行能耗模拟和实际监测，比较它们的能源效率，选择最合适的方案。

（3）便捷性

低碳校园选址要满足方便快捷要求：校园选址和出入口设置宜方便学生及教职员工充分利用公共交通网络体系。以中小学为例：普通高级中学服务半径不宜大于 1000m；城镇初级中学服务半径宜为 1000m；城镇完整小学服务半径宜为 500m。

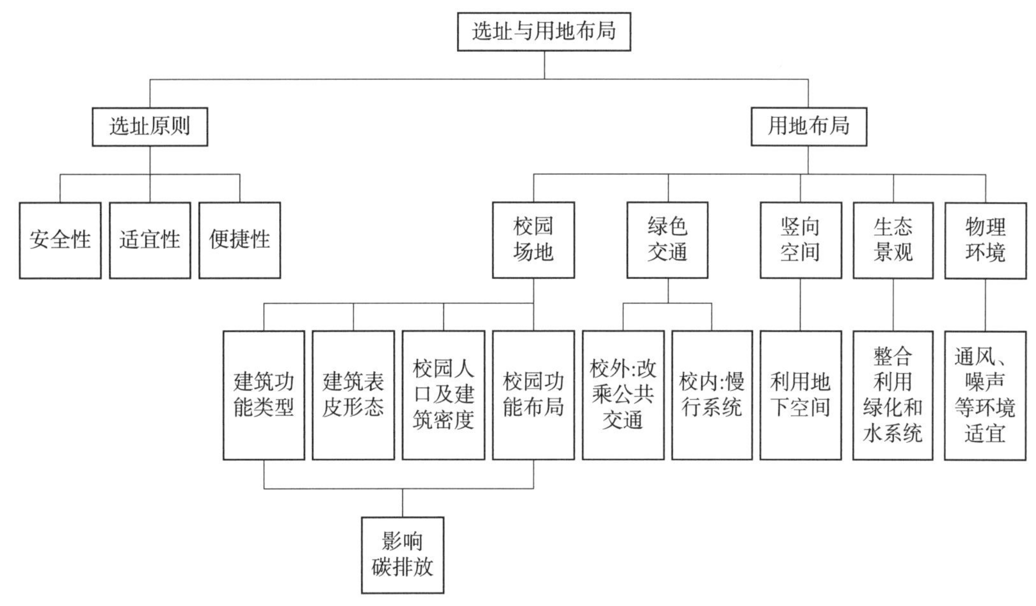

图 2-5　选址与用地布局思路

2）低碳校园的用地布局

建设低碳校园不仅是简单地建造低碳建筑，最终需形成校园系统化设计。这需要考虑微观系统的功能，同时也需要考虑宏观系统的调节作用，以及各系统之间的协作和配合（图 2-5）。

（1）校园场地规划

校园空间中，不同建筑功能类型在碳排放量上会呈现明显的差异性。例如，食堂、数据中心和实验楼等耗能建筑组团越多，碳排放量也越高；建筑形态方面，采用柔性、可变的建筑表皮形式能够有效降低碳排放量。

现有大多数校园由于其固定的空间布局形式，无法彻底改变土地利用结构、基础设施建设、交通运输和绿化等功能形态。校园空间的碳排放主要取决于人口密度和建筑密度，通常呈现出从高密度区域向低密度区域递减的趋势。此外，功能布局越分散，间接性碳排放量就越高。

（2）绿色交通规划

在校园外，学生上下学以及学校教职工上下班采用开设班车、合乘小汽车、公交车等方式，逐步实现由小汽车改乘班车或公交车，这将会大大减少碳排放量，实现低碳出行。

在校园内，大力提倡慢行交通，如公共自行车和步行等方式。高校内可设置自行车慢行专用道以及人行主干道，该部分应禁止机动车入内。如机动车、自行车与行人共用车道，应设置人车分流。

（3）竖向空间规划

开发和使用地下空间，提高土地利用率。减少停车场地设置对环境的不利影响，节约土地资源。停车方式采用分散与集中相结合的方式，充分利用地下空间，中小学校园中地面停车比例宜不超过总停车量的 40%。

（4）生态景观规划

充分整合和利用水资源，建立系统化的生态景观体系，利于收集雨水、灌溉和调节微气候。在景观设计中，尽量选用当地适生树种，并保留场地内有价值的建筑、树木、水塘和河流等元素。采用屋顶绿化、垂直绿化、草皮、灌木和乔木相结合的多种绿化方式，以提高学校的绿化率，降低校园内的热岛效应。

（5）物理环境规划

可以通过通风模拟实验、诊断并优化规划方案，将校园建筑物周边人行高度的风速控制在场地所在环境条件下的适宜范围内，满足人体舒适度的要求。

校园总平面规划设计还应注意噪声源及噪声敏感建筑的合理布局，必要时采取隔离及降噪措施。声环境质量应符合现行国家标准《民用建筑隔声设计规范》GB 50118—2010 及《中小学校设计规范》GB 50099—2011 的有关规定。

2.1.3　低碳校园的结构优化与信息管理

低碳校园建筑运营碳排放具有高度集中排放和低能源利用率的特点。建筑运营产生的碳排放在时间上的范围集中，在空间上的能效汇聚，需要进行柔性的调配，建筑的错峰运营能有效减少碳排放水平。在地域上，南方、北方校园供能的能源存在一定的差异性，南方以电力为主，北方以电力和燃气为主，大多数校园建筑使用碳氢化合物燃料来满足能源需求，建筑转变为全电力运行或其他低 CO_2 排放源。随着电网和可再生能源提供现场能源的比例增加，越来越多的建筑实现全电力化，电网和建筑之间的相互作用为建筑运营提供信息，以最大限度地减少 CO_2 排放量。

1）低碳校园的合理规划

（1）优化校园空间结构

合理规划校园内各功能区域的布局，优化主要功能区（如宿舍区、教育区、公共服务区等）的空间和资源分配。增加人员聚集区域，提高空间利用效率，并增设更多学校服务设施，以改善学生的校园生活条件。完善校园基本公共服务设施，便利教职工和学生的校园活动，缩短通勤路程。通过改进管理服务，提高人流和校园信息传递的效率。

（2）践行低碳生活理念

建设低碳校园需要在低碳理念的培养与形成的基础上进行。学校应加强对低碳生活理念的宣传，培养师生的低碳意识和行为。采用多种宣传方式，如宣传网络、专题讲座、主题论坛、走访调查、研讨会和社会实践等，将低碳生活理念落实到实际行动中。学校可通过制定绿色工作标准和发布低碳生活手册等方式，实时监督管理校园的能源消耗，并推动学习办公用品的循环利用。鼓励师生积极参与低碳节能行动，过简单健康的低碳生活，成为创新生活的倡导者。

（3）应用校园建筑能源和“互联网+”

在校园建筑中充分应用太阳能和风能系统，大幅降低传统能源的消耗。合理运用互联网技术，提高校园能源消耗管理的效率和精度。在操作过程中，需要注重设备的使用细节，并根据实际情况和建筑类型进行合理操作。为实现集中化管理，相关能源终端系统的管理应默认在预设的管理系统中进行。

2）低碳校园信息管理实例运用——以雄安新区智慧校园为例

雄安新区教育系统按照集团化管理模式统筹管理雄安新区（占地 $12.7km^2$，规划人口 17 万人）辖属的 32 所新建学校，涵盖幼儿园、小学、初中、高中教育全链条，使片区内学生可享受步行 5 分钟到幼儿园、10 分钟到小学、15 分钟到初中和高中的优质教育资源。

本项目涉及 10 个校区，每个校区包括若干座教学楼、图书馆、地下车库及附属用房等单体建筑，每个建筑都需要具备能耗监测和楼宇自控系统。

（1）“Web 客户端”能耗监测系统

学校建筑包括教学楼、办公楼以及图书馆，办公及管理人员也分布在学校的各处，需要管理不同区域、不同类型的单位，因此需要建设一套资源共享的软件平台给校园内各级管理单位使用，从而大大节省学校能管系统的建设费用。

此能耗监测系统方案设计为“Web 客户端”系统，能够设立多个账号给不同的下级用户使用，并可以实现下级用户数据接入平台。能耗监测系统可以在同一个软件平台上实现所有下级能源数据的接入，下级单位可以通过软件平台查看其权限范围内的能耗功能及数据；上级管理者能够查看权限范围内的各单位能耗数据和汇总数据，实现硬件资源、数据资源的共享。

（2）“智慧型”能耗监测系统

能耗监测系统是一套智慧型的能源管理系统，为建设智慧校园提供了技术支撑，系统内置了多维度节能分析、报警管理和能耗数据报告模板，减少了人工设定和人为干预；系统能够基于 AIoT 技术的知识库自动识别能源管理机会，指导运行管理，实现对校园内能耗设备的最优化利用；能够对可能出现的异常情况提前预警提示，将故障报警信息及时地发送给相应的管理人员，第一时间解决故障问题；系统定期生成能耗数据报告，并发送给相应的管理人员提高校园管理效率和管理水平。

（3）“服务型”能耗监测系统

能耗监测需要专业的能耗管理技术专家及人员进行诊断和分析。例如，在暖通自控方面有丰富经验积累的专业技术公司，能够提供相应的解决方案和产品，还能够提供远程或现场的系统维护、技术指导、数据分析、节能改造、软件升级等服务，帮助校园更好地利用能源管理系统软件，实现生产管理的便捷和最大化效益。

（4）室内环境监测系统

通过采用全空气组合空调、新风换气、恒温恒湿、空气净化和洁净空调等设备，实现对室内环境的自动实时监测和设备运行控制，为学生教室、图书馆、教学办公室等提供舒适健康的室内环境。

（5）区域管理和控制系统

从节能的角度来考虑，根据各个建筑使用功能和区域划分，在空调通风系统上实现区域管理和控制，使正在使用的区域和功能房间能达到设计的空调效果，而未使用的区域的功能房间不开通空调系统。其他如通风等消耗能源大的区域按时间和运行时的设定值确定启动设备，以此来实现在保证使用功能的前提下，最大限度地节约能耗和运行成本。这样做不但能满足实际的使用效果，也能有效地节省运行成本和节约能耗。同时对各区域做好时间及运行状态的记录，便于统一管理。各建筑内的机电设备通过计算机技术进行全面有效的监控和管理，以确保建筑物内舒适和安全的办公环境，同时实现高效节能的要求。

（6）先进的管理平台系统

楼宇设备自动化系统具有重要作用，它能够收集并整合大量数据，包括水、电、风、冷热量计量以及各类传感器采集的数据。这些数据可用于分析设备的运行状况、预测维修时间、监测能源消耗以及计算费用。经过系统集成后的数据，还能够用于进行深入的分析与处理，帮助管理者制定维护计划、合理设置备品备件的库存量、精确进行成本核算，以及制定各类收费标准等。

2.2.1 交通方式选择与优化

1）绿色出行

在幼儿园、中小学校园中，通常校园面积有限，学生与教职工在校内的出行方式主要以步行为主，机动车主要用于校园外的出行。因此，此类校园对公共交通的需求较小。而在大型校园（主要以高校为主）中，为了倡导绿色出行，以及更加便利地服务学生与教师，公共交通的运用更为普遍。

（1）大型校园交通特征与需求分析

①步行交通为主，多种交通方式并存

由于大型校园面积广阔，学生通行方式多样化。以高校为例，尽管现代高校在设计时通常会考虑教学楼、食堂与宿舍之间的步行可达性，但随着校园空间的扩展，交通需求也随之增加。为了满足学生的不同需求，自行车、电动车、校园公交等交通工具逐渐受到关注。研究显示，学生的交通方式已从单一步行向多样化发展，但步行仍然是主要方式。

②功能分区更为零散，潮汐交通影响范围更广

潮汐交通是一种交通运输现象，主要指早晨进城（上课）方向交通流量大、晚上出城（下课）方向交通流量大的现象。

通常情况下，高校被划分为生活区、教学区、服务区和公共活动空间四个功能区。校园内不同功能区之间的通勤交通主要表现为短时、局部、高强度的潮汐交通，即上下课和校园活动带来的人流。这种交通流量具有可预测性、频次多且时间短的特点。大量人流的短时集中往往超出校园道路的承载能力，导致局部道路拥堵，人车分流系统在这些时刻失效。在大型校园中，由于分区更加复杂，潮汐交通影响范围更广。

（2）校园交通体系规划中的低碳思路

①规划建设步行系统和非机动车系统

营造绿色出行的校园文化：节约能源、减少污染、利于健康的绿色出行方式越来越受到广大师生的认可，因此应在校园生活服务区、教学实验区、体育活动区等人流较大的部位设置专用的自行车通道和步行通道。在人流密集的区域，应建立专用通道并采取安全措施，为步行和骑行者提供安全与便利。可以利用隔离带、石墩、升降桩等对机动车进行物理隔离，保障步行、自行车等慢行交通的便利和安全，让师生有更大的慢行交通的活动空间。减少机动车在校园的活动范围和使用频率，降低机动车的碳排放。

②规划设置完善的机动车系统

校园主入口的设计应确保充足的机动车通行空间，保障足够的道路宽度，以实现双向通行。在教学楼、实验楼、教师公寓等教师活动区域，应增设多个停车场或地下停车位，并在这些建筑周边设置校内班车停靠点。对于

面积较大的校区，可考虑开通摆渡车服务，以方便师生出行。

③规划完善校际公交体系

规划构建不同时段的校区与校区之间、校区与教职工住所之间的公交体系，减少打车出行，降低独自开车通勤比例，尽可能减少交通流量，减少碳排放，改善交通状况，同时提升校园内部和周边地区的交通效率。通过规划合理的公共交通路线和车辆运行时刻表，能够更好地满足师生的出行需求，促进低碳、便捷的校园交通方式的普及和应用（图 2-6）。

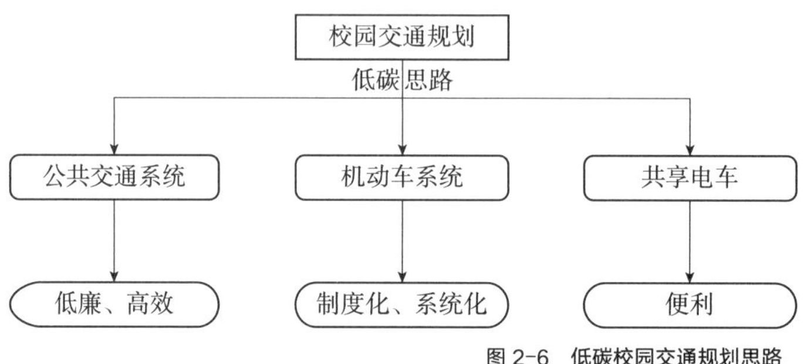

图 2-6　低碳校园交通规划思路

（3）低碳校园中的绿色出行方式

①采用步行 / 自行车。

②普及共享单车（或电车）。

③新能源汽车或者低排放机动车。

④鼓励采用公共交通。

⑤其他方式。

2）公共交通

公共交通是指由政府或私营企业提供的交通服务，通常以公共汽车、地铁、有轨电车、轻轨、火车等交通工具为主，在低碳校园中主要以班车、合乘小汽车、公交车为主，是便捷、经济、环保的出行方式。这种服务通常涵盖城市内部及城市间的交通需求，旨在减少交通拥堵、节约能源、降低空气污染，有助于提高出行效率和便利性。公共交通系统的建设和发展对于城市的可持续发展和社会的整体运转至关重要。同样这种思路也可以应用到低碳校园中。

在中小学校园中，学生出行方式主要以步行为主，因此，对公共交通的需求较小。而在大型校园（高校）中，公共交通的运用更为普遍。

（1）公共交通系统

公共交通规划应综合考虑校园主要建筑布局和不同出行时段的学生与教

职工需求，以便合理规划校内公交路线，确保公共交通工具的高效互通，并引导师生选择环保出行方式。提升校园公共服务水平并缩短绿色交通工具的行程时间，可有效促使机动车通勤者改变出行方式。公共交通工具的使用有助于解决长距离通勤问题，提高出行效率，同时公共交通工具的大容量和准时性对营造绿色、和谐、有序的校园交通环境至关重要。

（2）公共交通运营

在公共交通工具的运营中，经常出现因操作人员水平不足而导致的交通障碍。借鉴国内高校的成功经验，可采用司机雇佣制，通过定期安全培训和考核提升操作人员的综合专业能力和系统管理能力，确保其严格遵守规章制度操作，提高运行水平。

（3）共享电车推广

在自行车不适合校园地形的情况下（如建在山地地形高差较大的校园），可以利用社会资源推广电动自行车。通过合理规划，在宿舍楼、教学楼、图书馆、实验室等公共建筑的出入口附近设置电动自行车停车点，提升绿色出行的便利性（图 2-7）。

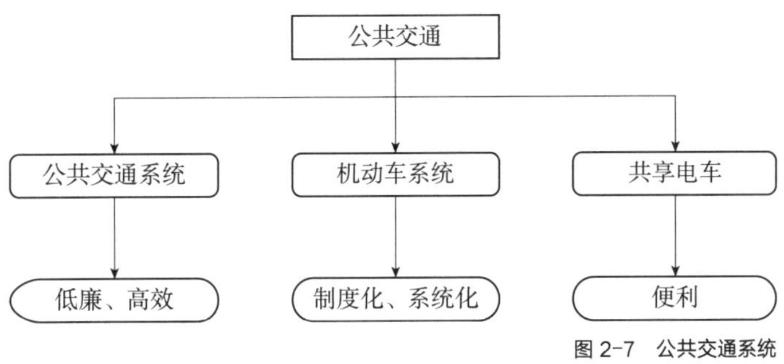

图 2-7　公共交通系统

2.2.2　交通设施布局与改善

1）低碳校园的绿色交通系统改善

绿色交通是一种理念，也是城市交通系统发展的目标之一。它不仅涉及交通运输，还需要与城市规划、土地使用等系统紧密结合。通过科学合理的技术和方法，在满足交通需求的同时，尽可能减少社会成本，创造一个“高效、低公害”的城市交通环境，解决城市化和机动化带来的问题。其核心在于确保交通秩序井然，保障交通主体的安全和舒适，并尽量减少对环境的污染和能源的消耗。

低碳校园交通隶属于城市交通系统，但作为城市中一个相对独立的区域性交通系统，其在出行结构、交通方式等方面与城市交通系统存在一定的差异。因此，基于校园交通自身的特点，参考城市交通系统，将校园交通划分为以下四个系统。

（1）机动车交通系统和慢行交通系统

慢行交通与机动车交通是校园交通行为的主体。学生作为校园使用的主体人群，其通常采用步行及自行车等慢速交通出行方式在校园内部活动。校园内部的机动车则主要由教职工与社会来访者的私人小汽车及用于行政、后勤的公用汽车组成。

（2）道路系统

校园道路系统作为校园交通行为的空间载体，是整个校园交通系统中最重要的子系统，在规划建设过程中应与校园整体的交通需求相匹配，并与校园的用地布局及外部城市道路系统相协调。与城市道路系统相似，校园道路系统除承担校园内部人流、物流的运输任务外，同时也是校园公共空间的重要组成部分，直接影响校园的空间形态及景观，主要由校园内部的各级道路以及一些具有交通功能的空间构成。

（3）交通组织及管理系统

校园交通组织及管理系统则主要由两部分组成，一部分是在校园内设立机动车禁行区，对社会车辆进行停车收费等政策措施；另一部分则包括用于提示交通信息，明确各交通主体路权的标志标线以及用于降低机动车行驶速度的物理设施。

各子系统中，校园道路系统为校园机动车及慢行系统完成交通行为提供服务，校园交通组织及管理系统则为整个系统的正常运行提供保证，三者相互作用，共同构成了校园交通系统。四大系统的完善与合理布局是低碳校园绿色交通系统建立的保证（图 2-8）。

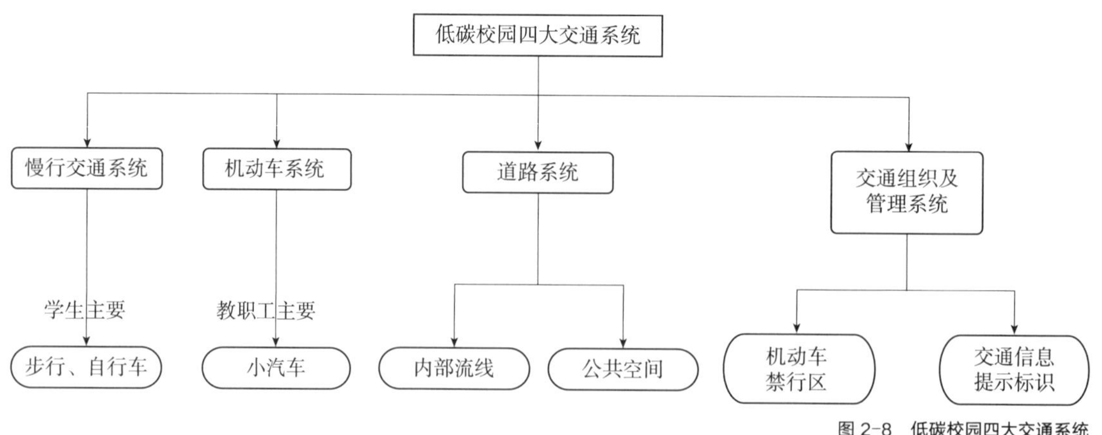

图 2-8　低碳校园四大交通系统

2）公共交通的设施完善

（1）公共交通设施建立与优化

提高公共交通服务水平，以实现多元化、定制化的公交服务。近年来，随着城市建设的不断加速，校园出行方式愈发多样化。因此，需构建多样化的公共交通服务体系，为低碳校园提供定制公交等新型服务。此举旨在优化校园公共交通线路网络，缩短乘客出行时间。此外，应致力开发公共交通智慧乘车体系，提高无障碍校园公交车辆的比例。

在交通系统的设计过程中，应积极鼓励步行、骑行以及其他非机动车出行方式。要重点关注行程的起点和终点，以及途中的便捷换乘。为此，应加大对公共交通领域的投入，同时也要保证公众对公共交通的需求。在校园人口密集区，应有效开展舒适的公共交通服务。同时，制定清晰的规定，确保电动出行工具的速度和道路优先使用权，以保障其安全使用，实现与传统交通工具的和谐共存。此外，支持步行、骑行等可持续的健康交通模式。

鼓励学生与教职工选择公共交通、步行和自行车出行，建设公共交通优先通道，提高公共交通的出行比例。同时，提高公共交通设施的覆盖率，增加乘客数量，降低单个乘客的碳排放量。为提高换乘效率，应加强公共交通设施之间的衔接，减少乘客出行时间和碳排放量。引入智能化技术，提升公共交通设施的运营效率和管理水平，减少能源浪费和碳排放量。

（2）交能融合导向建立与优化

交通与能源融合（交能融合）是技术融合驱动的模式融合、形态融合和产业融合，是在融合新兴绿色和清洁能源技术基础上，对既有交通技术、模式、体系和资源组织利用方式的系统化、创新性重构。新形势下，交通与能源的融合发展迫切需要构建包括作用、需求、目标、策略、任务、路径和保障等在内的清晰蓝图，从而在交通强国、碳中和以及国家总体安全目标导向下，系统有序地开展科技、产业和应用创新。

新能源汽车作为绿色低碳交通运输体系的重要组成部分备受关注。同时，新能源汽车的续航里程不断增加，充电时间也大幅缩短，这使其在市场上日益受到认可。

随着技术的进一步提升和政策的持续支持，新能源汽车将在绿色低碳交通运输体系中发挥更为关键的作用。在未来，低碳校园交通可以致力于研发氢燃料电池车，并推广氢能源的应用，同时构建充电和加氢设施网络，推广使用可再生能源，如太阳能和风能，为交通设施提供清洁电力。在此基础上，加大充电站和加氢站等基础设施建设力度，以提高电动车的续航能力，为低碳交通提供充足的能源保障。通过发展电动汽车和氢燃料电池汽车，逐步替代传统燃油汽车，以减少交通运输中的碳排放。低碳校园交通的设施完善也可以向新能源交通工具发展。

2.2.3 智能交通管理系统

1）智能交通

随着我国经济社会的蓬勃发展，机动车辆数量正以惊人的速度不断攀升，这一趋势在校园中同样明显，也对于低碳校园的路网规划以及交通组织提出了全新的挑战。然而，由于历史原因，我国大学校园交通发展的过程相对自由，其结构相对松散，与大学的内涵连接不够密切，与城市交通发展的衔接性也存在一定欠缺，因此引入智能交通体系规划的理念，对大学校园交通发展中的关键节点进行深入研究与分析十分必要。要提升校园系统的运作效率，保障高校教学、科研等工作的持续发展，并推动校园交通环境与整体校园环境的改善。

智能化交通是绿色低碳交通运输体系的重要支撑。通过智能化交通系统，可以实现对交通流量的精确控制，减少拥堵和浪费，提高交通运输效率。随着技术的不断进步和应用范围的扩大，智能化交通将在绿色低碳交通运输体系中发挥更加重要的作用。

（1）智能交通运用思路

在“双碳”目标下，绿色低碳交通运输体系的建立与发展主要包括节能减排、绿色出行、智能化等方面。其中，节能减排是绿色低碳交通运输体系的核心，主要通过推广新能源汽车、优化运输结构、提高运输效率等方式实现。引入大数据、人工智能等智能化技术，实现交通基础设施的智能化管理和控制，提高运营效率和管理水平，减少能源浪费和碳排放量。可采用大数据分析，通过对大量交通数据的分析，提取有价值的信息，为交通调度和管理提供支持；采用物联网云计算技术，利用云计算平台的强大计算能力，实现交通数据的快速处理和响应。智能交通系统可用于道路的监控和调度，提高道路通行能力和安全性，可减少交通事故发生率。此外，应加强智能化技术的研发和创新，推动交通基础设施智能化技术的升级和换代，可提高低碳交通运输的水平。同时，加强智能化技术的培训和推广，提高交通基础设施管理和运营人员的智能化技术应用能力，为低碳交通运输的正常协作提供保障。

（2）校园智能交通体系规划的结构

校园交通与校园的发展之间存在着复杂的相互作用关系，特定的校园形态必定要求特定的校园交通模式与其相适应，而校园交通又具有引导校园形态发展、塑造校园功能形态布局、保障与改善校园环境的功能。我国校园（主要存在于各大高校）往往存在新、老校区空间距离远，老校区土地使用强度高，新校区交通基础设施富裕但交通组织滞后，交通安全压力大，步行交通的空间被机动车逐渐挤占等问题。因此，高校校园智能交通体系规划的

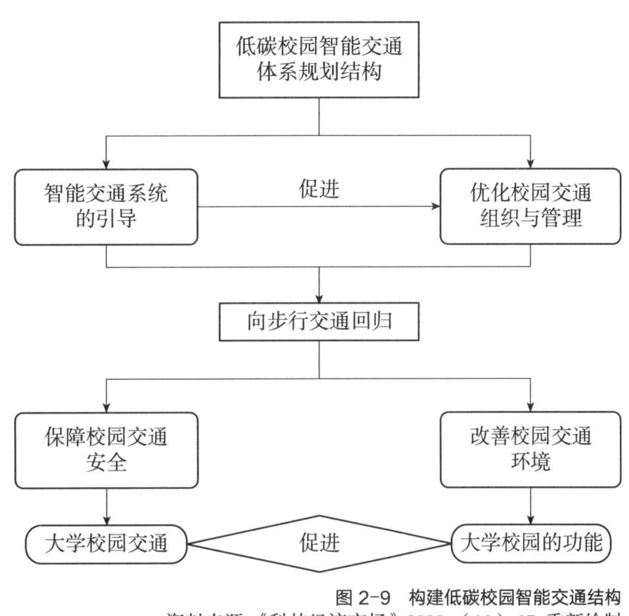

图 2-9 构建低碳校园智能交通结构

资料来源:《科技经济市场》2008,(11):17. 重新绘制

关键在于通过智能交通系统的引导，优化校园交通组织与管理，实现校园交通向步行交通的回归，保障校园交通安全，改善校园交通环境，确保校园交通与大学校园的功能相匹配（图 2-9）。

2）通行效率

通行效率是指在特定时间和空间断面上的最大通行能力，包括人员、车辆、航空器等活动的物体。具体来说，它可以是某一道路断面上，特定时间内单位宽度的路面所能通过的最大个体数，即每米宽度的路面上单位时间通过的人数，单位为 P/（h · m）。也可以是在一定的时段和正常的道路、交通、管制以及运行质量要求下，道路设施通过交通流质点的能力。

（1）提高通行效率具体措施

校园通行效率可体现在低碳校园内，学生、教职员工和访客在进行出行活动时所耗费的时间和资源的有效利用程度。一个高效的校园通行系统应该能够保证人员和车辆在校园内迅速、顺畅地移动，以满足日常学习、工作和生活的需求，并提升整体校园的运行效率和生活质量。为了提高校园通行效率，可以采取以下措施：

①合理规划道路和交通流线，确保主要区域之间的便捷连接。

②设立交通标志和导向标识，引导校园内的交通流向，并减少拥堵和混乱。

③建设足够数量和规模的停车设施，以满足校园内车辆停放的需求，避免随意停放和交通阻塞。

④推广使用公共交通工具、鼓励步行和骑行，减少机动车辆在校园内的使用，从而减少拥堵和环境污染。

⑤引入智能交通管理系统，监测和调整校园交通流量，优化交通信号控制，提高交通运行效率。

⑥组织交通安全教育和培训活动，提高校园内各方的交通安全意识和素养，减少交通事故的发生。

⑦定期评估校园交通系统的运行情况，根据需求调整和优化交通规划和管理策略。

（2）基于智能交通系统应用的效率提高

人类对交通的系统管理，是在世界上车辆不断增加、科技信息工作不断发展的背景下进行的。学者们对交通管理的研究，主要是经过两个阶段。第一个阶段是从传统的人工管理到分散的计算机管理。在计算机技术未发展之前，人们就在对车辆交通工作进行管理，那时主要是利用人工进行车辆交通信息管理，采用记账的方式进行数据采集等，工作效率很低。第二个阶段在计算机出现之后，计算机替代人工进行了车辆的交通等数据的管理维护，除了构建定期的报表之外，主要是单机独立化进行交通信息管理。主要的缺点是无法对采集的数据进行集中管理、信息共享，无法实现和车主进行实时沟通等。

在汽车得到广泛普及、交通环境情况变化越来越大的情况下，独立的计算机管理已经难以满足交通管理的需要。第三个阶段是在网络技术和计算机技术更加健全完善的条件下，人们开始利用网络技术对交通车辆进行系统化、网络化管理。国外的汽车普及时间比国内早，普及率也比国内高，智能交通系统的研究也开始得比较早。国内智能交通系统的研究，在国家社会经济水平进入全新阶段之后，受到了国家的高度重视。国内校园交通智能化管理系统起步较晚，但是在智慧校园计划的推动下，智能化校园交通系统是未来学校道路建设的主要发展方向，能为师生提供更加安全便捷的服务，有效节约管理资源，实现交通管理效能的最大化。

（3）提高通行效率的方案分析

①智能交通系统与校园交通组织的衔接

智能交通系统 ITS（Intelligent Transport System），是将先进的信息技术、导航定位技术、数据通信技术、自动控制技术、图像分析技术以及计算机网络与处理技术等现代高新技术有效地运用于整个交通运输体系，使人、车辆、道路密切配合，和谐统一，建立起一种在大范围内、全方位发挥作用的实时、准确、高效的运输综合系统。校园智能交通规划是在常规交通规划的基础上，结合智能交通技术集成运用于校园交通，从而建立起全方位、实时准确、高效的校园交通系统，具体智能交通技术包括车牌识别、图像抓拍、视频流量检测、实时监控、停车场资源信息引导、线路引导系统以及校园出入口自动化处理系统等，而校园交通指挥中心的建立是智能交通规划的关键所在。校园交通指挥中心可以基于学校保卫系统的监控系统，通过光纤传输系统实现交通信息的及时掌控。首先在关键时间段（学生上下课时段，大型活动时段等）对机动车进行动态控制，实现智能交通系统对校园交通组织的促进。

②智能交通系统与步行校园的构建

交通稳静化（Traffic Calming），又译作交通宁静化，是一种城市道路设计理念，旨在通过系统的物理设施、政策立法和技术标准等措施，降低机动车对居民生活质量以及环境的负面影响，改善行人及非机动车的环境，以达到交通安全、可居住性和易行走性的目的。

低碳校园的交通环境直接影响校园的教学环境，有研究认为校园交通稳静化理念能解决校园出行安全和教学质量问题。针对我国校园进入机动化阶段而言，交通稳静化对改善教学环境、提升人文交通、建立人性化的交通理念及绿色交通环境理念具有重要意义。因此，在校园智能交通规划中有必要引入校园交通稳静化的理念。同时，考虑到我国校园交通（主要针对高校）系统存在的问题是建立步行校园并不意味着消除机动车，因此有必要综合考虑 TDM（Transportation Demand Management）交通需求管理的引入。交通需求管理是指为了提高交通系统效率、实现特定目标（如减少交通拥挤、节约道路及停车费用、改善安全、改善非驾驶员出行、节约能源、减少污染等）所采取的影响出行行为的政策、技术与管理措施的总称。通过运用校园交通与校园发展的互动原理，通过改变校园交通的时间、空间布局方式，改进校园交通参与者的现行观念和行为来改善校园交通环境，减少和避免不必要的交通发生，缓解局部时空范围内交通需求与交通供给的矛盾。通过引入交通稳静化、交通需求管理两个理念，将整体与局部相协调，将步行交通与机动化交通的优势相整合，实现校园交通的人、车和谐发展。

③基于物联网的智慧校园交通系统设计方案

设计需求分析：

要实现智能校园交通系统的智能化管理，首先要通过利用物联网技术中的无线射频技术、全球定位系统、激光扫描和红外线感应技术体系，高效采集大量的校园交通信息。之后利用传感器网络构建一个校园智能化协同感知环境，从而让校园的师生和管理人员都能全面动态掌握交通信息情况，有效地、高效地完成车辆引导、调度、停放等一系列的智能化安全管理。物联网环境，是校园车辆交通管理系统的重要基础。在物联网下，能实现对车辆交通信息的收集传输、定向处理。在有效的无线、有线网络支持下，这些信息能高速可靠地帮助车辆进行行驶和停车，司机能利用智能手机等移动通信设备进行校园交通情况的查询，并按照各自的需求进行车辆行驶线路规划和停放，从而提高校园内车辆行驶的安全性能，优化行驶线路和解决停车难、停车资源不均衡等问题。同时还提供停车支付的电子平台、校园周边交通的智能线路规划导航等一体化功能，有效解决了现有校园交通系统管理中的很多问题和矛盾。

系统功能设计及实现：

交通信息发布功能，主要是便于校园用户利用各种智能车载或者手持的设备对校园的车位情况、道路情况、交通拥堵情况进行掌握。系统将利用网络向司机用户发布校园内的大量、及时、动态的车辆交通情况。用户也可以登录校园网页主页，对发布的交通信息进行查询。在校园停车时经常会遇到由于无法预测入园的车辆数量，司机寻找停车空位时，实际没有空位但是网络服务器显示有空位等情况。这时就需要利用车位预定功能来进行空余车位的查询和预订。校园交通信息系统在收到司机的预订信息之后，能在一定时间内为需要者保留车位，用户只需要在规定时间内到达就可以享受服务。此外还需考虑取消预订服务功能。

停车费支付功能：

车主在预订车位之后，需要在停车完成后缴纳一定的使用费用。这一费用包含有预订车位的费用和停车的费用。目前停车费的缴纳主要是借助手机芯片来进行，或者是直接接入互联网的电子支付系统。

停车引导功能：

用户在接收系统反馈的预订信息之后，系统通过对校园车位的数据进行分析处理，会自动生成车辆前往停车位的道路信息数据，该功能就是将这些信息生成的车辆行驶地图发送给用户的智能终端，并引导车辆顺利到达停车位。

校园数据管理功能：

智能校园要借助物联网采集的数据对学校里的交通状态进行全面管理，这时主要是对数据采集的主要参数进行动态更新和数据关联处理。可以对学校交通现状、车辆停放信息记录、用户车辆使用信息、停车费用信息等数据进行管理。

校园交通状态图示功能：

即对校园内的停车位使用情况、道路拥堵情况等信息用图表的形式直观展示。

校园交通管理功能：

该功能主要是利用已经获取的校园车辆行驶、停放、道路拥堵使用等情况，利用计算机来进行动态数据的采集、分析和处理，从而实现校园交通安全高效管理。

智慧校园交通系统在依托物联网技术支持下，将能有效提高校园内停车管理、道路管理的效率，为校园内的安全交通管理助力。校园交通不仅关系到校园的整体环境，更关系到校园的发展形态。低碳校园交通规划，需要根据不同校园的具体特点，将智能交通的结构、智能交通与交通组织、智能交通与步行校园的构建作为校园交通规划的关键，不仅要适应目前的低碳校园形态及交通需求，更要引导低碳校园形态的发展。

（4）研究不足与趋势

在大学校园建成环境中，我们应该从单纯追求“便利性”转向更注重“健康低碳性”。当前的研究虽然着眼于油耗转为电耗的碳排放强度降低，但这只是能源消耗方式的改变，并未真正实现碳减排。未来的发展应该聚焦于校园道路规划和组织，通过调整道路宽度来引导学生、教师和教职工改变出行方式。同时，我们应该积极发展校园公共交通系统、智能交通系统，通过改变出行方式和距离来有效降低校园交通的整体碳排放强度。

2.3 能源规划

在全球能源危机不断加剧和环境问题日益凸显的当下，校园作为社会的重要组成，其能源需求连年上升，能源消耗支出日趋庞大。因此，校园能源规划显得格外关键。所谓校园能源规划，是指合理分配并高效利用校园能源，以实现能源的可持续发展并最大化经济效益。此举不仅能降低学校的能源开支，还能减轻能源消耗对环境的负面影响，符合我国建设节约型社会和生态文明建设的目标。

2.3.1 校园能源规划概述

校园是肩负着教育、科研和社会服务重任的基地，是构成社会的重要社区，也是资源能源消费的大户，因此建设节约型校园不仅对建设节约型社会具有重要现实意义，更具深远的教育意义。

1）供需分析及特点

学校的能源消耗特性显著区别于其他公共建筑。校园内的建筑分布广泛，包含多种类型的实验设备，以及人员活动密集的区域，这些因素的共同作用，导致校园的单位面积能耗显著高于写字楼等社会其他类型的建筑。

鉴于我国地域辽阔，不同地区的校园能耗类型及比例也呈现出明显的区域性特征。例如南方、北方校园最显著的用能区别在于季节性特征。南方校园由于气候温暖湿润，夏季空调使用频繁，北方校园因为冬季寒冷，供暖成为主要的能源消耗途径。此外校园内不同建筑类型能耗差异也很显著，教学建筑由于维持教室内的温度和照明，其能耗相对较高；宿舍建筑晚上和周末的能耗会有所增加；体育场馆因其大面积的场馆和复杂的照明系统，能耗也相对较高。

当前，我国在校园能源规划与管理方面存在显著不足，遭遇多重挑战。主要难题包括能源利用效率低下，能源供应系统亟待优化，能源管理方法较为过时。为此，将能源规划置于校园建设的核心地位，是提升能源效率、减少运营开支的关键举措，也是推动校园可持续发展的关键因素。

2）校园能耗构成

校园建筑的能源负荷主要由用电负荷、热负荷、冷负荷组成，辅以其他负荷（图 2-10）。学校作为教育机构，其负荷变化与校内师生员工的活动规律有密切的联系，且具有明显的寒暑假运行规律。根据规律科学预测校园建筑的能源负荷，合理确定校园用能需求量，可以有效减少能源消耗和碳排放，实现可持续发展。

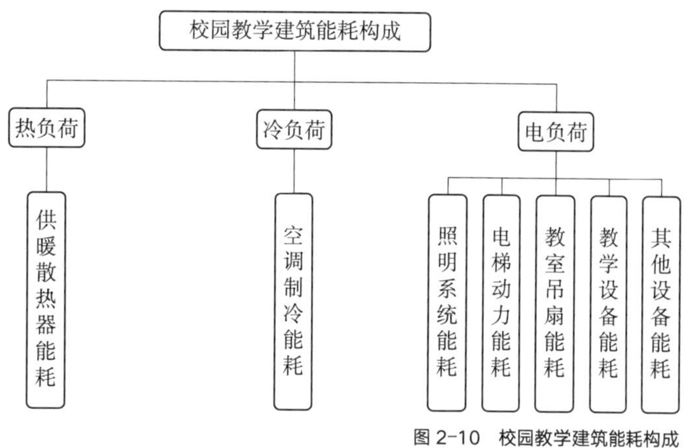

图 2-10　校园教学建筑能耗构成

2.3.2　校园能源系统规划与应用

能源规划指在建筑群建设之前，对该区域能源的需求、结构、数量、价格、可利用情况和排放等情况进行预测，并对区域内能源的供应和使用进行分析。在现有的资源基础上，综合分析区域建筑能源供需平衡，提出规划方案和与之相关的技术、资金、人力物力条件，经过可行性分析、经济效益和环境效益分析，得出最佳的能源规划方案。

1）基本原则

区域能源规划指的是结合规划区域的实际情况，合理布局，以可持续发展、对环境友好、平衡供需、节约能源使用等为原则对区域内的各种能源（主要为电、冷、热）供应进行科学规划的过程。校园能源系统规划属于区域能源规划的一种，因此需遵循区域能源规划的四项基本原则：

（1）可持续发展原则

规划应围绕环境保护和治理目标，逐步优化能源结构，大力引进发展清洁能源，逐步减少并严格控制燃煤总量，将化石能源结构逐步转变为以天然气、电力等优质能源为主的清洁型能源结构。贯彻多元化能源战略，不仅是减轻环境污染、实现可持续发展的需要，也是保障能源供应安全的需要。

（2）因地制宜原则

因地制宜地选择能源发展模式，需充分考虑规划区域特点，切勿盲目模仿已建成示范区域。在一个区域的能源规划中充分结合该区域的可利用资源，因地制宜地选择冷热电联供系统、水源热泵系统、土壤源热泵系统等，减少常规化石能源消耗。

（3）平衡供需原则

实现区域能源供需的平衡是区域能源规划的根本任务。这不仅涉及规划区域内可利用资源的总量与区域能源系统长远消耗量的协调，还包括能源系统向末端用户提供服务的负荷需求。若能源系统的装机容量超出实际需求，将导致初期投资浪费和运行效率低下；相反，装机容量不足则无法满足末端用户的能源需求。达到供需平衡，可以有效节约人力资源、物质资源和财务资源，确保能源系统的稳定运行。

（4）保障能源供应安全稳定原则

区域能源系统是城市运行的基础保障，对用户具有不可替代的作用。因此，区域能源系统规划时需要保障能源系统的运行安全及稳定性。

能源系统安全性及稳定性的保障需要做到以下几个方面：

①能源系统所需能源的多元化供应，强化能源供应稳定性；

②能源供应基础设施的强化建设，保障能源稳定供应；

③能源系统本身的稳定性考虑，如主要设备的选择和管网的布置等；

④建立能源运行调度和预警体系，应对突发状况，稳定能源系统运行。

能源的多元化供应及其基础设施的强化建设，需要当地政府、相关法律法规和政策的大力支持，以及市政规划部门、燃气部门、电力部门、水务部门、环境部门、国土资源部门等统筹协调，建立统一有效的协调机制。

2）需求分析及建设的必要性

学校建筑的能源需求涉及所有建筑在正常运作和维护过程中的总能源消耗，这包括供暖、空调、照明、电力供应和各类供水设施的能耗。同时，校园内师生的碳足迹也是一个重要的碳排放来源。校园的开放性和用户流动频繁，为能源设备的管理和控制带来挑战。

首先，由于校园内人口密集、建筑功能复杂、能耗巨大且监管困难，若仅采用单一的能耗监管模式，将无法及时发现和纠正不合理的用能行为，导致设备长时间运行，从而造成能源浪费。因此，为解决这些问题，有效的方法是构建一个校园能源信息共享平台，利用 BIM、互联网 +、物联网等技术来管理设备运行状态，以提高建筑节能效率，并减少碳排放。其次，能源统计必须详尽全面，不仅包括电力和用水总量，还应涵盖单位面积和人均能耗等数据。平台应能记录并分析建筑物和公共区域在不同季节、不同时期的能耗特征，准确计算节能潜力，提出建议，制订计划，并具备可视化和远程控制功能，以及对师生用能行为进行监测，以提高节能意识。同时，开发移动端应用，鼓励更多师生参与节能活动。

3）综合能源系统控制

综合能源系统指的是在规划、建设和运行等过程中，通过对能源的产生、传输与分配、转换、存储、消费等环节进行有机协调与优化后，形成的能源产供销一体化系统。它主要由供能网络（如供电、供气、供冷/热等网络）、能源交换环节（发电机组、锅炉、空调、热泵等）、能源存储环节（储电、储气、储热、储冷等）、终端综合能源供用单元和大量终端用户共同构成（图 2-11）。综合能源系统借助智能管理、信息采集和电力电子等技术手段，能够有效地将多种能源网络融合在一起，实现能源种类之间的相互转换与优势互补。

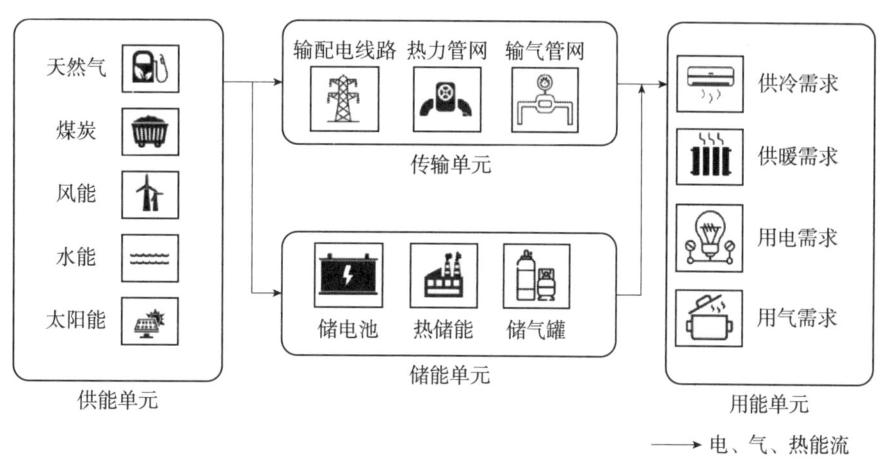

图 2-11 综合能源系统

区域综合能源系统控制的内容互联包含火电、风电、水电、分布式光伏、地源热泵、储能等多种综合能源，涵盖电源、电网、负荷和储能多个端口。该控制网络利用不同能源形式构建一个区域能源互联的高效利用体系，形成统一的管理模式，在能源市场架构下进行交易和调度。

校园能耗管理平台的各系统能实现的功能优势有以下几点：

（1）建筑电能计量管理系统通过高精度的电能计量设备和技术，实现对建筑用电的全面监测和管理。该系统不仅包括用电量的实时监测和历史数据的存储与分析，还涵盖了费用结算、数据统计分析、指标执行情况监督等多项功能。此外还可以根据用电数据，进行费用结算，使用电量和费用直接挂钩。

（2）建筑给水计量管理系统致力于给水计量监测的管理工作，其核心功能在于对用水管网各关键部位的水量使用情况进行实时监测与精确采集。所获得的数据不仅为控制中心提供准确的水资源使用数据支持，还是分析和制定节水指标、决策政策的重要依据。该系统的运用将有效提高水资源使用效率和用水管理水平，从而实现给水管理的信息化、现代化。

（3）建筑供热计量管理系统可以实现供热计量的精确化与高效化。计量系统和远程终端管理系统两大模块形成紧密相连、高效运作的整体。该系统可以实现远程监测每栋楼供热的即时数据，密切关注如供暖房间温度、供水、回水温度等数据，将数据进行汇总、统计分析，为供热管理部门的科学供热管理提供有力的数据支持，使其能够进行科学决策，优化供热管理，提升供热效率。

（4）网络预付费管理系统的设计理念紧跟现代信息化校园建设的步伐，它巧妙地融合了基于校园网络的即时数据交换机制与先进的实时通信技术。用户不仅可以通过网络平台进行实时的售电和购水操作，还可以实时监控用水和用电量，享受到便捷高效的网络化管理服务。

（5）能效综合分析系统在积累大量的基础能耗数据之后，通过其综合数据提取与模型化处理能力，可进一步结合气候变化等多种因素，实现对能源指标的合理度进行精确评价，对能耗走势进行科学预测。

（6）能源计划管理系统主要用于为校内各楼宇及用能部门分配月度、季度、年度用能计划指标。其中的能耗数据模拟预测功能，能够根据历史能源计划指标完成情况及增长数据，模拟生成当前和未来的能耗指标预测数据，为管理层提供有力决策支持。

（7）能耗公示系统分为社会公示和校园内部公示两个主要部分，旨在提高能源使用效率和透明度。社会公示部分将单位的能耗情况向公众公开，激励单位采取节能措施。校园内部公示则面向校园内的师生，公示校园内部的能耗情况和排名，促进校园的能源节约和环保意识的提高。

校园建筑能耗管理系统框架如图 2-12 所示。

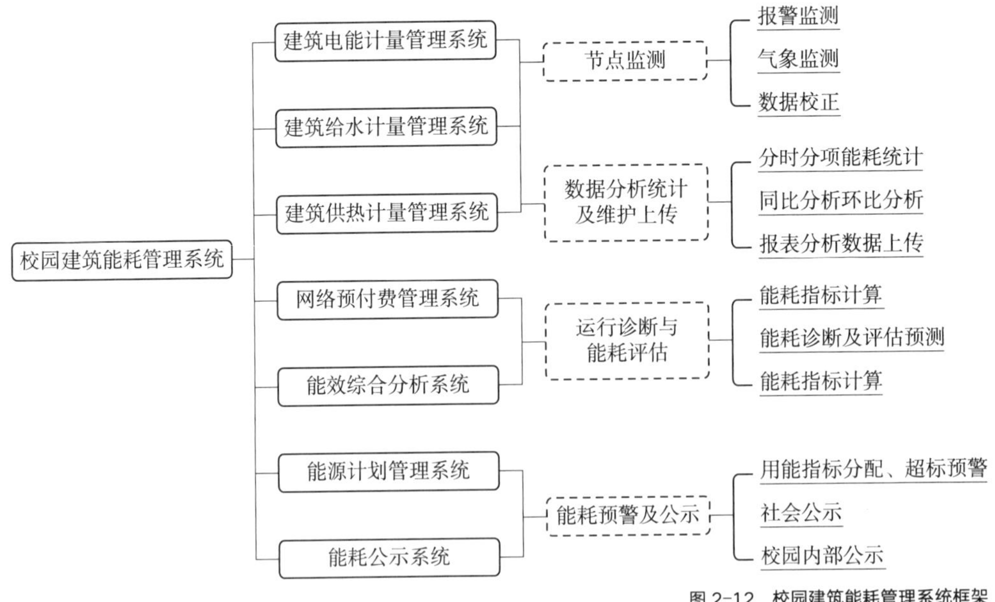

图 2-12　校园建筑能耗管理系统框架

2.3.3 创新技术和智能化管理

1）创新技术应用

（1）太阳能

太阳能作为最早被利用的可再生资源之一，已经被开发出了各种类型的利用方式。在校园内将太阳能作为能源利用方式，可以选择技术成熟的热利用和太阳能光伏发电等途径。

太阳能的热利用最常见的就是太阳能热水系统，属于太阳能利用中使用最早、技术最成熟的太阳能利用方案。这种太阳能与建筑一体化的方式极为灵活，可以安装在屋顶、棚架、地面，甚至是可以接收太阳能辐射的建筑外墙面上。

太阳能光伏发电利用太阳能光伏电池接收太阳光辐射能，使光能转变成电能。在光伏发电系统中，太阳能电池是其核心组件。目前市场上主要有三种太阳能电池：多晶硅、薄膜和单晶硅。不同种类电池性能及成本不一，学校可以根据自身的供需情况进行自主投入，或引进能源公司进行投资和管理。

（2）地热能

浅层地热能的利用主要分为土壤源热泵和地下水源热泵两大类。土壤源热泵系统的工作原理是在地下埋设的管道与热泵机组之间形成一个闭合的循环，以实现供冷和供热的能源交换。地下水源热泵则是利用地下水作为低温热源，在当地资源管理部门的许可下，将地下的低温能量转移到高温能量，从而达到制冷或制热的效果。

（3）风能

在所有可再生资源中，风能的开发与应用技术最为成熟。校园建筑环境提供了多种利用风能的途径，包括屋顶、建筑物之间的空地以及建筑群间的风能。在校园建筑场地设计之初，利用建筑的布局和结构特点设计风道，不仅可以聚集风流收集风能，满足一部分校园电力需求，还可以在一定程度上改善校园内的空气流通，提升校园环境质量。

（4）生物质能

生物质能可以清洁供暖、清洁发电，这种零碳可再生能源以动植物和微生物为载体来储存能量，可转化为固、液、气态燃料。目前，我国在生物质能源供热技术上的研究还处于初期阶段，主要以生物质锅炉或热电联产进行集中供热。生物质能源的利用效率有待进一步提升。

新能源技术的应用需要在前期做好充分的资源调查，根据调查结果得出各项资源开发力度与经济性，确保资源使用的充分性和安全性。

2）智能管理体系建设

校园建筑的面积庞大，单位能耗和总能耗增加显著，若采用普遍的人工手段对各项能源数据进行管理，工作量大、计量结果准确性差、计量周期长，结果反馈滞后的弊端不利于了解校园能耗实绩，无法快速发现漏洞。因此，为解决以上问题，构建能源智能管理系统尤为重要。

建筑智能管理以建筑单元为基础，为智能排水系统、智能照明系统和智能空调系统分别提供先进的智能化技术支持。智能管理系统的主要功能分为以下几类：

（1）档案管理功能：具备高效的分级管理机制，能够针对各类建筑的基本信息进行细致分类。这包括但不限于建筑的功能定位、结构特点、服役年限、总建筑面积、日常使用人数以及供电分区等关键资料。

（2）能耗监测、报警功能：系统平台实时监测整个校园的能耗情况，管理人员能够掌握关键设备的即时能耗数据、图表、趋势和关键参数。根据预设的能耗阈值，系统能在能源使用超出限制时发出警报。

（3）能耗统计分析：能耗统计分析是系统管理平台的核心功能。该系统能够运用统计学方法，将不同建筑类型和区域的能耗情况以可视化的形式展现出来，为学校能源部门提供有效的决策支持。

（4）能耗公示、审计和绩效评价：通过收集并分析不同时期的能耗数据，实现对能源消耗结构和过程的深度洞察。通过对多参数的变化趋势进行叠加、对比和分析，以揭示潜在的能源问题，并据此为校园能耗模式提供改进和优化的建议。

2.4.1 校园水资源可持续利用策略

1）水资源管理体系

构建校园水资源管理体系是一项系统工程，涉及技术创新和科学管理两大领域。在技术层面，重点是设计校园供水和用水系统，确保水资源得到恰当的分配和高效的运用。同时，应推广节水技术和设备的使用，利用技术进步减少水资源的无效消耗。在管理层面，校园水资源管理体系着重于规范校园供水和用水行为。这包括制定一整套完善的用水管理规范，明确各相关方的责任和义务，保证用水行为符合可持续发展目标。同时，管理体系还应优化节水激励机制，通过奖励节水行为，营造一个节水受尊崇、浪费遭谴责的优良校园氛围。

在完善的水资源管理体系的基础上，校园水资源综合管理策略应更为全面，策略应涵盖污水回收系统、雨水收集利用系统和景观水体管理系统。此策略需以系统工程为基点，将排水与供水网络视为一个有机整体，进行全局性规划，运用过程系统集成方法及其技术，对校园水循环进行全面优化。在具体实施过程中，应当充分考虑校园实际情况，根据地形地貌、气候特征等因素，进行一系列科学合理的设计。

2）收集利用

（1）收集途径：雨水收集的途径根据接触面的不同，分为建筑屋顶收集、路面收集和绿地雨水收集。

建筑屋面是雨水收集的重要场所。相较于其他收集面，屋面收集的雨水具有径流量大、水质污染程度较轻的特点。目前，屋面雨水收集主要采用两种方式：其一是建立绿色屋顶系统，借助植物和土壤的作用，对雨水进行净化和收集；其二是通过雨落管导入浅草沟，再由雨水箅子汇集至雨水输送管，这一过程有助于降低雨水径流被污染的风险，并为后续处理打下基础。

路面雨水收集利用透水性铺装实现，该方法有助于雨水下渗至地下，补充地下水资源。此外，通过设置道路侧的暗渠、植草沟、雨水管等设施，可以将雨水导入收集系统中，有效减轻常规雨水排放系统的压力。尽管透水路面具有较高的适应性，能够在多数传统道路系统中应用，但实际应用中仍需考虑多种因素。例如，降水期间的水位变化、道路周边的径流污染源，以及路面下方的公共设施布局，这些因素都可能对透水路面的性能造成影响。

绿地雨水收集则主要依靠植被过滤带实现。植被过滤带通过植物和土壤的相互作用，对雨水进行过滤、渗透和滞留。在具体实施过程中，植被的选择应充分考虑当地的自然环境，以本土植物为主。在高校等复合型区域，植

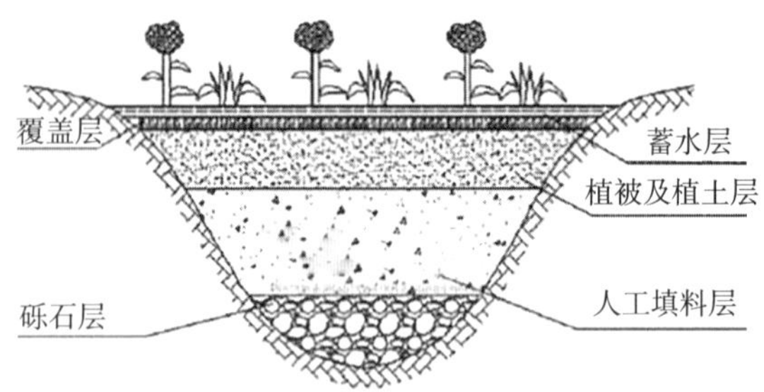

图 2-13　滞留池示意图

资料来源：洪健铭 王哲，《资源与人居环境》2022（11）

被过滤带不仅可以有效减缓雨水的径流速度，还能对其进行适当的过滤和净化（图 2-13）。

（2）利用途径：雨水的利用途径分为就地利用、回灌利用和综合利用。

雨水的就地利用，其核心在于将收集自屋面、道路、广场等处的雨水进行初步的杂质去除，随后通过专业的系统处理，确保其达到可再次利用的标准，进而实现在原地对其进行利用的方法。这种雨水通常被用于诸如绿地浇灌、厕所冲洗、汽车清洁以及补充景观水体等日常生活和环境保护的多个方面。

雨水的回灌利用，主要依赖于土壤自身的过滤与净化功能，是指通过运用各式各样的设施与手段，引导收集到的雨水渗透进地下，以此来达到补充地下水资源、减缓雨水径流峰值以及防止雨水堆积的目的。

而雨水的综合利用则是将上述的就地利用与回灌利用进行了巧妙的结合，以此来实现对雨水资源的高效运用和合理配置。

2.4.2　校园雨水、废水回收与利用

1）水景设计

校园内水景用水需求应主要使用再利用水，同时水景设计自身可以与雨水收集系统结合，达到功能与美化的结合。对于校园内大面积硬质铺装区域，应设立雨水收集设施。同时，推广使用具有渗透功能的生态铺装材料，并利用生态边沟收集与输送雨水。在设计边沟时，需确保其与周围环境景观的和谐统一，并重视溢流设计的合理性，以保障场地安全。绿地区域应设置洼地，以收集并储存暴雨时的雨水。在雨水排入校园水系之前，让其通过绿化带进行过滤。此外，在绿地洼地中创造生态环境，打造兼具自然美与实用性的景观，如植草沟、雨水花园和下沉式绿地等。这些以水景为核心的设计理念不仅能够提升排水系统的性能标准，还能有效缓解内涝风险。

利用回收的雨水进行校园水景设计，不仅能够实现生态环保、节能减排的目标，还能够充分挖掘和利用宝贵的水资源，为我国绿色校园建设贡献力量。在此基础上，我们还可通过优化雨水收集、处理和利用系统，进一步降低校园对自然水资源的依赖，提升环境友好性，打造美丽、可持续的校园景观。

2）中水回用

所谓中水是相对于上水（自来水）和下水（污水）而言的，是指优质生活污水经过处理后，达到规定的水质标准，可在一定范围内重复使用的非饮用水，如厕所冲洗、绿地浇灌、景观河湖、农业用水、工厂冷却水等。校园生活杂排水回收相对方便，有很大的节水潜力和中水回用潜力，理应收集、处理、回送利用。经中水回用系统处理后的中水，可用于冲厕、校园绿化灌溉、打扫环境卫生、校园水系补充、教职工洗车等。

中水回用处理技术按其机理可以分为物理化学法、生物化学法和物化生化组合法等。因为单一的某种水处理方法很难达到回用水水质的要求，通常会将多种污水处理技术合理组合来深度处理污水。

膜生物反应器（MBR）技术融合了生物降解与膜分离的高效性，已发展成为一种在校园环境中广泛应用的成熟污水处理及回用技术（图 2-14）。MBR 技术在去除氨氮和难降解有机物方面表现卓越，其处理后的水质良好，能有效抵抗水质冲击，展现出优异的抗冲击性能。此外，MBR 具有较高的容积负荷率，显著减少了对占地面积的需求，同时操作便捷，维护简单，展现出显著的经济效益。

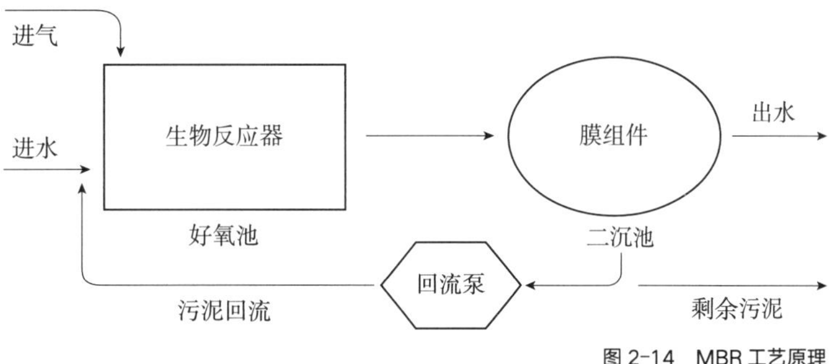

图 2-14　MBR 工艺原理

校园建筑在实施中水回用策略的过程中，彰显出诸多优势。首先，中水回用有助于减轻环境负担，减轻对淡水资源的过度开发，从而保护生态平衡。其次，通过循环利用水资源，提高利用效率，使校园更加珍惜和节约资源。此外，中水回用技术的应用有助于美化校园环境，减少水污染，提升绿化品质，使师生在绿色、生态的校园中学习和工作。

总之，校园建筑中水回用的实施不仅有利于保护环境、提高水资源利用效率，还能美化校园、降低运营成本，为学校实现可持续发展奠定坚实基础。在我国积极推动绿色建筑、绿色校园建设的背景下，中水回用技术在校园建筑中的应用将越发广泛，助力我国生态环境的改善和保护。

2.4.3 校园绿色生态建筑设计与生态补偿

1）生态恢复

生态恢复主要是通过人工设计和合理的恢复方法，将受外界干扰的生态基础，恢复和重建成为具有自我维持能力的健康生态系统，并使其不受外界有害物质干扰。

在校园水环境生态保护方面，需要加强对河流、湖泊、水塘等自然水体的保护，尽量让其保持自然状态。对于有污染的水体，需要进行治理和恢复工作。同时，也需要注意对校园内的植被和地貌的保护，采取科学合理的绿化手段，保持校园的生态平衡。

校园水污染产生的原因有以下几个方面：

（1）水体流通率不高：校园景观水景多数为死水，大部分污染难以排出，因此造成水体污染。

（2）不适当行为造成的污染：部分景观湖泊或水道中有观赏鱼，喂鱼过程产生大量剩余或不被鱼类食用的物质，长时间积累会造成水体的富营养化。

（3）未适当处理的排污：校园中大部分污水经由处理后从特定管道排出，但是存在少数未经处理的污水进入与学校直接相联系的水体中，造成周边环境水污染。

（4）水循环利用效率低下：校园内水耗量大，大部分水都可作为中水经过处理后用作其他用途，水循环投入不够会造成大量浪费。校园用水从水的运输、分配、回收、处理和运用，每个部分都应结合设计，注重系统性建设。

2）景观美学

在景观美学领域，景观与建筑之间的互动形式成为衡量整体视觉效果的关键要素。这种互动关系既体现在二者之间的和谐共存，也体现在彼此间的相互衬托与烘托，更表现在它们如何共同构建富有诗意的审美空间。在这种互动形式中，首先要考虑景观和建筑的和谐共存，相互衬托和烘托是另一种重要方式，此外还体现在共同构建富有诗意的审美空间。

生态建筑设计是指在建筑设计中考虑环境和生态的因素，包括利用可再生资源、减少能源消耗、优化建筑材料、提高建筑的通风性和采光性、减少建筑对环境的影响等。

参考文献

[1] 张菁．低碳经济视角下高校校园规划与建设路径的研究[J]. 国际公关，2021（3）：93-94.

[2] 汪滋淞．中小学低碳校园设计策略及案例研究[J]. 建科技，2013（12）：43-46.

[3] 李安飞．绿色建筑、低碳生态区域的规划与设计——以浏阳教师进修学校及附属小学为例[J]. 南方农机，2017，48（8）：177+185.

[4] 陈玉保，赵晓健．高校低碳校园规划建设的实践探索——以北京化工大学昌平校区为例[J]. 办公室业务，2022（12）：177-178.

[5] 张坤．基于可持续发展的中小学绿色校园设计实践[J]. 安徽建筑，2020，27（8）：36-38.

[6] 张旭东，高洋洋，张鑫．县城中小学教学楼低碳规划布局优化策略——以桂林市全州县城为例[J]. 城市建筑，2023，20（23）：187-192.

[7] 杨扬，高峰．大学校园建成环境低碳路径研究综述[J]. 南方建筑，2024（2）：53-63.

[8] 杨浩．大学校园交通规划设计思考与研究[J]. 城市建筑空间，2022，29（10）：209-211.

[9] 王子健，张雷，赵梦龙．基于同质功能单元的大型校园交通优化——以华中科技大学主校区为例[C]// 中国城市规划学会，成都市人民政府．面向高质量发展的空间治理——2020中国城市规划年会论文集（06城市交通规划）. 华中科技大学建筑与城市规划学院．2021：9.

[10] 刘金海．绿色低碳交通运输体系优化分析研究[J/OL]. 交通节能与环保，1-5[2024-06-01].

[11] 杜林，潘有成．高校校园智能交通体系规划关键点探讨[J]. 科技经济市场，2008，（11）：17.

[12] 史国普．基于物联网的智慧校园交通系统设计与实现[J]. 教育现代化，2019，6（81）：107-108.

[13] 住房和城乡建设部，教育部．建科〔2008〕89号 高等学校节约型校园建设管理与技术导则（试行）[S]. 2008.

[14] 教育部学校规划建设发展中心．“十四五”期间（2021—2025）绿色校园能源项目规划[EB]. 2020.

[15] 田静宜．分布式综合能源系统视角下的区域能源规划模式初探[D]. 上海：复旦大学，2013.

[16] 涂娟．低碳校园的分析及研究[D]. 西安：西安建筑科技大学，2011.

[17] 高力强．寒冷地区校园综合体的低能耗模块化设计研究[D]. 天津：天津大学，2019.

[18] 张小雷．高校电力能源智能管理系统的设计研究[C]// 中共沈阳市委，沈阳市人民政府第十七届沈阳科学学术年会论文集．沈阳：沈阳航空航天大学，2020：5.

[19] 刘玮．基于雨水利用视角的寒地高校校园景观设计研究[D]. 吉林：吉林建筑大学，2022.

[20] 郑瀚翔．高校水污染问题及处理措施——基于西南石油大学的调查分析[J]. 中外企业家，2015（8）：255.

[21] 刘军．生态建筑设计在建筑设计中的应用[J]. 城市建设理论研究（电子版），2023（30）：49-51.

[22] 张新鑫，张洁，王沛永．浅析斯沃斯莫尔学院的生态设计[J]. 农业科技与信息（现代园林），2011（9）：32-33.

第3章 低碳教育建筑单体设计

- ▶ 教育建筑的使用特征及碳排放结构是怎样的？
- ▶ 教育建筑降低隐含碳排放和运行碳排放的策略有哪些？
- ▶ 适应教育建筑使用特征及规律的被动式节能措施有哪些？
- ▶ 适应教育建筑建构要求的低碳结构形式有哪些？

教育建筑分布范围广、总量大，相较其他建筑而言具有特殊性，自成一个碳排放体系，具备多方面的减碳潜力。因此，深度探讨教育建筑的能效和减排措施对于建筑工程领域总体节能减排工作而言显得尤为关键。教育领域建筑的碳排放源头多元，能源类型涵盖煤、电、天然气、汽油等；在能源使用方面，既包括建筑运营消耗（例如供暖、空调、机械动力、照明等），也涉及交通、餐饮及设备（如实验室设备、数据处理中心等）的能源需求。

教育建筑的特殊性体现在其能耗和碳排放随季节变化具有显著波动性，其中冬夏两季的能耗和碳排放量明显高于全年其他季节。此外，幼儿园及中小学教育建筑的运行规律还存在最冷、最热月份不运行或运行少，日间运行时间长，夜间运行时间短或不运行等特点，这一特点与诸多被动式节能减碳原理相符，由此可见，教育建筑的节能减排潜力巨大。

3.1.1 教育建筑碳排放构成

碳达峰是指全球、国家、城市、企业等主体的碳排放在由升转降的过程中，达到最高点即碳峰值。大多数发达国家已经实现碳达峰，碳排放进入下降通道。我国目前碳排放虽然比 2000—2010 年的快速增长期增速放缓，但仍呈增长态势，尚未达峰。

1）中小学校建筑

中小学校具有人口密集、流动性大等特点，建筑面积呈现逐年增长的趋势。根据功能用途，学校的建筑类型包括教学楼、宿舍、食堂、体育馆、图书馆等。中小学校建筑的能耗种类一般包括照明、设备、供暖、制冷四个方面。在能源种类方面，中小学校主要消耗的能源有电能、天然气、煤炭等。电力能源消耗主要包括空调、照明、设备等用电。天然气和煤炭主要用于供暖、热水等。

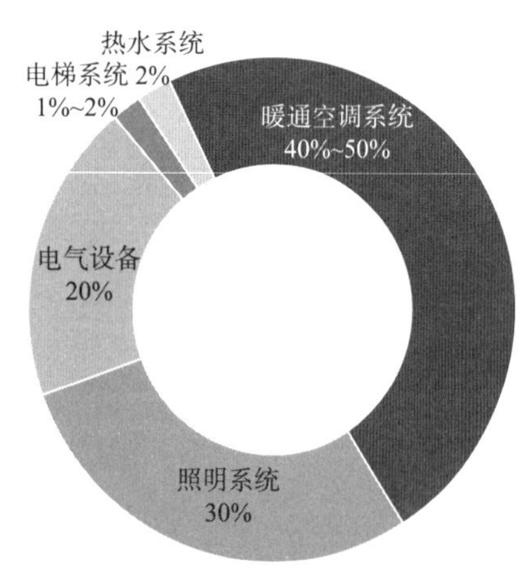

图 3-1　中小学建筑全生命周期主要用能系统碳排放结构

从中小学校建筑全生命周期来看，运行及维护阶段碳排放在整个生命周期碳排放的占比最大，可达 60%，其次是建材生产及运输阶段，约占 40%，拆除回收阶段和施工阶段占比最小。在建筑运行阶段，中小学校的主要用能系统碳排放结构较为相似，碳排放量最高的用能系统均为暖通空调系统，可达到建筑运行碳排放的 40%~50%，碳排放强度较高。照明系统的碳排放量略低于暖通空调系统，占比为 30%，强度第二。电气设备的使用占到碳排放量的 20%，电梯系统的碳排放量为 1%~2%，热水系统碳排放量为 2%，均占比较小（图 3-1）。

2）高校建筑

高校建筑作为重要的社会单元，特点包括高人口密度、众多建筑和集中的碳排放。与幼儿园及中小学相比，大学的建筑类型更加多样化，人员构成更复杂，从而导致能耗和碳排放的总量及种类均较为庞大。大学的建筑可以分为教学建筑、实验建筑、居住建筑和附属建筑等类型，各具不同的运营时长、能耗模式和减排潜力。

在高校，主要的能源消耗集中于电、天然气、热能和石油产品（包括汽油和柴油）。特别是在中国南方地区，由于冬季没有集中供暖，学校的能源消耗主要依赖于电力，这使其对电力的依赖程度较高。在北方，学校的供暖方式主要分为两种：一种是依赖市政供热，另一种是学校自供热，后者通常使用天然气作为能源。碳中和与净零碳排放概念基本可以通用，但对于非二氧化碳类温室气体，情况比较复杂。由于甲烷是短寿命的温室气体，只要排放稳定，不需要零排放，长期来看也不会对气候系统造成影响。

在高校的能耗结构中，教学和实验区的能耗占比最高，可达 60%。紧随其后的是宿舍和食堂区，其中宿舍区的能耗完全由电力构成，而食堂的能耗则主要来自电力和天然气。文化活动区域，如图书馆等建筑的能耗占比最小，不足 10%。从建筑全生命周期来看，运行及维护阶段碳排放在整个生命周期碳排放的占比最大。从运行阶段碳排放结构来说，暖通空调的强度最高，其次为设备及照明用电，根据高校性质的不同，设备用电情况各异。

3）幼儿园建筑

幼儿园建筑的功能简单，建筑用能相对较少。受运行时间和运行特点的影响，幼儿园在全年冷、热负荷最高的月份未处于使用常态，其寒、暑假放假时间较其他教育建筑更长，节假日、活动日又较中小学更多，故整体碳排放强度低于普通教育建筑。幼儿园建筑能耗包括照明、设备、供暖、制冷、厨房设施等方面。幼儿园供电占总能源消耗量的 70% 以上，供水占总能源消耗量的 20% 以上，供气占总能源消耗量的 10% 以下。在幼儿园的能源消耗中，照明和空调是两个主要的能耗来源。

3.1.2　降低建筑隐形碳排放的技术策略

1）减量化

减量化设计代表着建筑设计领域内一种追求简洁和高效的设计理念。该理念主张通过布局优化、灵活空间设计和最大限度地利用现有建筑结构等手段，来降低资源消耗并提升空间使用效率。此外，它强调采用可持续性建筑材料与技术，推广共享空间的理念，目的是通过设计的精简化和优先考虑建筑的翻新改造而非全新建设，以最小化对环境的不良影响。

2）轻量化

轻量化设计强调通过精确控制跨度、优化结构荷载及进行结构优化，以减少所需材料量并提升建筑的载重效率。此方法通过深入分析结构荷载、合理挖掘结构的潜在能力和跨度，达到减轻材料消耗的目的。轻量化设计还鼓励使用轻质而高强度的材料，以获得更高的承载力和更低的材料消耗。采用这种设计策略不仅能满足建筑结构安全与功能需求，还可以显著降低建筑总重、减少材料使用，进而高效利用资源。

3）绿色化

绿色化设计聚焦于降低建筑对环境的总体负担，涵盖了使用低环境影响的结构系统和绿色建筑材料的选择。通过选用如轻型结构或钢结构等环境负荷较小的结构体系，建筑的资源消耗和环境影响得以减缓。同时，多采用如可再生资源制成的材料、低碳材料等绿色建材，可有效减少建筑的能耗及碳排放。此外，优先考虑可回收或可循环利用的建材，例如再生钢和可再生木材，不仅可以帮助降低建筑废料的生成，还可促进资源的高效使用。

4）精明化

精明化设计聚焦于建筑设计阶段对碳排放的精准管理与优化。这一理念突出了对建筑设计各环节碳排放贡献的深刻理解，将设计元素区分为对碳减排贡献度高和低的两个类别。策略上，应优先对那些能够显著降低碳排放的设计方面进行改进，如优化材料的选择、结构设计和能源使用等，从而极力降低碳排放。接着，对其他减排效果相对较小的方面进行细致优化。这种分阶段、有重点的优化方法旨在实现建筑设计过程中碳排放的持续且有效控制。

5）协同化

协同化设计主张通过跨专业的整合与协作，实现设计过程中的信息共享和资源共用，旨在达到全面、综合而高效的设计成果。它特别强调空间规划、结构安排和设备配置的共享，以促进更高效的空间利用、更优的结构布局和更节能的设备选型，从而提升建筑项目的整体性能。在这一设计理念中，对建筑的碳排放进行量化、核实以及公开是关键步骤，确保了项目在设计、建造及运营各阶段碳排放的可持续管理。此外，协同化设计还倡导在行业内部共享低碳设计和建造的知识和经验，通过这种开放的交流促进合作和进步，助力构建一个更加可持续的建筑行业生态。

6）长寿化

长寿化设计致力于创建既耐用又具有灵活性和适应性的建筑，确保其能够持续长久地使用。这一设计理念特别强调建筑应易于维护、更新和拆卸，以便能够灵活适应未来的需求变化，并确保在建筑全生命周期终结时，可以高效地进行拆解和材料再利用。长寿化设计鼓励以循环经济的视角来规划建筑，旨在设计阶段就考虑到减少资源消耗和废弃物生成的策略，推动建筑行业向着更加可持续的方向发展（图 3-2）。

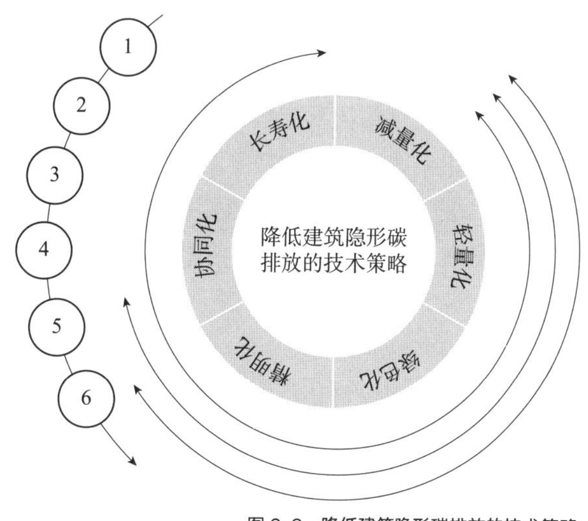

图 3-2　降低建筑隐形碳排放的技术策略

3.1.3　降低建筑运行阶段碳排放的技术策略

1）全过程碳排放计算与核算

全过程的碳排放计算与核算涵盖从建筑设计到运营各个阶段。在设计阶段，需要考虑使用的材料、能源效率以及施工过程的碳排放，通过选择低碳材料、优化能源设计和减少施工过程中的碳排放来降低整体碳足迹。对于建筑运行阶段，通过连续监测前五年的建筑用能和产能，收集数据来核算年度碳排放。通过分析这些数据，可以识别减少能耗和碳排放的机会，实施改进措施，并通过定期报告和第三方验证来监控进度和效果。这个过程不仅有助于优化建筑性能，还有助于实现长期的可持续发展目标。

2）建筑节能

建筑节能可以通过多种途径实现，其中四个根本途径包括合理的建筑空间设计、降低建筑负荷、减少能源使用时间和提高设备效率。

合理的建筑空间设计意味着根据气候、环境和使用需求来优化建筑的形状、布局和方向，以利用自然光和通风减少能源消耗。降低建筑负荷涉及采用高效的隔热材料、合理的围护结构设计和其他措施来减少对暖通空调系统的依赖，从而减少能源需求。减少用能时间包括通过智能控制系统和用户行为改变，来缩短设备运行时间，例如，利用自动控制或感应设备来减少不必要的照明和供暖制冷。提高设备效率指的是选用高效能的设备和系统，比如 LED 照明、高效率的暖通空调系统和电器，这些都可以显著降低建筑的能源消耗。

3）低碳供能系统

低碳供能系统是建筑节能和可持续发展策略的重要组成部分，其目标是减少碳排放并提高能源效率。实现这一目标的途径包括提高建筑的电气化水平，避免使用化石燃料供暖和热水，最大化场地内可再生能源的利用，提高低碳供能系统的需求响应能力，以及合理储能。

提高建筑电气化水平主要指的是在建筑领域内采用现代电力技术和系统来替代传统化石燃料的使用以降低碳排放并提升能源效率，这包括使用热泵等技术取代传统供热系统、采用高效 LED 照明以及利用智能电网和建筑自动化技术优化能源消耗，同时，鼓励使用来自可再生能源的电力，如太阳能和风能，减少对化石燃料的依赖。提高低碳供能系统的需求响应能力包括使用智能系统和技术来优化能源使用和分配，确保能源供需平衡，提高系统的效率和可靠性。合理的储能解决方案，如电池存储系统和光储直柔等技术可以帮助存储过剩的可再生能源电力，供以后使用，减少能源浪费，并提高能源系统的灵活性和稳定性。

4）零碳平衡

零碳平衡是一种确保建筑或项目在一定时期内实现净零碳排放的策略，意味着建筑产生的总碳排放量与通过各种措施吸收或减少的碳量相抵消。为了实现零碳平衡，需要定期进行碳平衡计算，以监测和评估建筑的碳排放量和碳吸收量。此外，当场地内可再生能源无法完全满足建筑的用能需求时，为了补偿剩余的碳排放量并实现零碳平衡，建筑所有者可以适当进行碳交易，来抵消自己的碳排放，从而在账面上实现零碳排放。这种方法允许在建筑本身未达到零碳平衡的情况下，通过市场机制支持可持续发展项目，推动整体碳排放的减少。然而，碳交易应被视为最后的手段，而主要的努力应集中在减少建筑本身的碳排放上。

5）增加碳汇

增加碳汇是减少大气中 CO_2 浓度的有效方法，有助于缓解全球气候变化。碳汇通常指的是能够吸收并储存大气中碳的自然或人工系统。在建筑领

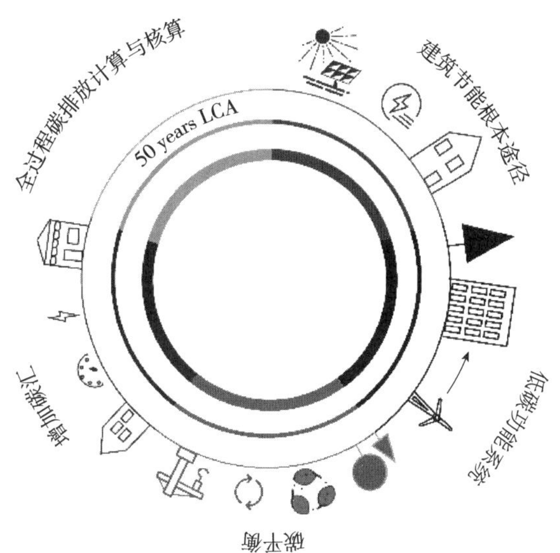

图 3-3　降低建筑运行碳排放的技术策略

域，增加碳汇主要涉及两个方面：植物碳汇和建筑碳汇（图 3-3）。

植物碳汇指的是通过植物吸收大气中的 CO_2 进行光合作用，并将碳以生物质的形式储存在植物体内的过程。在建筑环境中，这可以通过绿化屋顶、立面绿化、种植园艺植物、创建城市公园或森林等方式实现。这些绿色空间不仅可以吸收 CO_2，还可以提高城市的生物多样性、改善空气质量和城市微气候，同时为居民提供休闲和娱乐空间。

建筑碳汇涉及使用能够在其生命周期中吸收并锁定碳的建筑材料，包括生物基材料如木材、竹材、新型混凝土等材料。当这些材料用于建筑结构和装饰时，建筑本身变成了一个长期的碳储存库。选择这样的材料不仅可以减少建筑的整体碳足迹，还可以推动可持续林业和材料生产的实践。

3.2.1 教学空间节能减碳策略及设计方法

1）师生行为模式低碳化

行为模式低碳化指的是通过改变个人或社会的行为习惯来减少碳排放和促进可持续发展。这包括通过一系列的活动和措施去干预个人排碳行为，旨在降低能源消耗，提高能效，以及促进形成环境友好的生活和生产方式。

个人碳排放行为的形成受多方面因素影响，包括心理认知因素、外部情景因素、非理性因素以及人口统计学因素，可利用干预措施来优化师生用能行为。优化个人碳排放干预措施分为两大类：第一类是信息干预，包括宣传教育、设备监控、信息反馈等，目的在改变个人的知识、认知、动机和规范，进而加快个人行为的转变。例如学校可利用宣传栏或者广播等形式呼吁低碳行为。第二类是结构干预，包括提供节能产品或服务、制定法律法规、改变产品定价等，旨在改变决策制定的情境，增大减碳的吸引力 。例如学校可调节校园节能电器的收费标准，鼓励师生使用节能电器。

综上提出加快学生校园低碳行为模式转变的策略：

（1）将可持续生活方式融入日常校园教育之中。

（2）校园联合家长开展可持续生活方式教育，发挥家庭教育作用。

（3）开发宣传可持续生活方式的多媒体作品，加大低碳生活的宣传。

（4）利用社会资源，与周围社区相结合开展相关实践活动。

2）区分用能标准

人对温度的要求受地域与季节影响有所差异，不同功能空间的用能标准也有所不同，与使用者停留时间的长短也存在密切关联，停留时间长的空间舒适度要求高，停留时间短的空间舒适度要求低。因此，应基于建筑内不同功能空间制定不同的用能标准，才能在保证一定舒适度的前提下，实现建筑节能。

（1）根据空间的功能舒适度要求定义用能标准：在建筑中，功能不同的空间对温湿度的要求不同，例如储藏室、卫生间等辅助空间用能标准低；宿舍、教室、办公室等是使用者长期停留的场所，但一般层高与进深较小，可通过开启外窗等行为来提升室内温湿度舒适水平，用能标准为中等。

（2）根据使用者的停留时长（快速通过、间歇停留、长期使用）定义用能标准：短期逗留区域是使用者暂时停留的区域，例如门厅、展厅等，人员停留时间较短，热舒适更多受动态环境变化影响，综合考虑建筑节能需求，可适当降低人员短期逗留区域的用能标准。

（3）根据空间的使用类型（被服务性、服务性）定义用能标准。建筑的使用空间可分为以下三类：主要使用空间（如教室、办公室等）、辅助空间（如卫生间、储藏室等）以及交通联系空间（如门厅、走廊、楼梯、电梯等）。被服务空间指建筑的主要使用空间，要满足舒适性要求；而服务空间则包括辅助空间和交通联系空间，舒适度的要求可适当降低，以达到节约能源的目的。

（4）根据不同地域和季节中的温湿度水平以及人体的热舒适范围来确定用能标准。规范要求在严寒和寒冷地区，主要房间的室内设计应符合18~24℃的标准。经过大量测试和统计数据分析，建筑室内在一定的温度范围内，人体可以通过着装调节来实现热舒适。此外，长期生活在自然环境中的人对供暖设备并没有明显的偏好和期望，表明人类在心理上对所处热环境以及环境调控能力和改善措施具有适应性。因此，可以根据不同地域和季节的温度水平以及人体的热舒适范围来确定用能标准。

3）空间利用效率

提高空间利用效率是可持续建筑设计的重要策略之一，可有效实现建筑节能。这不仅包括对建筑内部空间的充分利用，还涉及建筑技术和系统的整合优化。以下是一些提高空间利用效率以实现建筑节能的方法：

（1）针对固定人员场所，应当集约布置功能空间，并着重提升房间舒适度标准。应根据使用人员类型和规模确定空间位置、尺度和舒适度指标，确保符合功能行为需求和使用者心理满意度的前提下提高空间利用便利性，并提升舒适度。高度集约布置可以提高能源使用效率，避免因舒适度标准混杂导致能源消耗过大的情况。

（2）流动人员场所在设计时结合功能和环境布置，侧重于保持空间的连续性和开放性，可适度降低舒适度标准。对于这类场所，设计应强调空间的连续性和明确的导向，确保流线流畅，避免人员在陌生环境中来回走动而产生焦虑情绪，从而减少对空间环境（如声音、空气质量和心理满意度）以及能源消耗的不利影响。公共空间应强调开放共享，通过在连续快速的线性空间中设置局部放大的开放空间，为使用者提供短暂休憩和交流的场所。对于人员非长期停留的空间，可以适度降低舒适度标准。例如，在温和地区可以尽量利用室外和半室外空间，以减少能源需求。

（3）根据空间利用率确定空间形状比例。在教育建筑中，空间尺寸取决于活动人员数量以及所需的活动空间。合理安排空间形状比例，根据不同空间的使用需求进行调整，有助于减少设备的能耗，有利于节能。

（4）将功能相近且舒适度要求相近的空间集中布置是一个有效的策略。通过将长期使用且舒适度要求相近的空间组合布置在一起，可以提高这些空间的使用便利性，并实现能源的集中高效利用。对于后勤、设备用房等不要求舒适度的空间，可以将其布置在次一级的朝向和位置，形成所谓的“环境阻尼区”，从而提升主要使用空间的舒适度。将高舒适度需求的空间与低舒适度需求的空间交错布置，可能会给使用者带来较差的舒适度体验。

4）各类型教学空间布局优化模式

（1）功能分区和流线布局设计：根据教学需求，将教室、实验室、会议室、图书阅览等空间合理分区，并将它们布置在相应的楼层和区域。在流线布局设计上，通过合理设置走廊、楼梯和电梯等，使师生能够便捷地进出各功能区域，实现高效的人流和物流。

具体的建筑功能分区设计包括三个方面：首先是教室区域，将教室分布在较安静和集中的楼层，以方便学生开展各类型学习活动。教室之间留有足够的间隔和走道，方便学生进出，包括各种大小和类型的教室，如大型讲堂、普通教室和实践教室等。根据需求，教室分布在不同楼层和区域，大型教室通常位于一楼，而普通教室则分布在各个楼层。其次是实验室区域，将实验室集中布置在三楼及以上的楼层或区域，以确保实验操作的安全和专业要求。实验室配备通风设施，以确保空气流通和排放。实验室排风采用变风量通风柜，当通风柜拉门移动时，能保持设定的面风风速，变频风机根据管道内静压相应调节风机运行转速，从而显著提高节能效果。最后是图书阅览区域，图书阅览区域通常位于走道的端头区域，以提供安静的学习环境。图书馆内部设有各种类型的阅览室和研究空间，并配备合理的走廊和通道。此外，还设有阅览室、自习室、电子资源区等，以满足学生和教师的学习和研究需求。

在流线布局设计方面，根据功能区域的布置设置不同类型和宽度的走廊和走道，以确保师生行走和交流畅通。同时，也有助于缩短建筑公共空间的用能范围，提高空间使用效率，减少能源消耗。

（2）空间使用灵活性设计：在教室设计方面，采用了可移动课桌和可调节的教室布局，以便灵活调整教室的大小和布局，如图 3-4 所示。在实验室中，要考虑到不同实验需求的差异，设置了不同规格和功能的实验室，以提供最佳的实验环境。这些设计措施使得空间能够根据不同需求进行调整，从而提高了空间利用率和能源效率。

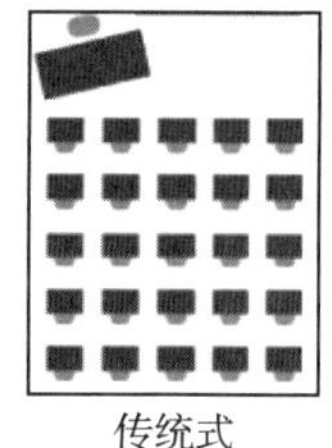

传统式

U形式

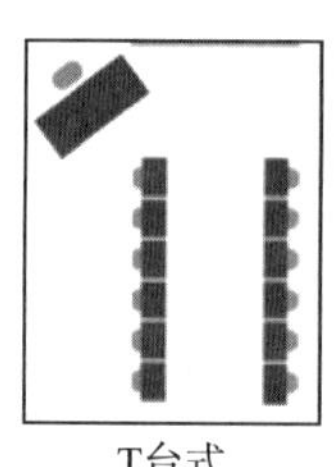

T台式

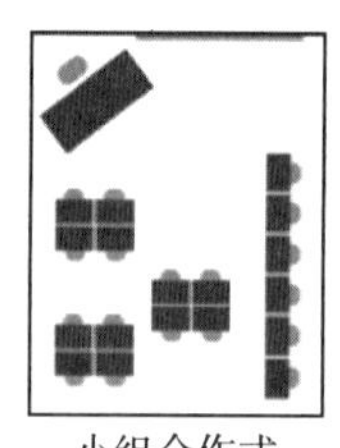

小组合作式

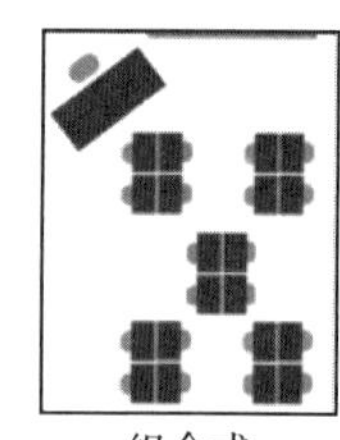

组合式

图 3-4　教室布局

5）节能减碳视角下教学空间模式的优化策略

（1）热利用角度：在教育建筑中，一些房间由于自身的使用性质或使用时间较短，对温度没有严格要求，这些房间可以被设计为缓冲区，例如楼梯间、储藏室和卫生间等。这些空间可适当集中并尽量沿西向或东向布置，以减少教室受到直接太阳辐射的影响而变得过热。如果缓冲区朝南，它可以为附近空间供热，使其温度接近室内温度，而如果朝向东、西或北，尽管无法在冬季提供太阳热量，它仍然可以作为保温层减小围护结构热损失，如图 3-5 所示。

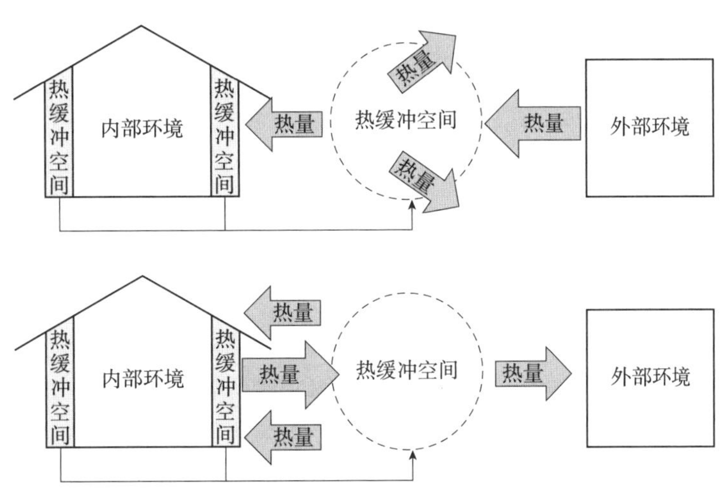

图 3-5　热缓冲空间作用原理

其次，可以利用教育建筑的特殊区域，如热水间等会产生大量热量的设备密集区域，作为产热区对建筑供暖。这种热源可以布置在有利于向北面供暖的区域。在温暖气候区，制冷需求较高，因此产热区应与其他空间隔离开来。

另外两个产热区的例子是餐厅厨房和设备房间。由于它们产生的热量较高，并且需要更多的室外新风，餐厅厨房的供暖、制冷和通风通常是独立于就餐区域之外进行的。设备房间可能包含一些产热设备，如锅炉、炉子和热水箱，可以布置在便于与相邻房间分享剩余热量的地方。此外，设备房间也可以布置在更容易单独排风的地方，例如建筑顶层的边缘，或者位于室外的独立房间。

（2）采光角度：根据采光标准和空间功能，可以确定最佳的采光策略。那些最不需要遮阳控制以及需要高照度的区域，最适合自然采光，比如入口大厅、接待区、走廊、楼梯间和中庭等。而对于低照度要求的区域，无法获得自然采光，通常会布置在建筑中心，如电梯、机械室、储藏室和服务区域。这样的设计可以减少围护结构和玻璃窗的面积，从而降低建筑的体形系数和照明能耗，同时对于大进深空间可通过调整空间形式来获得自然采光，如图 3-6 所示。西面的光线通常难以控制，可能导致较高的制冷负荷和视觉不适，因此，最好将西面用作辅助房间，或者用于不需要光线变化的空间，并避免在此设置工作区域。当然，如果采用了有效的外部设施来控制直射阳光和眩光，西向阳光仍然可以被有效利用。

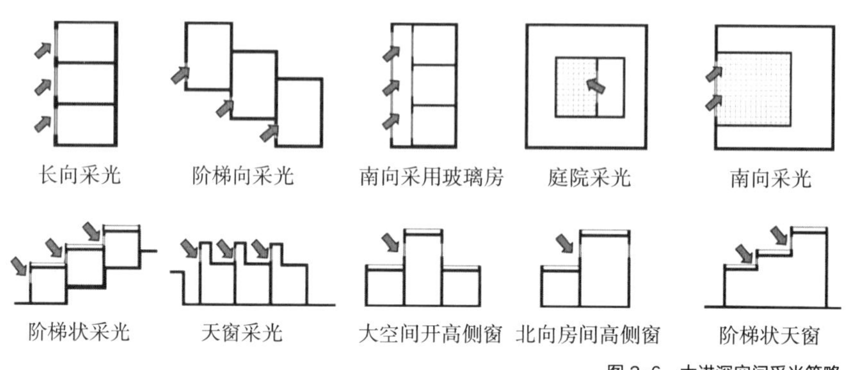

图 3-6 大进深空间采光策略

（3）通风角度：首先，可利用风压通风实现自然通风，需要建筑处于较理想的外部风环境下（即自然风，清洁、新鲜，平均风速一般不小于 3~4m/s）。其次，房间的进深应较浅（一般以 14m 为宜），以便形成穿堂风。建筑最好是单廊式的，在长度方向尽量拉长，减少内部隔墙的设置，以最大程度地促进通风。一个简单、敞开的长方形平面，并使其长向的前后两墙的窗户垂直于当地夏季主导风向，是通风效果最佳的一种平面形式（图 3-7）。当房屋必须朝东、西向或当地夏季主导风向是东西向时，可以采用锯齿形平面以减少东西面的日晒，同时保持基本朝向是夏季主导风向。其中一种方式是将东西墙做成锯齿状，窗户朝南或南偏东（西）；另一种方式是将房屋分段错开，形成锯齿状，形成正负压区域，引导风流进入室内。然而，这种平面形式增加了外墙数量、构造复杂度以及经济性等方面的缺点。在湿热地区，采用外廊式或回廊式平面不仅能促进自然通风，还能提供遮阳效果。

其次，可利用热压通风实现自然通风，热压通风的效果依赖于进风口与出风口之间的垂直距离和温差。为了实现良好的热压通风效果，在剖面设计中，可以利用烟囱效应在楼梯、公共空间等部分设置上下贯通的通风通道，

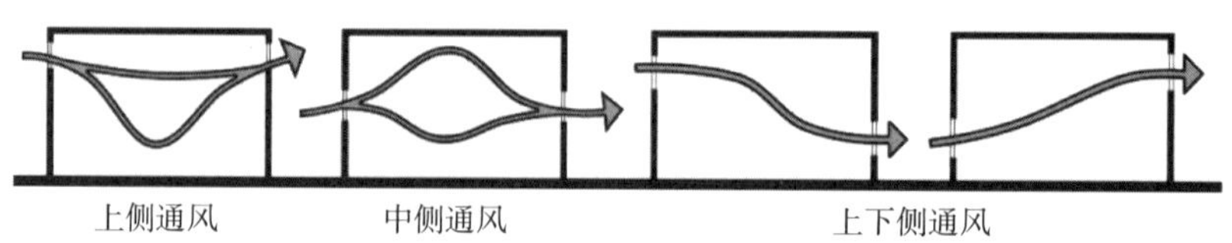

图 3-7 风压通风示意图

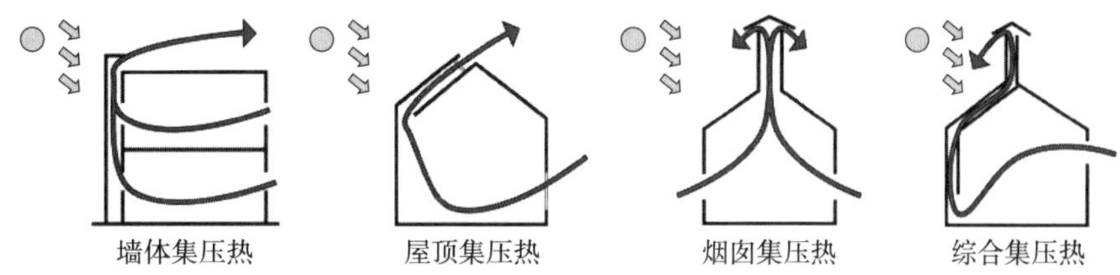

图 3-8　热压通风示意图

以促进空气的流动，如图 3-8 所示。由于热空气倾向于聚集在顶层，为了改善顶层的热舒适度并加强烟囱效应，可在顶层设置通风口，使热空气远离人体活动区域。此外，将通风通道设计成文丘里管的渐缩断面也可以增强通风效果。因为随着管道截面逐渐变小，自下而上的空气流速增加，从而增加了管道内外的气压差，有利于通风效果。

最后，在教育建筑的自然通风设计中，风压通风和热压通风通常相辅相成，相互补充，密不可分。不同的房间可以采用不同的通风策略，如图 3-9 所示。例如，穿堂风可以应用于建筑的迎风面、进深较小的区域以及不受遮挡的上层房间，而烟囱通风则适用于背风面、进深较大的区域以及受遮挡的下层房间。同一座建筑在不同的天气条件下也可以灵活采用不同的通风策略。例如，在有风的天气里，可以利用穿堂风来降温，而在无风的天气里，则可以利用热压通风来降温。此外，还可以采用无动力风帽来辅助建筑通风，利用自然风力和室内外温度差所产生的空气热对流，推动涡轮旋转，利用离心力和负压效应将室内不新鲜的热空气排出，如图 3-10 所示。

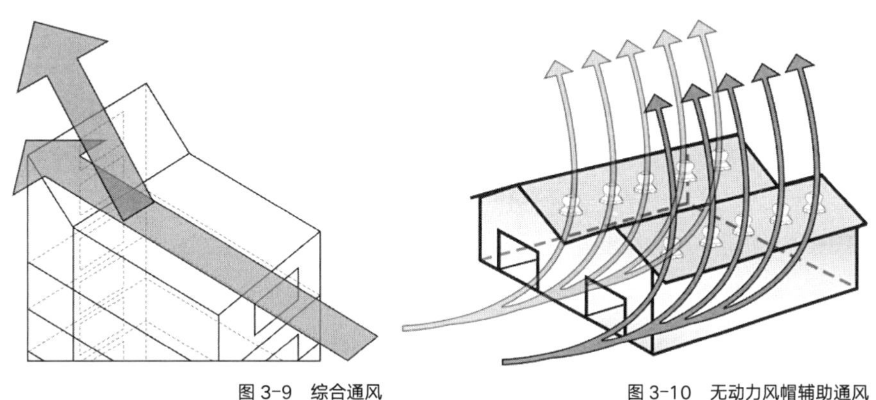
图 3-9　综合通风

图 3-10　无动力风帽辅助通风

3.2.2　教辅空间节能减碳策略及设计方法

1）各类型辅助空间的节能潜力

辅助空间指的是建筑物内除主要使用空间和交通空间以外的服务于辅助性功能的建筑空间，例如卫生间、储藏间等。辅助空间可通过两种途径进行节能：

（1）降低舒适度的需求来实现节能；

（2）作为热缓冲空间，调节主要使用空间的热环境，提升主要使用空间的热舒适，降低其能耗。

2）空间布局优化模式

在建筑设计中，可以合理布局这些辅助空间，将它们安排在建筑的西侧、北侧以及顶层等热环境较差的位置。这样就能够为建筑的主要功能空间留出更好的朝向和位置，以确保主要功能区域具有良好的自然采光、通风等条件。同时，还可以利用屋顶空间作为室外活动平台，在屋顶平台上再布置屋顶结构，形成通风屋顶空间。

3.2.3 生活服务建筑节能减碳优化方法

生活服务空间包含学生食堂、教师食堂、浴室、学生宿舍、教师宿舍、设备用房等。

1）食堂空间布局优化：首先是平面布局优化，大多数用餐区域的平面空间划分通常会形成气流的阻隔，对室内自然通风造成不利影响。然而研究表明，在面对大型食堂用餐区等空间时，若整体空间的开间和进深较大，通过合理的空间划分可以促使各不封闭空间内的气流相互扩散并形成联系，风场得以均匀分布，从而在一定程度上提升了室内的风环境质量，并有助于节约设备能耗。其次是竖向空间优化，利用竖向空间来增强食堂等大型建筑空间的自然通风效果是一种有效的方式。在竖向空间的利用中，竖井和中庭是最常见的两种形式。竖井空间通常布置于主体空间周边，其特点是尺寸较小，侧边通常采用封闭式结构，并在侧边开设通风口。由于体积较小，它对整体自然通风的提升作用有限。而中庭空间类似于带有屋顶的天井，通常具有开敞的侧边界面和顶部的通风设施。对于集中式大型空间，设置中庭并在夏季和过渡季节开启顶部窗户，能够显著提升自然通风效果（图 3-11）。此

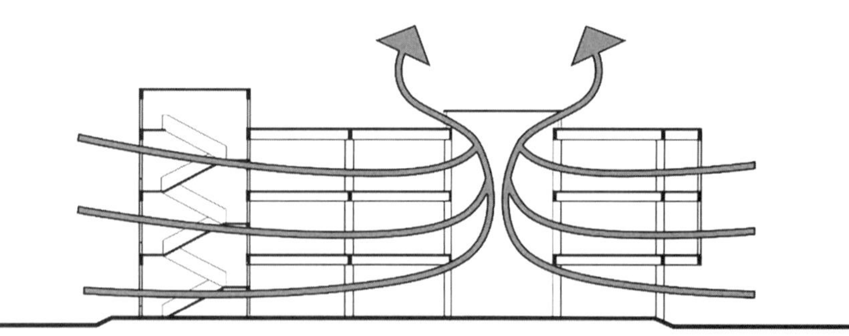

图 3-11 食堂中庭通风示意图

外，将中庭引入建筑空间被认为是最有效的绿色建筑设计方法之一，已在各类建筑中得到广泛应用。因此，在高校食堂用餐区域中实施中庭改造策略，可以有效提升该区域的自然通风效果，从而节约设备能耗。

2）宿舍空间布局优化：在自然采光方面，宿舍的主要功能空间包括居室、公共活动区、卫生间、洗漱间、淋浴室、走廊、电梯及楼梯间等。其中，居室和起居室对采光需求最为迫切，因此应优先考虑将它们布置在采光较好的朝向，并尽量安排在建筑外围，以便通过开窗获取直接的自然采光。其他功能空间则可根据具体情况进行布置，如果条件允许，可将它们安排在朝向较好的位置。若条件不允许，也可将它们放置在朝向较差的位置，但同样需要靠近建筑外围，以便通过开窗进行直接采光。在通风方面，宿舍的平面形式多种多样，常见的有一字形、工字形、L形、T形、U形、回字形等（图3-12）。一字形的宿舍平面形式在通风方面最为有利。选择一字形平面时，宜将主要使用房间布置在夏季的迎风面，即将居室和起居室布置在南向；而将次要功能空间布置在背风面，如将宿舍的盥洗室、浴室、卫生间等布置在北向。通常情况下，宿舍平面的进深尺寸应控制在合理范围内，上限值为建筑楼层净高的5倍，最好控制在小于14m的范围内。当房间只能进行单侧通风时，进深尺寸应控制在净高的2.5倍以下，通常不超过7m为宜，以符合浅进深原则，便于形成穿堂风。另外，相关研究表明，当建筑房间的开口宽度尺寸占总开间尺寸的1/3~2/3，并且房间开口面积与地板面积的比例在15%~25%之间时，通风效果最佳。

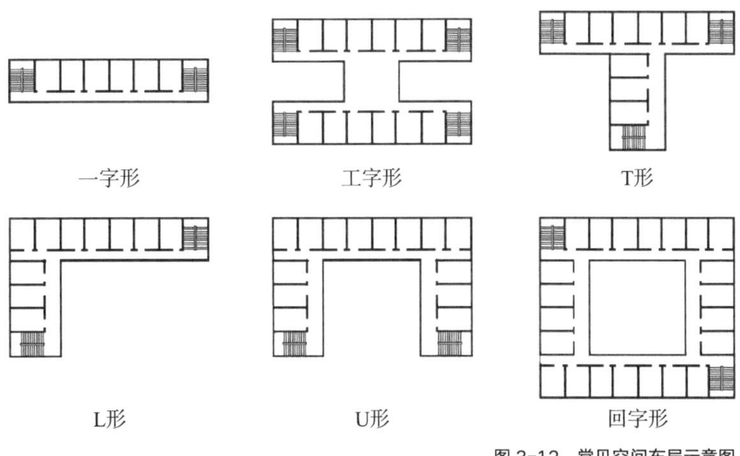

图3-12　常见空间布局示意图

3）设备用房等空间布局优化：此类空间由于空间利用率与用能标准处于较低的水平，可考虑布置于整个教学楼空间布局的不利位置，例如设在最易散热的北侧，并尽量减少北墙的窗户面积。

3.3.1 超低能耗学校建筑设计概念

将超低能耗建筑技术融入学校设计不仅有助于实现绿色节能目标，而且对构建健康校园环境至关重要，使建筑符合国际标准。超低能耗的学校建筑，除了须遵循《中小学校设计规范》和《公共建筑节能设计标准》之外，还应重点关注以下若干关键方面的性能化设计，确保满足超低能耗建筑的热工要求。

1）单体建筑的体形系数

体形系数是现有建筑节能设计标准制定的重要基础，最早来自《建筑|物·气候·能量》一书，继而以建议性条文出现在《民用建筑节能设计标准》JGJ 26—1986 中采暖居住建筑部分，后被各节能标准沿用，并作为强制性条文进行要求。其定义为：建筑物与室外空气直接接触的外表面积与其所包围的体积的比值，不包括地面和不供暖楼梯间内墙的面积。体形系数 S 可表示为 $S=F/V$。式中 F 为建筑外围护结构面积，单位为 m^2；V 为建筑外围护结构所包围的体积，单位为 m^3。

从 S 的定义可以看出，其代表了单位建筑体积对应的透明与非透明围护结构面积大小。体形系数反映了一栋建筑体形复杂程度与围护结构散热面积的多少，各节能标准对 S 与围护结构限值建立关联的解释较为一致：体形系数越大，体形越复杂，其围护结构散热面积越大，建筑物围护结构传热耗热量就越大。因此建筑体形系数是影响建筑物耗热量指标的重要因素之一，是超低能耗建筑设计的一个重要指标（图 3-13）。

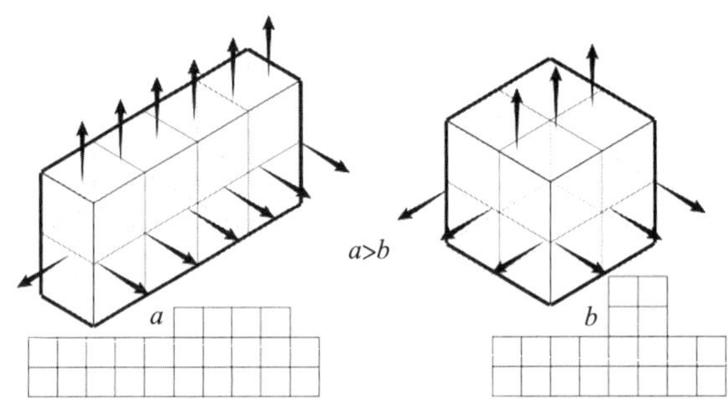

图 3-13 体形系数表征形体散热示意图

2）良好的建筑围护系统保温性能

目前全国各地区陆续出台了关于超低能耗建筑技术的规章及导则，这些规范覆盖了国内不同的气候区域，并为建筑外围护结构的热工性能设定了具体的标准。这一举措旨在推动建筑行业向更加节能环保的方向发展，通过对外围护结构性能的严格要求，以达到降低建筑能耗、提高能效的目的。见表 3-1、表 3-2。

外围护结构平均传热系数（K_m）　　表 3-1

围护结构部位	平均传热系数 K_m[W/（m^2·K）]				
	严寒地区	寒冷地区	夏热冬冷地区	夏热冬暖地区	温和地区
外围护墙板	0.10~0.20	0.15~0.25	0.20~0.30	0.30~0.50	0.30~0.40
屋面	0.10~0.20	0.15~0.25	0.20~0.30	0.30~0.50	0.20~0.40
地面或外挑楼板	0.20~0.30	0.25~0.40	0.35~0.45		

外门窗（透光幕墙）综合传热系数（K_w）[W/（m^2·K）]　　表 3-2

指标	严寒地区	寒冷地区	夏热冬冷地区	夏热冬暖地区	温和地区
综合传热系数	≤ 0.6	≤ 0.8	≤ 1.0	≤ 1.2	≤ 1.0

3）良好的建筑气密性

气密性对于超低能耗建筑是一个非常关键的要求，在冬季供暖与夏季制冷工况下，良好的气密性对能耗有着显著的抑制作用。外窗的气密性能直接关系到外窗的冷风渗透热损失，气密性能等级越高，热损失越小。提高建筑的气密性可以减少室内外的空气渗透量，有效地降低空气渗透引起的供暖或空调负荷。

建筑外门、外窗的气密性等级应符合国家标准。公共建筑一般对室内环境要求较高，为了保证建筑的节能，要求外窗具有良好的气密性能，以抵御夏季和冬季室外空气过多地向室内渗透，因此对外窗的气密性能有较高的要求。

4）无热桥设计

建筑热桥是导致建筑热效率降低的关键因素之一，主要由以下几种情况引起：保温层中断或错位、高导热材料穿过保温层、外走廊与建筑主体连接等。热桥按照形态可分为线性热桥和点状热桥。为准确评估热桥对建筑热损失的影响，应通过热工模拟计算来确定损失量。减轻热桥效应的策略包括结构构件的分离、增加隔热措施以及使用保温材料进行包裹，从而最大限度地降低热桥的影响。

常见热桥的形成部位有：A. 外墙上钢筋混凝土梁、柱、板的连接处；B. 外墙与外墙的连接处；C. 外墙与内墙的连接处；D. 外墙与地板、楼板、屋面板的连接处；E. 外墙与外门窗的连接处（即窗口侧边处，特别是外飘窗）（图 3-14）；F. 外墙主体的外挑装饰构件处；G. 突出屋面的女儿墙、排气孔与屋面交接处。

热桥的形成在建筑中产生了多种不利影响，主要包括：①导致外墙内表面局部温度下降，这不仅使使用者受到冷辐射影响，还可能引起内表面的结露、霉变和淌水现象，严重破坏室内使用环境和美观，因热桥问题引发的

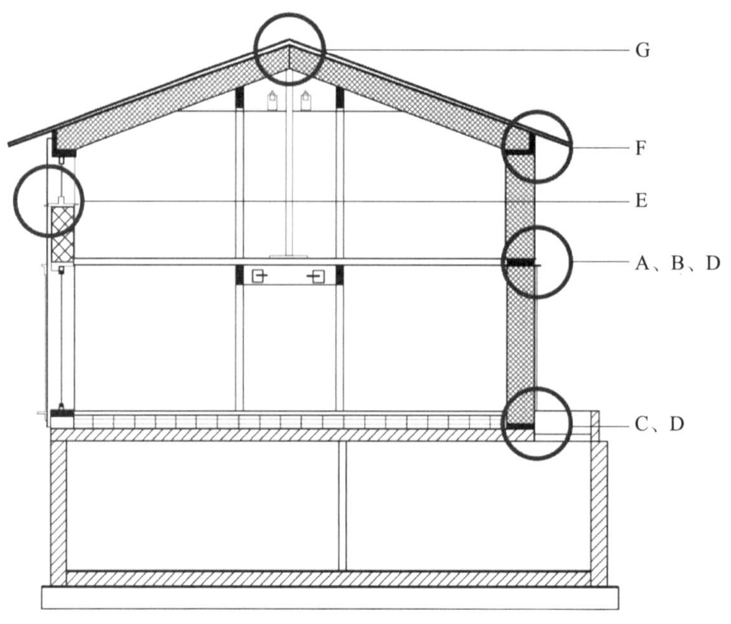

图 3-14　典型热桥部位示意图

建筑质量问题在严寒和寒冷地区尤为常见。②增加保温材料的湿度，进而使其导热系数增加，从而大幅度降低保温效果。保温性能的下降会进一步导致内表面温度和空气温度的下降，使得室内相对湿度升高。这样，保温材料的湿度进一步增大，形成一个恶性循环，最终严重影响建筑的节能性能和舒适度。这些危害表明，有效控制和减少热桥效应是提高建筑能效、保障室内环境质量的重要措施。

5）建筑遮阳

建筑遮阳是在炎热夏季降低室内温度、提升舒适度的有效策略，尤其是减轻太阳热辐射对建筑内部的影响。虽然电动遮阳百叶能够有效控制进入室内的阳光量，但它们可能对教室或其他需要良好自然采光的辅助教室的采光效果产生负面影响。因此，对于这些空间，建议进行夏季日照模拟分析，以确定合适的固定遮阳设施配置。通过采用固定遮阳结构，不仅可以有效地减少阳光直射带来的热量负担，还可以在不牺牲自然光照条件的前提下，维持室内温度的舒适性和节能效果。

3.3.2　被动式节能减碳技术措施

1）降低冷负荷

（1）遮阳

建筑遮阳设计不仅可以在夏季有效减少室内的热辐射，改善室内的热环境，还对提高建筑围护结构的综合热工性能发挥关键作用。除此之外，遮阳设计作为建筑外观设计的一个重要方面，能够增加建筑外立面的美观性和表现力。建筑遮阳设计策略主要分为建筑自遮阳、表皮遮阳、构件遮阳以及绿化遮阳四种形式（表 3-3）。

遮阳形式　　表 3-3

建筑自遮阳	表皮遮阳	构件遮阳	绿化遮阳
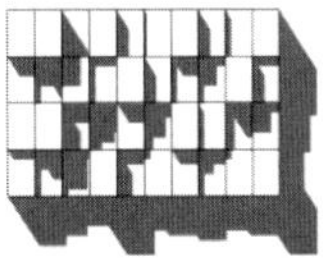	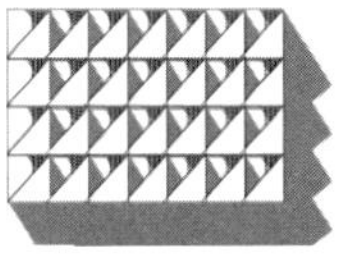	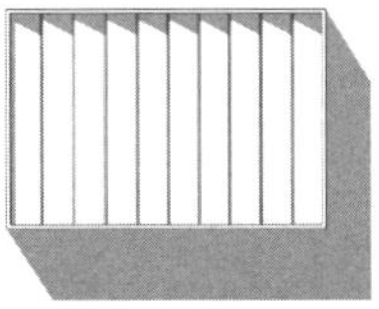	

①建筑自遮阳

对建筑自身形态产生的遮蔽效果进行积极利用，是一种既环保又高效的自然遮阳策略。通过精心设计建筑的形状和布局，可以最大化自遮阳效益，从而降低建筑对外部遮阳设施的依赖，同时减少夏季室内的热负荷。在建筑设计阶段，将需要遮阳的空间布置在建筑自身产生阴影的区域，是利用自遮阳的有效方法。

通过进行细致的阴影分析，设计师可以在特定的地理位置和条件下，对建筑形体进行优化调整。这种优化考虑到了太阳轨迹、季节变化和周围环境的影响，旨在提升建筑内外环境的舒适度，同时达到节能的目的。优化策略包括调整建筑的朝向、改变外墙的倾斜角度、设计出挑的屋檐或阳台等，这些都能有效地减少直接日照对建筑内部的影响。

②表皮遮阳

遮阳对于控制建筑在夏季接收到的太阳辐射非常关键。通过对建筑表皮进行遮阳处理，将遮阳结构融入建筑的外装饰中，不仅可以有效降低夏季的得热率，还同时兼顾到建筑的外观设计。这种结合功能性与美观性的外表皮设计，往往能在建筑立面上创造出特有的韵律感，为建筑赋予一种和谐的技术之美。

③构件遮阳

构件遮阳利用建筑构件本身，如遮阳板、百叶、格栅等（表 3-4），对建筑的立面和屋顶进行遮蔽，从而减少太阳直射光照对建筑内部的影响，降低热增益，提升室内舒适度，减少冷暖空调系统的能耗。这种做法是针对窗口和玻璃幕墙等透明或半透明围护结构的遮阳设计中非常常见的方法。

构件遮阳不仅在功能上对于节能有显著效果，而且在视觉和美学方面也为建筑增添了特色。通过设计不同形状、材质和颜色的遮阳构件，可以丰富建筑立面的层次和纹理，创造动态的光影效果，增强建筑的视觉吸引力。同时，这些遮阳构件可以根据建筑的使用功能、地理位置和太阳入射角度精心设计，以达到最佳的遮阳效果和视觉表现力。

构件遮阳设计的考虑因素包括：构件的尺寸、角度、布局及材料，这些都需要根据具体的建筑条件和环境进行优化设计，以确保遮阳效率和建筑美观两者平衡。这种做法展现了现代建筑设计在追求功能性、节能性与美观性之间的综合平衡趋势。

构件遮阳常见形式　　表 3-4

遮阳板	百叶	格栅
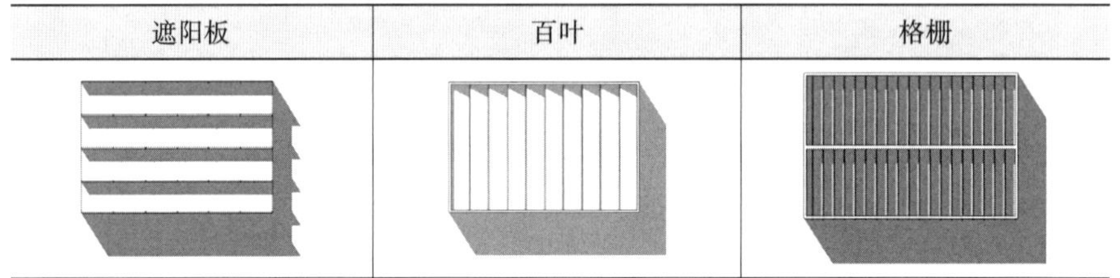		

a. 外遮阳

建筑外遮阳是通过设置在建筑表面的遮阳构件，如百叶翻板、百叶帘、遮阳篷和遮阳膜等，来有效阻挡太阳光直接照射到建筑表面和室内，减轻太阳辐射引起的热增益，从而有助于降低室内温度，提高居住和使用空间的舒适度。此外，这些遮阳设施还能减少空调系统的负荷，降低能耗，对于节能减排具有积极意义。特别是一些活动式的外遮阳设施，如可调节的百叶窗或自动遮阳篷，不仅在夏季提供有效的遮阳，还可以在冬季调整至适宜位置，以允许更多的阳光进入，增加室内的自然光照和温暖，同时减少了室内热量的流失。这种设计在提升能效和室内环境质量方面发挥了双重作用，是现代建筑设计中重要的节能策略之一。

b. 中置式遮阳

中置式遮阳是一种将遮阳装置安装在双层玻璃窗户或玻璃幕墙之间的设计方案。这种遮阳方式通过将遮阳装置集成到窗户或幕墙单元内部，实现了与建筑外观的无缝整合，增强了建筑的视觉连贯性和美感。由于遮阳装置位于两层玻璃之间，它们能够有效地减少太阳热能的直接透射，同时保持窗户的透明度和开放视野，在提升建筑节能性能的同时，还能保证室内良好的自然光环境和外部景观视野。中置式遮阳系统的预制和一体成型特性意味着这些系统在生产过程中就已经集成到了玻璃单元中，这不仅确保了高质量的制造标准，还简化了现场安装过程、缩短了施工周期。这种设计还有助于保护遮阳装置免受外界环境因素的影响，如风、雨和灰尘，从而延长遮阳系统的使用寿命，并减少维护需求。

c. 内遮阳

建筑室内遮阳设施，如窗帘、百叶窗或卷帘，安装在建筑的透明围护结构内侧，主要由布料、塑料或木材等材料制成。这种遮阳方式虽然在美观和控制光线方面发挥作用，但在阻挡太阳辐射方面的效果相比外遮阳要弱，原因是内遮阳设施无法直接阻挡太阳光直射玻璃，太阳光穿过玻璃后，会使得玻璃和遮阳帘本身受热，从而导致室内温度升高。尽管内遮阳在减少辐射热量进入室内的效果上不如外遮阳，但由于其价格相对较低、控制方便以及安装简单等优点，使得室内遮阳成为一个广泛使用的遮阳方式。内遮阳设施便于用户根据需要调节室内光线和保护隐私，同时为室内空间提供了一定的装饰效果。

虽然室内遮阳设施在节能方面的表现不如室外遮阳设施，但在实际应用中，通过合理选择遮阳材料和颜色，可以一定程度上提升其遮阳和隔热效果。例如，使用反光率高的材料或浅色遮阳帘可以反射部分太阳辐射，从而减少热量的吸收。此外，室内遮阳与室外遮阳的结合使用，可以进一步提高建筑的热环境舒适度和能源效率。

④绿化遮阳

绿化遮阳通过利用树木和植被为建筑提供自然的遮蔽，是一种既美观又经济的遮阳方式，特别适用于校园内的低层建筑。通过精心规划的景观绿化设计，比如在建筑外侧适当距离种植树木或采用立体绿化策略，可以有效地为墙面和屋顶提供遮阳，从而减少直射日光对建筑内部的热影响。

绿化遮阳的优点远不止于此。植物通过光合作用和蒸发散热过程，能够降低建筑周围的空气温度，为建筑提供一种自然的降温效果。此外，绿化还能减少地面和建筑物周边环境的热反射及长波辐射，进一步增强建筑的热舒适性。绿化遮阳除了有降温效果，还能增加建筑的生态价值、提升校园的生物多样性，为师生提供更加舒适和宜人的学习生活环境。同时，绿化遮阳也是城市环境美化的重要组成部分，有助于构建绿色、可持续的校园环境。总之，绿化遮阳是一种兼具美观、节能和生态友好的建筑遮阳策略。

（2）隔热

采用构造隔热技术对建筑物的外围护结构进行优化，主要目的是减少太阳辐射热能对建筑内部环境的影响，降低夏季空调系统的能耗，减少能源消耗及相关的碳排放，同时提升室内的热舒适性。具体的隔热措施包括对屋顶、外墙和门窗的隔热处理。

①屋顶隔热

屋顶在阳光辐射和室外气温作用下，表面温度升高，热量传入室内使室内温度升高。由于夏季屋顶太阳辐射的热量最高，所以，在建筑的外围结构中，对隔热要求最高的是屋顶。屋顶隔热不仅能显著改善顶层室内热环境，还能减少空调设备的投资和运行费用。

a. 通风隔热

通过设置一个通风层来达到隔热效果。这个通风层可以遮挡直射阳光，并利用自然风力或热力通风将热量排出，从而减少热量传入室内。根据通风层的具体位置，可以分为架空通风隔热屋面和顶棚通风隔热屋面。

b. 种植隔热

在屋顶上种植绿色植被，不仅可以提供遮阳作用，还可以通过蒸腾作用辅助降温，同时植被的存在还可以提高建筑的生态价值。

②外墙隔热

建筑外墙，尤其是面向东、西方向的外墙，在夏季也会接收大量的太阳辐射，需要具备良好的隔热性能。可以利用通风间层：在墙体中设置通风层，可以有效排出被墙体吸收的热量，减少传递到室内的热量。也可以利用反射层：在墙体内部设置反射层（如铝箔层），反射掉一部分入射热量，减少热量的吸收和传导。

③门窗、幕墙保温隔热

提高门窗及幕墙的密封性，减少热损失和冷热空气渗透。选择低导热系数的框架材料和玻璃，如双层中空玻璃、低辐射涂层玻璃等，以提升整体的保温隔热性能。

（3）自然通风

在校园建筑设计中，尤其是在人员密集的教学楼和学生宿舍，自然通风的设计至关重要。这是因为校园建筑内部由于人员散热和散湿量大，对空调负荷的影响显著，良好的自然通风能有效提高过渡季节的室内热环境质量和空气品质，减少对空调系统的依赖。对于那些没有安装空调系统的建筑来说，自然通风的设计直接关系到师生的身心健康及学习生活质量。

校园建筑设计相比于普通居住建筑设计考虑的因素更复杂与全面。自然通风的关键在于形成足够的通风动力以及建立合理的通风路径（图 3-15）。

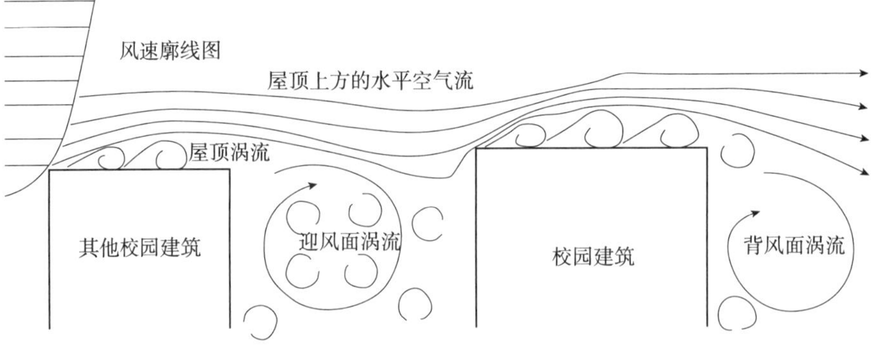

图 3-15　高密度建筑环境中，建筑依赖风压通风的可能困境

资料来源：《低碳校园建设》重新绘制

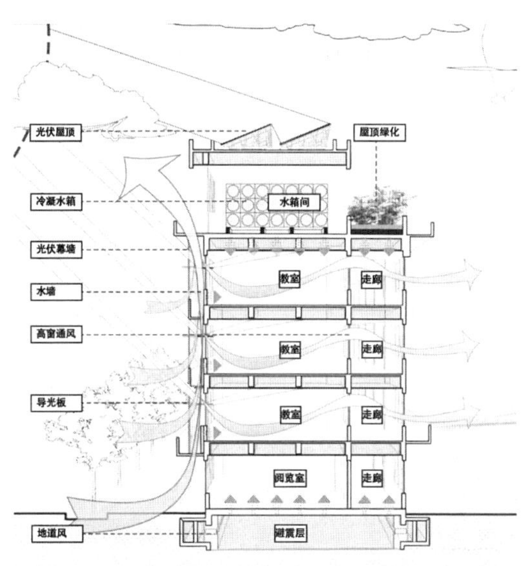

图 3-16　风压通风气流组织示意图

在进行校园建筑设计时，首先应从规划布局的风环境分析入手，避免局部强风，为建筑通风创造良好的先决条件。同时，通过合理的被动式建筑设计手法和气流组织，将所处场地环境的自然风引入室内，实现良好的通风降温和换气效果。

优化室内自然通风设计不仅可以改善室内过渡季空气质量，而且通风降温能够减少过渡季机械通风能耗及空调能耗。中庭顶部天窗的设计不仅满足了中庭天然采光的需求，同时在设计合理的前提下可利用热压拔风效应带走室内污浊的空气，进一步加强热压通风效果。

①风压通风

风压通风利用建筑周围自然风所引起的压力差，实现建筑内部的自然通风。这种方式与建筑的朝向、形态以及周围环境密切相关，通过优化设计，可以显著提升建筑的通风效果（图 3-16）。设计策略包括以下几个方面：

迎风面设计：在设计时，应考虑将建筑面向主导风向，以利用自然风的动力，即利用迎风面和背风面的压差促进空气流通。

建筑形态优化：建筑的进深和高度直接影响风压效果。多层建筑应设计为通透型平面，减少内部阻碍气流的结构。

场地环境利用：通过在场地中布置高大树木等自然风障，可以调节和引导风向，改善建筑的风环境。

CFD 分析工具：利用计算流体力学（CFD）工具进行建筑风环境的设计分析，帮助优化设计，创造良好的风压通风条件。

通风开口设置：通风开口应设置在风压最大的侧面，以实现最有效的通风效果。通风路径应尽量直接，避免内部结构阻碍气流。

污染源管理：有污染源的区域（如卫生间）应有独立的通风路径，或布置在下风向，以防止污染物扩散至室内其他区域。

风压驱动的局限：由于过渡季节风向多变、风速较小，风压驱动的自然通风条件可能不稳定。在无风或风速较小的情况下，可以通过增强热压通风或设置机械通风作为补充，确保室内空气质量。

通过这些综合策略，即便在风速较低或风向多变的过渡季节，校园建筑也能实现有效的自然通风，既提升了室内空气质量又减少了能源消耗，为师生创造舒适健康的学习生活环境。

②热压通风

热压通风，或称烟囱效应，是一种利用温差引起的空气密度差，从而产

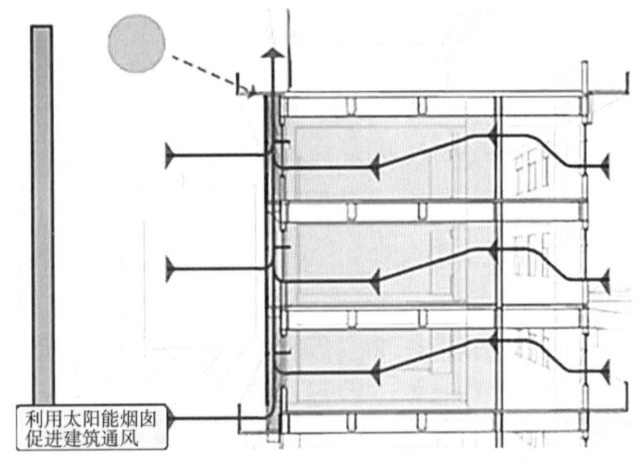

图 3-17　热压通风气流组织示意图（太阳能烟囱）

生的垂直方向上的通风动力（图 3-17）。这种通风方式尤其适用于风压通风难以发挥作用的情况，它的优势在于不受建筑朝向的限制，主要受温差和高差的影响。因此，在设计高层或有高大空间的建筑时，热压通风可以作为一种有效的通风降温手段。

实现热压通风的设计策略包括以下几个方面：

高差与温差的利用：热压通风效果依赖于出风口和进风口之间的垂直高差以及室内外的温度差。在高层建筑或具有高大空间的建筑中，如楼梯间或中庭，更容易实现有效的热压通风。

通风开口的位置：为了获得最佳的通风效果，通风开口应设置在建筑的最高点和最低点附近，即出风口设置在顶部，进风口设置在底部，以形成有效的垂直气流。

风塔式空间：可以通过提升建筑的部分空间（如楼梯井或中庭的一部分）来增加高差，形成风塔式的垂直通风空间。

进风口的环境调节：为了降低进风口的气温，可以将进风口布置在阴凉处、绿化区或水体附近，甚至连接到地下空间，以获取更凉爽的空气。

太阳能烟囱：通过在垂直通风空间内设置吸热体，利用太阳辐射加热空气，从而增强热压效果。这种方法有助于在不显著增加室内温度和高差的前提下，提高温差，增强通风效果。

热压通风是一种利用自然能源的环保通风方式，能够在确保建筑内部舒适度的同时，降低能耗。通过合理的设计，热压通风可以成为提升建筑环境质量和节能效果的重要手段。

③综合通风设计

在校园建筑的自然通风设计中，结合风压通风和热压通风的策略是提高通风效率和室内舒适度的有效方法。通过巧妙的设计，可以使建筑在不同的环境条件下都能保持良好的通风状态，即在风力充足时利用风压通风，在无风或风力不足时利用热压通风。

风压通风和热压通风的结合策略：

不同空间的差异化设计：在建筑迎风面的上部空间和房间，由于进深较小且不受遮挡，更适宜采用风压通风。而在建筑背风面、进深较大或受遮挡的下部空间和房间，则更适合采用热压通风。

根据天气调整通风策略：在有风的天气中优先采用风压通风，而在静风天则转向利用热压通风，以此适应不同的环境条件。

利用垂拔空间和风帽：在垂直通风空间的顶部，可以借鉴工业建筑中拔风风帽和无动力通风器的设计，利用室外风力强化出风口的负压，加强通风效果。

太阳能烟囱的实际应用案例：

学生公寓可采用太阳能烟囱强化热压通风，有效利用太阳能和风力资源，提升自然通风效率。例如，将太阳能烟囱置于建筑的西墙中部，结构采用钢结构支架，外表面涂黑以增强吸热效率。烟囱通过走廊的窗户与室内相连，冬季可以关闭所有通风口以防止热空气流失。此设计不仅可以为走廊提供间接采光，还可以通过热压效应有效地引导室内污浊热空气向外排放。

通过这样的设计策略，校园建筑能够在不同季节和不同天气条件下，实现高效的自然通风，提高室内空气质量，减少能耗，为师生创造一个更加健康舒适的学习生活环境。

2）降低热负荷

（1）形体设计

建筑形体对于建筑能耗的影响是显著的，因为它直接关系到围护结构与外部环境的接触面积以及太阳辐射的吸收情况。体形系数，即围护结构总面积与体积的比值，是衡量建筑节能设计效果的关键参数之一。在设计过程中，通过优化建筑形态和结构，可以有效控制建筑的能耗和碳排放。

不同气候区的建筑形态优化策略包括：在严寒与寒冷地区，紧凑型的建筑形态有助于减少外墙面积，从而降低热量的流失，提高建筑的保温性能。紧凑型建筑通过减少表面积，以最小化热交换和提高能效。在湿热地区，建筑应采用较为松散的形态，增大建筑与自然风和光的接触面积，促进自然通风和采光来降低能耗。在气候温和地区，建筑设计在形态上可以有更多的灵活性。总之，在设计时可以根据不同季节太阳辐射的变化，优化空间布局和建筑朝向，以平衡围护结构在不同季节的得热量，达到节能的目的。

设计实践过程中应注意以下三方面：首先，通过减少不必要的空间和装饰构件，集中设置过渡和辅助空间，以及选择合理的层高，有效控制建筑的体形系数，从而优化其能耗性能。其次，在保证结构合理性的同时，合理使用材料，减少碳排放，通过结构上的优化，实现节能降耗。最后，针对不同的气候条件，选择适合的建筑形态，利用自然的风和光资源，通过自然通风、自然采光等手段减少建筑的能耗。通过这些策略，不仅可以提升建筑的能效和舒适性，还可以减少对环境的影响，实现可持续发展目标。

（2）围护结构

围护结构的节能设计对降低建筑能耗、提高能效以及减少碳排放具有重要意义。通过综合运用各种节能技术和材料，可以有效地实现冬暖夏凉的目标，减少对供暖和空调系统的依赖，从而降低建筑的运行成本和环境影响。

①墙体保温

外墙外保温：在外墙外侧增设保温层，有效阻止热量通过外墙流失，适用于多种气候条件。外墙夹芯保温：将保温材料置于墙体的内外两层之间，改善墙体的保温性能。外墙体内保温：在墙体内侧增设保温层，适合于改造项目或特定条件下的应用。外墙体自保温：采用具有良好保温性能的材料作为墙体结构材料，如自保温砌块。

②屋顶保温

使用具有低导热系数、抗压强度高、吸水率低的材料作为保温层，如EPS（聚苯乙烯泡沫）或XPS（挤塑聚苯乙烯泡沫）。正置式保温屋面：保温材料位于防水层之下，保护屋面结构不受温度变化的影响。倒置式保温屋面：保温材料位于防水层之上，保温材料直接暴露于外部环境，适用于绿色屋顶设计。

③地面保温

地面保温是围护结构节能设计中的一个重要方面，尤其对于接触地面的建筑部分。由于地面直接与室内空间接触，没有保温措施的地面会成为夏热冬冷的直接来源，特别是在单层建筑或地面占建筑接触面积较大的情况下，地面的热损失或得热率会对室内温度造成显著影响。适当的地面保温措施不仅能减少能源消耗，还能提升室内的舒适度。

地面保温的主要措施包括：保温层材料：选择适合的保温材料是地面保温设计的首要步骤。理想的地面保温材料应具有低导热系数、良好的抗压性能和低吸水率。常用的地面保温材料包括聚苯乙烯泡沫（EPS）、挤塑聚苯乙烯泡沫（XPS）等。保温层位置：将保温层设置在室内地面下，可以有效阻止室内热量通过地面向下扩散至地基和地下。此外，将外墙保温向下延伸至地面以下，形成连续的保温层，可以进一步减少通过地面和地基周边的热损失。综合地面设计：在地面保温的同时，考虑地面的防水、抗压和耐久性能，保证保温层的完整性和效能，防止地下水侵入或地面荷载损伤保温层。周边环境的利用：通过在建筑周边种植绿化或设置水景等，可以自然降低地面周围的温度，从而减少地面散热带给室内的热负担。地下空间的通风：对于设有地下室的建筑，适当的地下空间通风设计可以帮助调节地面与室内的温差，减少热能的无效传递。通过实施这些地面保温措施，可以有效降低建筑的热损失，减少供暖和制冷系统的能耗，为实现建筑节能减排目标作出贡献。同时，良好的地面保温设计还能增强建筑的居住舒适性，提升室内环境质量。

（3）太阳辐射

我国对太阳能的利用给予了极高的重视，并且在光热和光电应用方面多年保持世界领先地位。太阳能的广泛利用不仅推动了相关产业的发展，而且使我国成为全球最大的太阳能产业基地，走在了太阳能产业发展的前列。得益于丰富的太阳能工程经验和雄厚的产业基础，中国在实施太阳能利用项目时拥有强大支撑。

尽管太阳能拥有巨大的潜力和无污染等优势，但也面临着诸如能量密度较低、供应时空不稳定以及目前某些技术装置效率不高、成本较高等挑战。因此，在太阳能的具体利用过程中，应通过合理的技术选型、精心的设计以及有效的调节，最大化其经济和环境效益是关键。

太阳能利用主要包括光热和光电利用两个部分：

①光热利用

太阳能热水系统：这是太阳能光热利用最常见的形式之一，主要用于生活热水供应，包括家庭、酒店、学校等多种应用场景。

太阳能供暖：基于太阳能产生的热水或热风进行室内供暖，适用于住宅和商业建筑，尤其是在阳光充足的地区。

②光伏发电

建筑一体化光伏（BIPV）技术：将光伏发电技术与建筑材料结合，不仅能发电，还能作为建筑的一部分，如屋顶、墙面等。

“光伏+”技术：将光伏发电与其他技术（如热泵技术）结合使用，提高能源使用的综合效率，实现建筑的能源自给自足。

通过这些技术的应用，太阳能作为一种清洁、可再生的能源，为建筑领域提供了新的能源解决方案。随着技术的进步和成本的降低，预计太阳能在建筑中的应用将会更加广泛和深入，为实现绿色低碳建筑和可持续发展贡献力量。

3.3.3 主动式节能减碳技术措施

在建筑设计的新时代，主动式节能技术以其前瞻性和创新性引领了绿色建筑的发展潮流。该技术依赖于一系列机电设备和系统，通过主动的方式来收集、转换和存储来自太阳能、风能、水能和生物能等可再生资源，旨在最大化地利用自然赋予的能源。与此同时，它还着眼于提升传统能源的使用效率，表现出对未来建筑能源管理的全新理念。

主动式节能在建筑设计中的应用，体现了一种综合考虑地域能源结构和建筑功能需求的设计思路。它通过精选高效节能设备，实现了建筑资源利用的最优化，同时确保了室内环境的舒适性和健康性。虽然这种设计方式需要较高的初始投入，包括先进设备和技术的成本，但所追求的是长远的节能效益和生活品质的提升。

主动式节能技术不仅是能源管理的一个方面，它还代表了一种以人为本的设计理念，强调创造一个既节能又舒适健康的居住和工作环境。这种技术与被动式节能技术相辅相成，共同构成了现代绿色建筑设计的核心，是实现可持续发展和建设生态文明的重要途径。

1）室内环境调节系统

（1）空调通风系统

空调通风系统作为建筑能耗的主要来源，其节能优化已成为建筑节能设计的重点。合理的节能措施不仅能显著降低能源消耗，还能提升系统的运行效率和室内环境的舒适性（图 3-18）。以下是实现空调通风系统节能的几个关键方面：

①冷热源技术的选择：地源热泵、水源热泵和空气源热泵等高效节能的冷热源技术，能有效利用地下水、地表水或空气中的低品位热能，实现冷暖供应。这些技术通过提高能源转换效率，达到节能减排的目的。

②输配系统的优化：输配系统的节能关键在于保证热力输送过程中的最小能量损失。这需要对输送管道进行有效的保温处理，尤其是在穿越墙体的过程中要特别注意防止冷热桥的形成，避免额外的能量损耗。

③末端系统的智能控制：末端系统，如风机盘管、空调箱等，应根据建筑不同区域的实际需求和使用情况，灵活调节温度和风量。通过智能控制系统，可以实现精细化管理，按需供冷供热，避免不必要的能源浪费。

④监测系统的应用：建立完善的监测系统，对空调通风系统的运行状态进行实时监控，及时发现并解决系统效率低下或能耗异常的问题。监测系统还能帮助收集和分析数据，为系统的优化调整提供依据。

通过对这些关键环节的细致考虑和优化设计，空调通风系统能在满足建筑舒适性需求的同时，实现能源的高效利用，为建筑节能减排贡献力量。

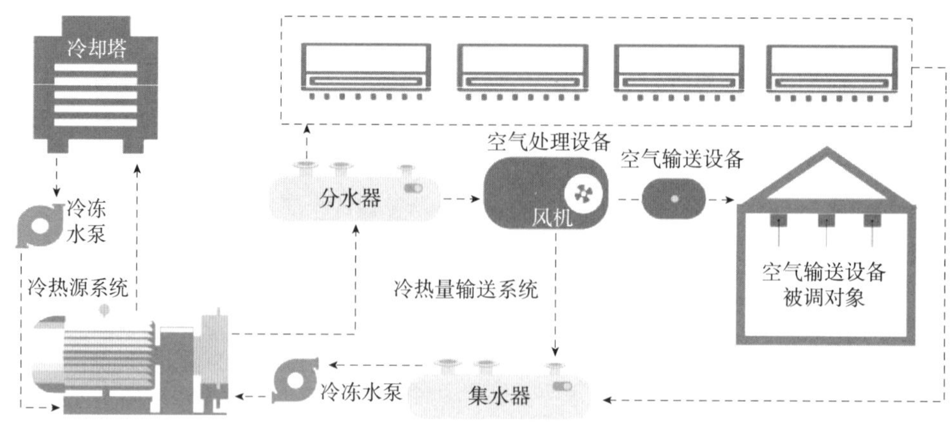

图 3-18　空调通风系统的组成

（2）供暖系统

学校的运营特点，尤其是在供暖需求上呈现出明显的“潮汐性”，即在一天中的不同时间段，供暖需求会有显著的波动。针对这一特点，通过周期性调整集中供暖系统的运行参数，使得热源输出与实际供暖需求更加匹配，是提高能效和节约能源的有效方法。

①分时分温控制是指在校园建筑的供暖系统入口安装热量控制调节阀，根据时间和实际需求调节供暖量。这种方法允许在不同的时间段按需供暖，如夜间自动减少供热量，早晨提前加热以满足师生的舒适需求，以及在教室和办公室空置时减少供热，从而有效减少不必要的能源浪费。

②智能化控制指通过在教室和宿舍等房间安装智能控制器及各类传感器，并在供暖散热器前安装电动阀，实现对供暖温度的智能化调节。控制系统会根据房间是否有人、室内外温度等多种信息自动调整供暖量，进一步优化能源使用。

③使用管理和水力平衡是指针对供暖期间窗户长时间开启及供暖系统水力失调等问题，可以通过监测室温变化和调整自力平衡调节装置来优化管理。这不仅有助于保持室内温度的稳定和舒适，还能确保供暖系统的高效运行，避免因系统失衡导致的热能浪费。

通过这些策略，学校的集中供暖系统能够更加精细地适应实际供暖需求，大幅提高能源利用效率，降低能耗和运行成本，同时确保了校园内师生的舒适度和健康。这种综合节能改造不仅符合绿色、低碳的发展方向，也展现了现代校园建筑设计的智能化和人性化趋势。

（3）照明系统

在教育建筑校园内，照明系统因其使用场景多样且对可靠性要求高，成为能耗管理的关键领域。针对校园照明系统的能效提升，技术方案的制定需兼顾不同的使用场景，如室内照明、景观照明、路灯等，并考虑灯具及智能控制系统的技术要求，以实现能源使用的最优化。

①校园照明系统节能技术方案

高效光源的采用：将传统光源更换为 LED 等低能耗、长寿命光源，不仅能提升照明系统的能效，还有助于减少维护成本和频繁更换带来的资源浪费。LED 光源以其高效、环保的特性，成为替代传统荧光灯的首选。

室内照明系统改造：对于效率低下的原照明系统，通过选用高效率节能灯具，如双曲面蝙蝠翼型配光灯具，提升照明效果的同时降低能耗。

智能照明控制系统：引入亮度、红外、微波传感器等，实现照明系统的智能控制。这不仅可以根据实际照明需求自动调节灯光亮度，还能通过人体感应控制实现“人来灯亮、人走灯灭”的智能化管理，大大减少不必要的能耗。

利用自然光：通过亮度控制技术，充分利用自然采光，减少白天时段的人工照明使用，既节能又环保。

针对性改造与分区控制：根据校园建筑的不同功能区域和使用特点，进行针对性的照明改造，通过分区分回路设置满足不同场景的照明需求，进一步提高能效。

②综合管理与监测

此外，校园应通过综合管理和监测手段，定期评估照明系统的运行效率，针对发现的问题及时调整和优化，确保节能措施的有效性。供配电系统的节能改造，同样关键在于提高校园能源利用效率，应根据实际负荷变化和发展需求进行调节，引入新技术实现更高效、更可靠的供电服务。通过这些技术方案和管理策略，校园照明系统的能效提升不仅能实现显著的节能效益，还能提供更加舒适健康的照明环境，满足绿色校园建设的需求。

2）能源和设备系统

在追求绿色、可持续发展建筑的当下，高效的能源利用和先进设备系统的选择成为确保建筑经济性、环境友好性及舒适性的关键。本节意在引导读者理解，在设计和实施建筑项目中如何通过合理的能源管理和设备运用，达到降低能耗、提升效能的目的。

（1）热电冷联产

热电冷联产技术作为一种成熟且效率高的能源利用形式，已经在全球范围内得到广泛应用和发展。这种技术通过集成发电、供热及制冷功能于一体的系统，实现了能源的多重利用，显著提高了能源利用效率，同时也减少了环境污染。以下为热电冷联产系统的关键组成部分：

①吸收式制冷机：利用来自热电联产系统的余热作为主要能源，进行制冷，有效地提高了系统的综合能源利用率。

②压缩式制冷机：部分系统中增设的压缩式制冷机，可直接由供热汽轮机驱动，或通过汽轮发电机组提供动力，增强了系统的制冷能力。

③蓄热 / 蓄冷装置：通过蓄热或蓄冷装置，系统能够更加灵活和高效地调节能源供应，以满足不同时间段的能源需求。

热电冷联产技术在我国的应用虽然起步较晚，但近年来，随着技术进步和能源结构优化的需要，这一技术得到了快速的发展和推广。特别是天然气热电冷联产系统，因其清洁高效的特点，得到了国家政策的大力支持。各地基于不同能源基础和需求，已建立起多个热电冷联产项目，有效提升了能源利用效率，减少了环境污染。

（2）高温冷水机组

高温冷水机组在低能耗建筑中的应用主要体现在其对于能源效率的提

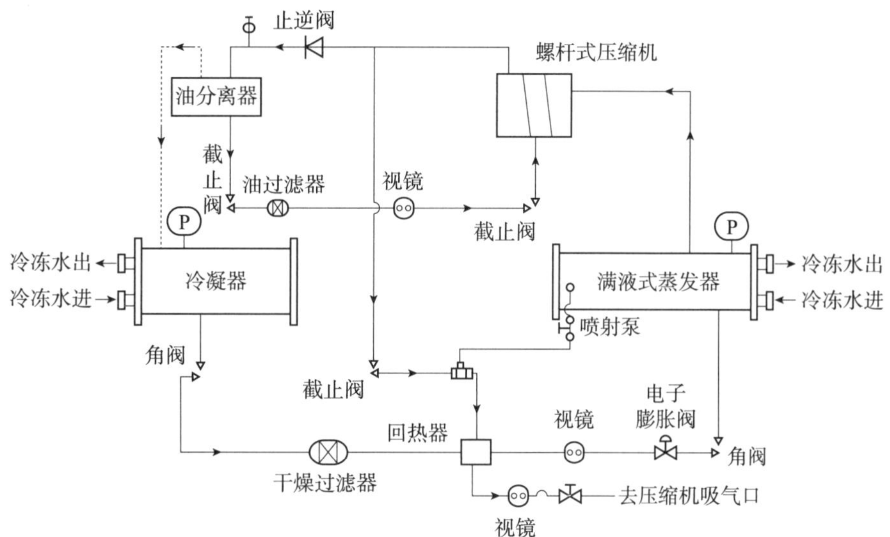

图 3-19 蒸发冷却与机械制冷复合高温冷水机组结构图

升及运行成本的降低上。这类系统特别适合用于低能耗建筑的设计，因为它们能有效地与建筑的其他节能措施协同工作，从而最大化整体的能源效率（图 3-19）。以下是一些关键点：

①能效高：高温冷水机组通常设计在较高的冷却水温度下工作。这意味着相比传统冷水机组，它们可以在更高的冷凝温度下运行，从而减少冷却负荷和提高能源效率。例如，高温冷水机组可以在 7~12℃的供水温度下运行，而传统系统可能需要 6℃或更低的温度。这种温度的提高可以显著降低制冷系统的能耗。

②集成可再生能源：高温冷水机组可以更容易地与可再生能源系统集成，如地源热泵或太阳能冷却系统。这是因为这些可再生能源系统通常在较高的温度下更为有效。通过将这些系统与高温冷水机组相结合，可以进一步提高建筑的总体能源效率。

③室内环境质量改善：在低能耗建筑中，室内环境质量尤为重要。高温冷水机组允许更精确的温度和湿度控制，这有助于维护一个更舒适和健康的室内环境。

④长期运行成本降低：虽然高温冷水机组的初期安装成本可能比传统系统高，但它们的运行效率更高，维护成本较低，这可以在长期内带来显著的成本节约。

高温冷水机组通过提高空气处理单元的冷却水温度级别，能够降低地面热不平衡比率，提高系统的长期运行效率。这种系统配置还能减少 CO_2 排放，并通过优化供冷和供暖的设置，减少能源消耗，从而减轻环境负担。在教育建筑中的案例研究显示，通过这些策略的应用，即使在严寒地区，也能保证地源热泵系统的长期可持续运行，避免因地温过低导致的系统效率下降和潜在的故障风险。

高温冷水机组在低能耗建筑中的应用不仅提高了能源使用效率，也对环境友好，具有良好的经济效益和社会效益。对于设计低能耗建筑的工程师和建筑师来说，这提供了一种有效的技术路线，以实现更加绿色、高效的建筑设计目标。

（3）高效热源

随着环保和清洁供暖要求的加强，高校的能源系统正在经历一场革命，特别是在锅炉房和换热站的节能改造方面。这些改造旨在将燃煤锅炉升级为更环保、效率更高的天然气锅炉或接入市政供暖系统，进而大幅提升热量利用效率，减少废气排放，并有效回收利用能量。

①锅炉房改造

对于锅炉房的改造，关键在于合理选择锅炉的额定功率和数量，确保锅炉的出力与实际需求相匹配，在最小化排烟的同时显著提升节能效果。此外，采用高效燃烧技术的锅炉，可以促使燃料与空气充分混合燃烧，从而提高效率并减少污染。还可以通过降低燃气锅炉的排烟温度，并利用节能器、冷凝器等余热回收装置，进一步提升锅炉效率至 95% 以上。

②自动控制和智能监控系统

引入自动控制系统和远程智能监控系统，可对锅炉房和换热站进行更精准的节能管理。利用气候补偿器和室内温度传感器的反馈，系统能够根据外部气候变化和室内温度需求自动调节供水温度，实现高效供热。

③集中供暖系统输配环节改造

在集中供暖系统的输配环节，通过将水泵运行特性与管网特性相匹配，采用恒压差控制方式，实现了根据实际需求自动调节供暖量的节能目标。例如，山东建筑大学通过为循环泵等大功率设备安装变频器，实现了显著的节电效果，节电率达到 20% 以上。

④换热站节能改造

对换热站的节能改造不仅包括常规的清洁和维护，还涉及更换低效换热设备，安装系统能效优化控制模块等，以优化换热站的运行状况，进一步提高能效。

通过这些综合改造措施，校园能够实现更环保、高效的供暖系统，不仅满足了清洁供暖的要求，也为实现能源节约和减排目标做出了贡献。

（4）蓄冷（热）系统

随着节能环保意识的提高及电价政策的调整，建筑冷暖系统的能效问题受到了前所未有的关注。特别是在建筑工业中，相变材料（PCM）的研究和应用，以及蓄热和蓄冷技术的发展，为提高建筑能效和内部环境舒适度提供了新的思路。蓄冷空调技术作为热能储存（Thermal Energy Storage，TES）系统的一个重要分支，利用夜间较低的电价进行冷量生产和储存，再在日间高峰时段释放冷量的方式，已成为实现能源高效利用的有效手段之一。

①蓄冷空调系统简介

蓄冷空调系统主要通过夜间利用低价电力运行空调制冷设备，生产冷量并储存，以冰、冷水或凝固态相变材料的形式保存，到了白天空调负荷高峰期，系统则利用储存的冷量供应空调需求，实现电力负荷的削峰填谷，降低运行成本，同时减少制冷设备的安装容量。

②蓄冷方式分类

蓄冷方式主要分为显热蓄冷和潜热蓄冷两种：显热蓄冷是指通过降低蓄冷介质（如水）的温度来储存冷量，其状态不发生变化。潜热蓄冷是指通过蓄冷介质（如冰或共晶盐）的相变过程（如从液态变为固态）来储存冷量，释放相变过程中的潜热。

③蓄冷系统类型

水蓄冷：利用水作为蓄冷介质的系统。由于水具有较大的比热容，且易于获取和成本低廉，这种方式被广泛应用。

冰蓄冷：以冰为蓄冷介质的系统。冰的相变潜热很高，可以有效储存大量的冷量，是一种高效的蓄冷方式。

共晶盐蓄冷：以共晶盐为蓄冷介质的系统，属于潜热蓄冷方式。共晶盐在相变过程中可以储存或释放大量的能量。

④应用前景与挑战

蓄冷空调技术对于平衡电网负荷、减少能源消耗、降低运营成本具有显著效果，然而，技术的进一步推广和应用还面临着蓄冷材料性能、系统设计优化、成本控制等挑战。随着材料科学的进步和相变材料性能的提升，以及系统设计和运营策略的不断优化，蓄冷空调技术有望在建筑能效提升和可持续发展方面发挥更大的作用。

（5）配送系统与末端设备调节系统

在节能和环保的大背景下，建筑能耗优化成为关键议题，特别是在建筑空调系统中。针对输配系统和空调末端的节能改造，通过精细的管理和技术更新，既能显著提升能效，又能保障室内环境舒适度，进而推进建筑行业的可持续发展。

①输配系统

水泵和风机的能耗管理：在空调系统中，水泵和风机的能耗约占整体能耗的30%，这一部分主要涉及冷媒流量的调节。通过根据实际负荷调整流量，不仅可以直接降低水泵和风机的能耗，而且还能提高末端调节性能，确保冷源系统的高效稳定运行（图 3-20）。

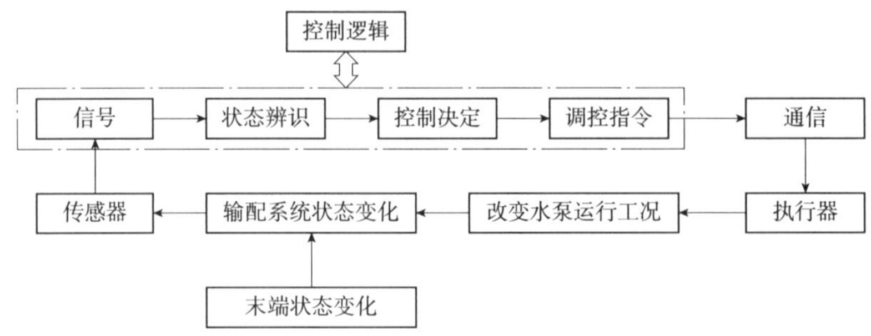

图 3-20　输配系统控制构成图

变频技术应用：对于能耗较高的水泵和风机，应用变频等技术进行变速改造，利用控制系统根据负荷变化及水力管网流量压力变化调整其运行状态。这样的节能运行控制策略，可以避免在系统需求不高时的能源浪费。

水泵变速控制：多台水泵并联运行时，应结合管路和水泵特性对运行参数进行精确分析，制定合理的变速控制方案，以实现最优的能效比。

②空调末端节能改造（图 3-21）

室温调节功能：确保空调末端具备室温调节能力，遵循节能规定设置合理的室内温度标准，既满足舒适度又保证节能。

联网控制与权限管理：针对教室等公共场所，实施风机盘管温控器的联网控制或对末端控制器进行权限管理，以避免频繁调整温度设定值导致的能耗浪费和设备损害。

人员检测功能：整合人员检测功能，当检测到空间无人时自动关闭空调末端设备，避免不必要的能源浪费。

空调系统重新分区：根据建筑使用功能的变化，对空调系统进行重新分区，特别是对于餐厅、会议室等高负荷区域，选择适宜的系统形式和分区以满足实际需求。

通过这些节能措施，不仅能够有效降低建筑空调系统的能耗，还能提高系统运行的稳定性和室内空气质量，为实现建筑的节能减排目标做出贡献。

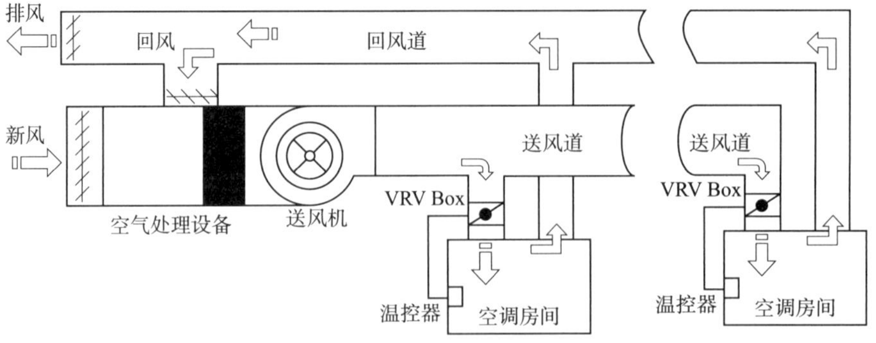

图 3-21　空调末端回收系统示意图

选择低碳建筑结构体系对降低建筑全生命周期的碳排放具有至关重要的作用。建筑结构不仅是建筑本体的核心组成部分，也直接决定了建筑材料的用量和施工量，而这两者都是影响建筑碳排放的核心要素。因此，建筑结构与所用材料是影响建筑全生命周期碳排放的主要因素。

构建低碳校园建筑的关键在于从源头上减少碳排放，建筑结构和所采用的建筑材料则对减少建筑全生命周期内的碳排放具有决定性作用。建筑结构作为建筑本体的核心，直接影响到所需材料的用量和施工过程中的碳排放，而建筑材料的生产和运输过程中产生的碳排放，以“物化”的形式存在，伴随材料的应用转化为建筑的主要碳排放来源。因此，选择低碳特性的建筑结构体系和绿色环保的建筑材料，是减少建筑碳排放、建设低碳校园的有效途径。

3.4.1 可循环材料概述

可循环材料的核心在于可在其全生命周期内最大限度地减少自然资源的消耗，并促进资源的回收、再利用或循环利用。这类材料包括但不限于具有可再生、可回收或可降解特性的再生木材、钢材和混凝土等，有助于减轻对原始资源的依赖和减少废物的生成。通过使用这些材料，不仅可以促进资源的高效利用，还能推动环境的可持续发展。简而言之，可循环材料在其生产、使用以及处理阶段均能减少资源消耗和碳排放，是建筑向低碳化转型过程中的重要选择。

在建筑工程项目中，大量木材资源的使用及其回收再利用已成为近年来建筑行业关注的重点。当建筑物被拆卸时，质量良好且保持完整的废旧木材可以直接被回收利用。此外，废旧木材还可以通过创新设计在室内外装修中得到再次利用。在我国，建筑领域内对建材循环利用的努力目前主要集中在钢结构领域，并已取得显著进展。特别是通过采用可拆卸的预制钢结构技术，不仅体现了资源利用的高效性，也提升了建筑材料循环利用的效率。

3.4.2 木结构

1）木结构体系特点

木结构体系是指采用木材作为核心承重材料的结构系统，拥有悠久的历史传承，并以其轻质、抗震以及高美观性的特点受到推崇。在设计精良、施工严谨以及得到适当维护的情况下，这类建筑能展现出卓越的稳定性和持久耐用性。然而木材的易燃性、腐朽、虫害风险，以及材料的不均匀性等问题，限制了其应用范围。此外，传统的木结构难以实现复杂的建筑设计，难以满足大量建设需求下的木材供应，限制了木结构在现代建筑中的广泛应用。

国内木结构建筑的发展曾受限于木材资源的匮乏，然而当前，随着对环境保护意识的增强和生态林业的进步，现代高性能木结构建筑开始获得更广泛的关注，其应用范围也在持续扩大。尤其在实现碳中和目标方面，在适宜的领域推广木结构建筑被视为建筑行业实现碳中和的一种有效路径，预示着这一结构形式具备广阔的发展前景。

2）现代木结构

根据我国《木结构设计标准》GB 50005—2017，可将现代木结构分为方木原木结构、轻型木结构、胶合木结构三种结构体系（表 3-5）。

三种木结构体系　　表 3-5

方木原木结构	轻型木结构	胶合木结构
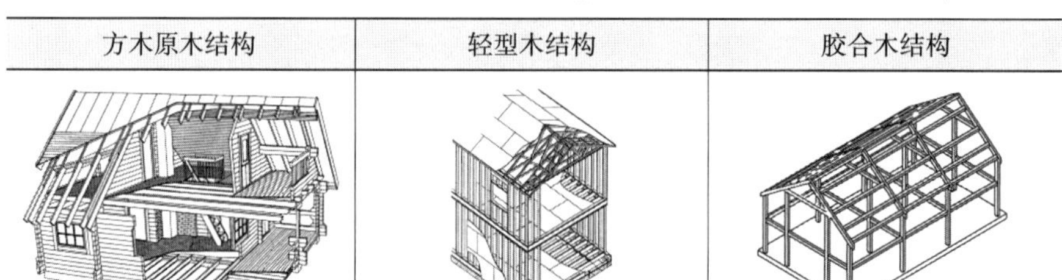		

现代木结构建筑（图 3-22）通过采用创新技术和材料，显著提高了传统木结构的耐火、防蛀和防潮能力。为了提高耐火性能，轻型木结构墙体构件采用了包覆材料进行防火处理。同时，木结构内部通过添加保温隔热材料并在外部覆盖不燃的石膏板等材料，有效地提升了其对火灾的防御能力，确保能够满足安全规范的耐火极限要求。在防潮方面，通过集成防雨幕墙系统及

图 3-22　江苏省第十届园博会主题馆
资料来源：百度百科官网

其他技术手段，增强了木结构墙体的水汽排放和通风干燥能力，有效避免了雨水或空气湿度变化导致的潮湿侵蚀问题。这些措施通过合理选择材料和组装方法，不仅经济高效地达到了建筑安全标准，也显著提升了木结构建筑的耐久性和实用性。

近年来，我国的现代木结构技术和应用迎来了显著发展。轻型木结构、胶合木结构以及钢木结构等新型木结构方式逐渐成为主流，多层甚至高层木结构建筑的应用也开始普及。随着木结构技术标准体系的不断完善，相关的研究、教学及推广活动也在逐步扩大。总体而言，我国的木结构研究和工程应用已经进入了一个全新的发展阶段。

3）木结构体系低碳特性

采用木结构建造是降低建筑整个生命周期内碳排放量的有效途径。木材作为一种“负碳”的建筑材料，能够在其生长过程中吸收并固化二氧化碳，而这个过程中固化的碳量超过了木材在其生产和使用期间所释放的碳量。因此，木材不仅是一种环境友好的绿色建材，还是植物固碳过程的直接产物，其生产过程消耗的能量极低。通过使用木材进行建筑施工，可以将这些固化的碳储存于建筑中，有效延长碳的固存周期。

使用木材作为建筑材料可以有效减少对传统建材，如钢筋和混凝土的依赖。根据《现代木结构建筑全寿命期碳排放计算研究报告》的数据，相较于完全采用钢筋和混凝土的传统建筑，木材的应用能在建材生产阶段将碳排放量降低 48.9%~94.7%。

随着我国“双碳”目标的持续推进，木结构建筑作为低碳建筑的重要组成部分，预计将迎来更广泛的发展。为了支持这一领域的发展，林业部门正努力通过规划与管理，增加国内标准化木材原料的供应。同时，建筑行业也在积极研究和推广与中国国情相适应的木结构体系。这些措施预示着木结构体系将经历更大的发展，并成为推进建筑工程领域实现低碳发展的重要力量。

3.4.3 钢结构

1）钢结构体系特点

钢结构建筑体系指的是以钢材作为核心承重构件的建筑体系，基本构件常由型钢或钢板制作而成，并根据具体的使用需求，采用焊接或螺栓连接等手段，依据特定规律组装成支撑结构。

相较于其他类型的建筑结构，钢结构建筑凭借其轻质、高强度及出色的抗震特性以及原材料的可回收性，对可持续发展和环境保护具有显著贡献。

钢结构的装配式特性以及高度工业化使其具有施工快捷、周期缩短的特点，并允许内部功能区灵活布局，较小的结构断面也增加了使用面积。凭借上述优势，钢结构已成为建筑领域发展的重要趋势。

相比混凝土和木材，钢材的密度与强度比通常较低，这使得钢结构特别轻便。同时，钢的加工和制造过程具有机械化优势，能实现高精度加工和便捷安装，代表了较高的工业化水平。这些属性共同促成了钢结构施工的快速性和投资的经济效益。然而，钢结构的耐蚀性较弱，需要定期维护，且其耐火性能不佳，以上特点在结构设计时应当着重考虑。

2）装配式钢结构

装配式钢结构建筑（图 3-23），是依托于标准化设计、规模化生产、装配化施工以及智能化管理而形成的一种建筑体系。因其轻质、施工周期短、节能环保及优良的抗震性等特点，展现出巨大的发展潜力，成为当前钢结构体系的主流应用模式。作为建筑领域的一项重要创新，装配式建筑代表了建造方法的根本变革。发展此类建筑是推动供给侧结构性改革及新型城镇化进程的关键手段，它不仅有助于节约资源和减少施工过程中的污染，还能提高劳动生产率与施工质量安全。此外，它促进了建筑业与信息产业、机电行业的深度工业化融合，为培育经济新动力、促进产能过剩转型提供了支持。

3）钢结构体系低碳特性

以钢材为核心建筑材料的钢结构体系，以其轻盈和高强度著称。相比之下，混凝土结构的构件通常呈现较为粗大的实心形态，而钢结构的构件则更

图 3-23　贵阳国际会展中心
资料来源：百度百科官网

图 3-24　钢结构现场施工的实况照片

偏向薄壁且细长。这意味着对于相同的建筑物，采用钢结构可以显著减轻建筑的总体重量。尽管生产钢材的过程中每单位质量产生的碳排放量高于生产水泥的排放量，但考虑到两种结构在材料消耗量上的差异，钢结构整体的碳排放量实际上更低。

钢结构相较于混凝土结构具有更轻的重量，这一特性使得在相同运输距离情况下，钢结构构件的运输能耗和碳排放都相对较低。此外，运输钢结构构件通常只需利用普通卡车，而运送商品混凝土则需借助专用车辆。因此，在施工运输阶段，钢结构建筑相比现浇混凝土结构不仅能够降低运输成本，还能减少碳排放，具有明显的环境优势。

在施工过程中，钢结构建筑与混凝土建筑相比具有显著优势，可以很大程度上降低碳排放，如不需要用水和模板、更少的施工人员需求、更短的施工周期、表现出更高的节能环保效益（图 3-24）。统计数据显示，相较于混凝土建筑，钢结构建筑在生产和施工阶段能减少 12% 的能耗、39% 的用水量、15% 的 CO_2 排放、6% 的氨氧化合物排放、32% 的 CO_2 排放、59% 的粉尘排放以及 51% 的固废。此外，钢结构建筑对施工场地的需求更少，因而植被破坏与碳汇资源的损失均更小，从而以另一种方式降低了碳排放量。

此外，钢结构建筑的一个显著优势是，其损坏或老化的构件或节点可以迅速且便利地更换，而不会对其他构件产生影响。钢材的可回收性质意味着，当钢结构建筑被拆除时，建筑材料的回收率极高，从而实现了资源的高效循环使用，带来显著的环境效益。

3.4.4　钢筋混凝土结构优化策略与方法

在建筑设计优化过程中，结构设计的优化潜力最大，由于结构的成本具有较大的弹性和离散性，对材料用量和成本控制成为优化的焦点。进行结构方案的优化，不论采用何种建筑结构体系，都能有效降低建筑整个生命周期的碳排放，并带来显著的经济效益。其中，钢筋混凝土结构，作为一种广泛应用的建筑结构形式，由于其结合了混凝土的厚重和钢筋的高强度、刚性以及耐久性，展现了其在建筑结构中的重要性。

在钢筋混凝土结构的优化设计中，根据不同的设计方案，采取的优化策略也各不相同。遵循传统的优化设计原则，应当在截面选择、形状设计、拓扑布局，以及应力分布等多个维度进行考量。综合考虑多方面因素，有助于在安全性、经济性以及环境友好性等方面，实现结构设计的最优化。

（1）形状优化：在进行形状优化时，首先将结构的形状边界定义为可变参数。通过收集边界点，这些点随后被用于优化形状，此方法通常应用于网架和桁架等结构的设计。尽管采用参数化设计能有效克服因变量众多导致的边界点缺乏光滑性和连续性的问题，但是考虑到截面和形状的双重变量，这一优化方法的工作量较大，因此还有待进一步完善。

（2）拓扑优化：拓扑优化的实现主要基于模型分析，借助有限元模型进行设计，把设计的拓扑优化直接转换为结构尺寸的优化，能够在实际应用中寻找到最优解决方案。

（3）布局优化：布局优化问题由于其设计空间的高维性质，处理起来异常复杂。若在计算过程中未能适当设定相关参数，结果将不可避免地难以锁定最优解。目前，这种优化技术尚处于研发和试验阶段，技术成熟度较低，应用范围限于少数工程项目。未来需进一步加大研发力度，以满足实际应用需求。

（4）满应力优化：满应力优化是指在杆系结构设计中，考虑到桁架材料和几何尺寸的恒定性，设计目标侧重于确保所有杆件在最大荷载作用下的应力接近容许值，以达到结构经济性的要求，并允许根据工程实际情况选取最优化设计方案。由于材料和几何形态在优化过程中保持不变，这种方法操作简便，能有效提高工作效率和质量。在外部载荷达到最大时，此方法确保结构材料的应力满足容许标准，最小化材料消耗，充分利用材料的综合性能，实现工程项目的最优化。在实施满应力优化时，首先需准确计算出在最大荷载组合下的应力，基于这些计算结果进行初步设计，随后，依据工程实际情况，对结构尺寸和配筋率进行必要调整，确保满足整个结构的最大容许应力要求，这样做能更有效地利用材料的综合性能。

结构方案优化，应有全局观念，着眼细节，遵循安全第一、功能优化、经济合理的原则，重视先进技术的应用，力求达到整体最优。

3.5.1 太阳能热水系统与建筑一体化太阳能集热器原理

1）技术概述

与传统能源热水系统相比，太阳能热水供应系统具有显著的优点，包括节能、环保和低成本。这些优势可以显著降低生活热水供应的碳排放。太阳能热水系统在大多数地区全年都能保证较高的生活热水供应率。即使在冬季和连续阴天等辐射较少的情况下，通过辅助热源的加热，可以保证正常的供热。在实际应用中，可以根据场地条件和热水需求，合理配置太阳能电池投资成本，并通过设计补偿或合理设置供水时间来减少辅助热源的使用，从而实现较高的综合效益。

2）系统原理和组成

太阳能热水系统包括太阳能集热系统和热水供应系统，主要由太阳能集热器、储水箱、管道连接、控制系统和辅助能源等组成（图 3-25）。太阳能集热器是吸收太阳辐射并将热能传递给传热工质的装置。目前的太阳能集热器通常分为平板型、真空管型两类。储水箱用于存储热水，也称为储热水箱。由于太阳能是不稳定的热源，受当地气候影响较大，如雨雪天气几乎无法利用，因此需要与其他加热设备结合使用，以确保稳定的热水供应，这些加热设备通常称为辅助热源。管道连接在太阳能热水系统中，起着输送热水和冷水的作用，形成系统闭合循环。控制系统用于确保整个热水系统正常运行，并通过仪表显示工作状态。用户可以通过显示内容控制太阳能热水器的热水水位和水温。支架是用来确保集热系统接收阳光照射角度和整个系统稳固性的辅助部件。

图 3-25　太阳能集热器一体化

3）类型选用

太阳能热水系统根据其运行方式可分为自然循环、强制循环和直流式系统。根据供热水范围的不同，可将太阳能热水系统分类为独立系统和集中供水系统（图 3-26）。根据集热器内传热工质与生活热水的关系，可将系统分为直接系统和间接系统。根据辅助热源装置在系统中设置的位置，可将系统分为内置加热系统和外置加热系统。

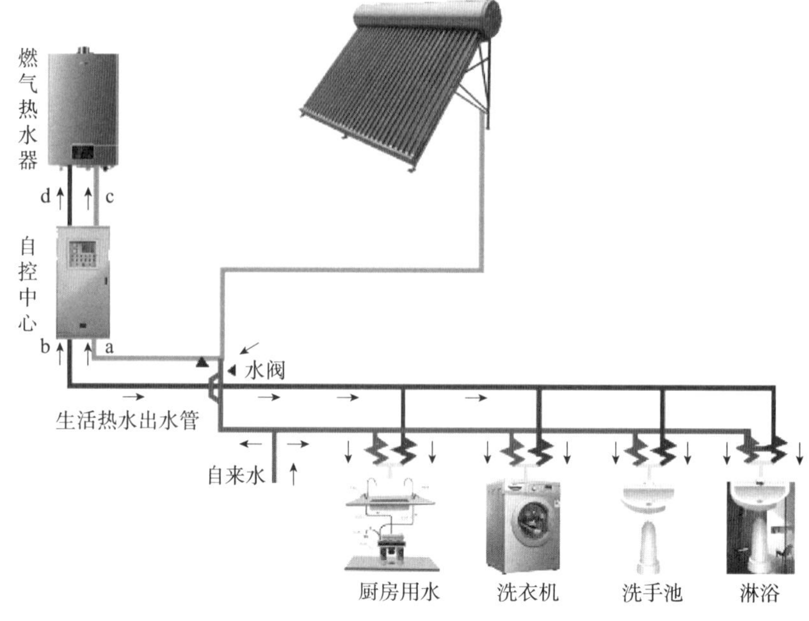

图 3-26　集中式太阳能热水系统

4）夏季过热问题

太阳能集热器通常根据冬季工况设计。在夏季，每单位面积的集热器产水能力大约是冬季的 4~6 倍，夏季洗浴时的热水需求相对较低，尤其是在暑假期间，这导致集热系统的能力过剩，从而引发过热问题。集热器的过热会导致系统内温度升高和压力增加。在这种情况下运行，会导致传热介质气化损失和变质，使集热器和管件材料老化和受损，从而降低系统的使用寿命。特别是在承压系统中，由于热媒体容积较小，过热问题更加严重。

3.5.2　光伏建筑一体化 光伏系统类型特点

1）系统原理和组成

光伏建筑一体化（Building Integrated Photovoltaie），也称为光伏建筑，是指在建筑物上安装光伏系统，并通过专门设计实现光伏系统与建筑物的良好融合（图 3-27）。随着化石能源逐渐枯竭以及环境气候等问题日益凸显，人们对可再生能源的利用更加重视。在这一背景下，光伏技术的应用和发展成为时代进步的必然，为拓展其应用领域，人们开始将光伏集成到建筑物中。光伏建筑以其美观和耐用等特点成为绿色生态建筑中具有巨大发展潜力的领域。在光伏建筑中，太阳能光伏材料与建筑表皮材料相结合，光伏组件不仅具有建筑外围护结构的功能，还能产生电力供建筑自身使用或并入电网。这种清洁、绿色、节地的光伏建筑不仅拓展了太阳能的利用方式，也为节能减排提供了新途径。现代的光伏材料还为建筑创作增添了全新的设计元素。

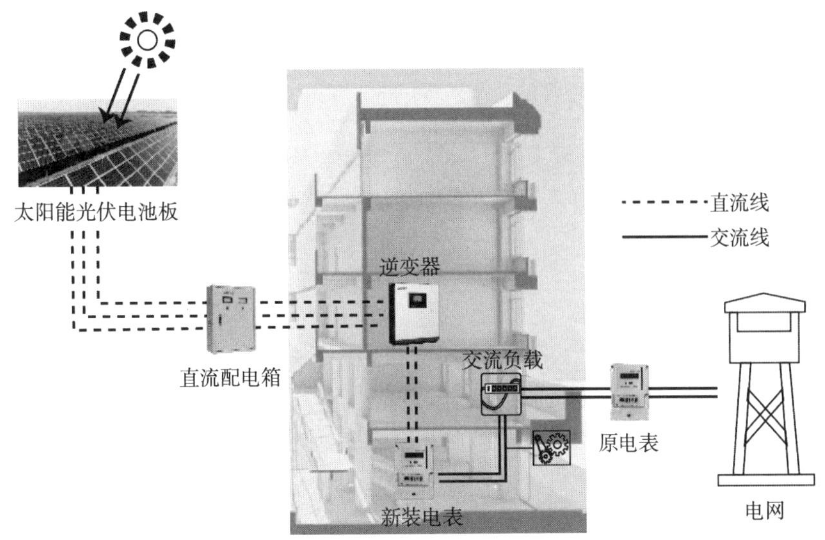

图 3-27　光伏建筑一体化示意图

2）系统组成和分类

光伏发电系统主要由光伏组件阵列、逆变器、蓄电池以及系统控制设备等几个组成部分构成（图 3-28）。光伏组件阵列由光伏电池组件按照系统需求串联或并联而成，多个光伏电池连接后封装形成光伏组件，若干个光伏组件再排列形成光伏阵列。这些光伏阵列集成或安装在建筑的屋顶或墙面上，将太阳能转化为电能输出。逆变器是将直流电转换为交流电的电气设备。由于光伏发电装置只能产生直流电，因此需要逆变器将其转换为交流电以供应负载或输入市政电网。蓄电池是光伏系统的储能设备，对光伏发电系统的稳定性至关重要。当光照不足或负载需求超过太阳能电池组件产生的电量时，蓄电池将释放储存的电能以满足负载的能量需求。系统控制设备通过控制电路来管理光伏系统中的电流。这些设备可以调节、保护和控制光伏阵列与蓄电池之间或光伏阵列与逆变器之间的电流传输和交换，以确保系统高效且安全地运行。

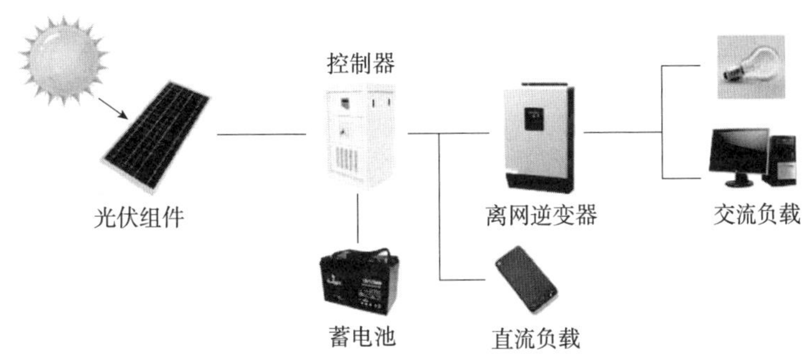

图 3-28　光伏发电系统组成部分

光伏系统根据是否与电网连接可分为独立式光伏发电系统（图 3-29）和并网式光伏发电系统（图 3-30）；根据集中与分散程度可分为集中式（图 3-31）和分布式系统，分布式光伏发电设备的基本配置包括太阳能电池板、逆变器、支架、电缆、安装配件和监控系统等，在大型电站中，还需要使用变压器、配电柜等其他辅助设备；分布式光伏发电系统可分为组串式（图 3-32）和集中式两种类型。

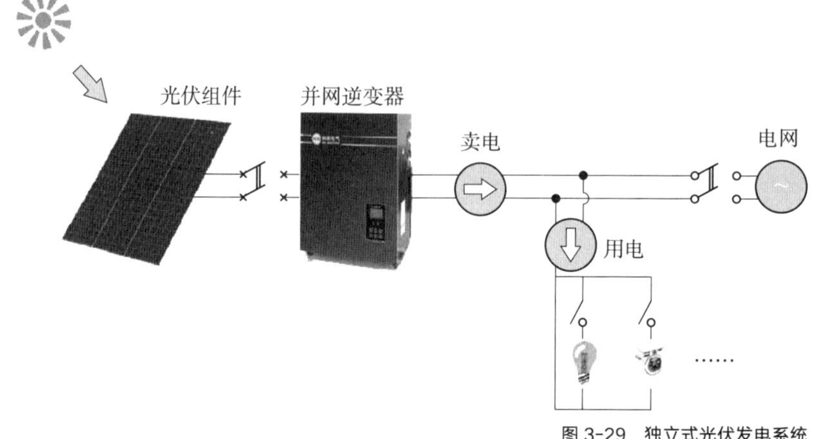

图 3-29　独立式光伏发电系统

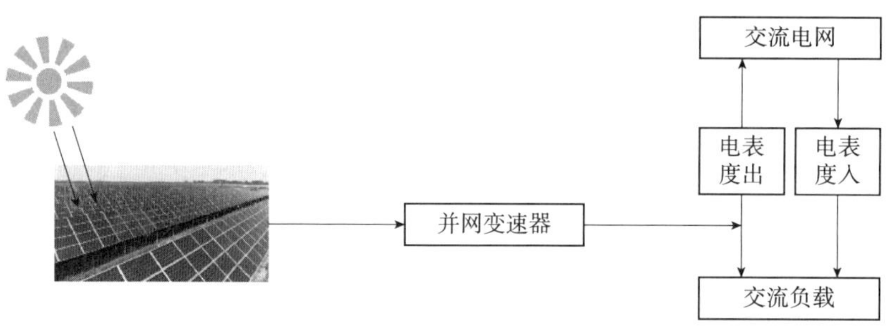

图 3-30　并网式光伏发电系统

3）柔性太阳能板和刚性太阳能板

柔性太阳能板是利用树脂封装的无定形硅作为主要光电元件层，铺设在柔性材料制成的底板上制成的太阳能电池板。这种柔性光伏板具有轻便柔软的特点，易于弯曲：薄膜板是轻质软材料，可在屋顶平均坡度 <60° 、弯曲板半径 >13m 的情况下随屋面形状自由弯曲。由于柔性光伏板可适度弯曲，安装便利，尤其适用于需要与汽车顶部等曲面配合的场合。相比之下，刚性太阳能板必须安装支架，否则难以安装。柔性光伏板重量轻，不会给屋面带来过重负荷，也不会使屋面主结构发生大的变化。

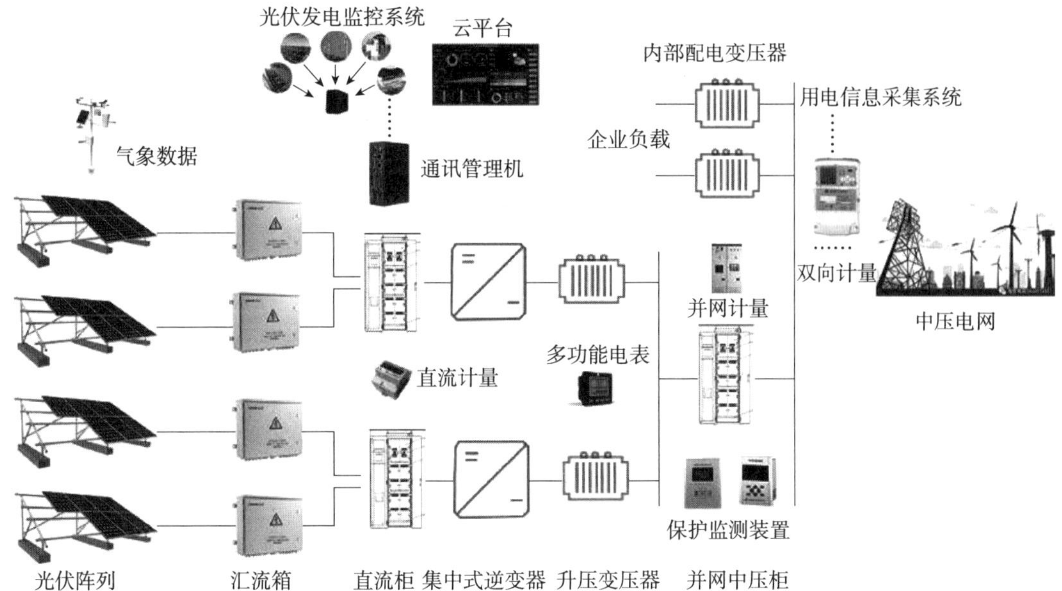

图 3-31　集中式光伏发电系统

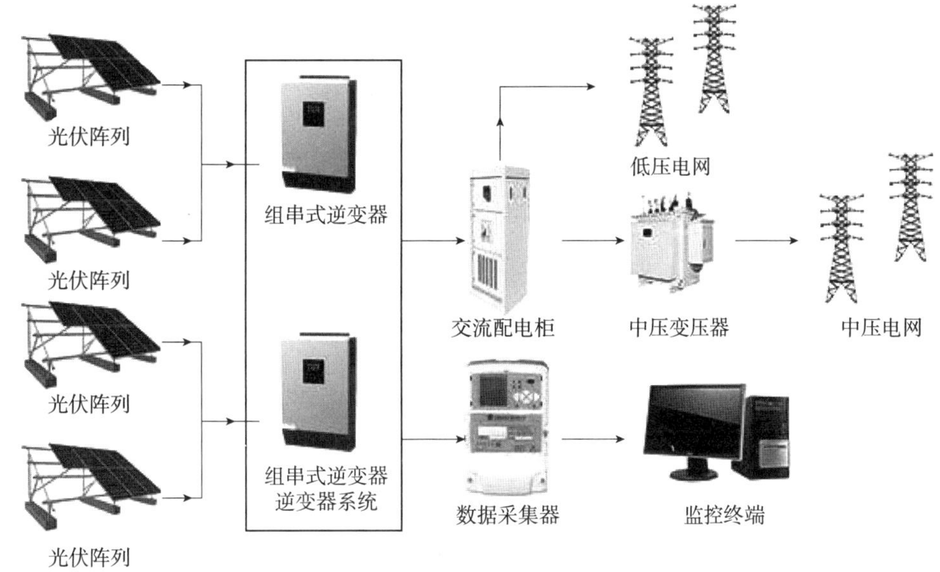

图 3-32　组串式光伏发电系统

柔性太阳能板的优点包括：环保、轻便便携、抗弯曲、柔韧性好、可在曲面上安装、散热性好、耐候性强、耐腐蚀、持久耐用、光电转化效率高（可达 21% 以上）。然而，柔性太阳能板也存在一些不足之处：普遍尺寸较小，因此发电和储存能力有限。相比之下，传统太阳能电池板更耐用，柔性太阳能电池板即使是高质量的产品也只提供 1 年的保修期，而传统太阳能电池板通常拥有 20~25 年的使用寿命。

刚性太阳能板是利用太阳光直接发电的光电半导体薄片。单体太阳能电池无法直接用作电源，必须将多个单体太阳能电池串联、并联连接并严密封装成组件才能使用。刚性光伏太阳能板由于采用钢化玻璃膜制成，容易被硬物如石块击碎，从而降低发电效率，但在发电效果方面确实优于柔性发电板。

刚性太阳能板的特点包括：尺寸范围大、每瓦成本低廉、坚固耐用、通常具有较长的保修期（超过10年）、由于其坚固的框架更容易朝向太阳定位。在性能和耐用性方面，刚性太阳能板是最佳选择。

太阳能板的发电量受以下因素影响：①太阳能板的倾斜方向：若太阳能电池板倾斜朝向正北或正南，可能无法接收到像正上方或东西方向那样充足的阳光照射。②污染：在极度污染的城市和地区，如山谷底部或大都市如洛杉矶，太阳能电池板长时间暴露会积聚灰尘，导致阳光无法直射到太阳能板表面。③区域位置：最佳安装太阳能电池板的地区是全年气候温暖、阳光充足的地方。④天气：在多云、暴风雨或雨天，太阳能电池板的发电量会减少甚至无法产生能量和电力。

4）光伏建筑特点

光伏建筑在节地、节能、环保、美观、经济等方面具有独特优势。光伏组件集成于建筑围护结构表面，如屋顶和墙面，无需额外占用基地或增建设施，对于人口密集、土地资源稀缺的城市尤为重要。光伏建筑可就地发电、就地使用，节约输电网络建设费用和减少电能损耗。夏季白天太阳辐射强，光伏系统可转换成制冷所需电能，缓解高峰电力压力。光伏阵列在屋顶和墙壁上不仅转化太阳能为电能，还降低室外综合温度，减少墙体得热和空调负荷，节省能耗。光伏发电减少化石燃料发电产生的空气和废渣污染。光鲜色彩和奇特纹理的光伏组件成为建筑幕墙外装饰，提升建筑美感。用光伏组件替代昂贵石材作为建筑幕墙材料在经济上可行，尤其对于公共电网不便利地区，建筑光伏系统是较好的经济解决方案。

然而，光伏建筑仍面临挑战。光伏电池价格高，建筑初始投入大，导致发电成本高。发电效率受天气影响大，不稳定，有波动性。光伏材料使用寿命短，需提高光伏建材使用寿命，以符合建筑长寿命标准。

3.5.3 空气源热泵原理、分类及其应用场景与方法

1）空气源热泵原理

空气热能源自太阳能，是一种可再生能源，储存在大气中。空气源热泵利用逆卡诺循环原理，以少量能源驱动热泵机组，在热系统中通过工作介质

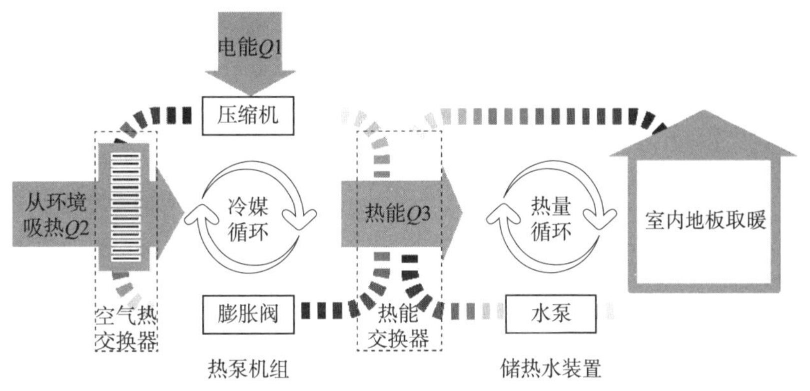

图 3-33　空气源热泵原理

的相变循环，吸收环境中的低温热量并升温，实现能量利用（图 3-33）。每消耗 1kW · h 电，空气源热泵可产生 3~4kW · h 的热能，比起电热装置，具有显著的节能优势，广泛应用于供热、空调和生活热水等领域。分体式空调常见的应用即为典型的空气源热泵系统。

近年来，住房和城乡建设部和多个省份逐步将空气源热泵纳入可再生能源建筑利用范畴。强制性规范《建筑节能与可再生能源利用通用规范》GB 55015—2021 也将空气源热泵系统列为可再生能源利用方式。随着建筑电气化的不断发展，电能驱动的空气源热泵将在建筑领域得到更广泛的应用。

2）空气源热泵分类

根据结构形式，空气源热泵可分为整体式和分体式（图 3-34）。整体式机组将氟路系统和室内末端（或水箱）部件集中在一个机箱内，类似于窗式

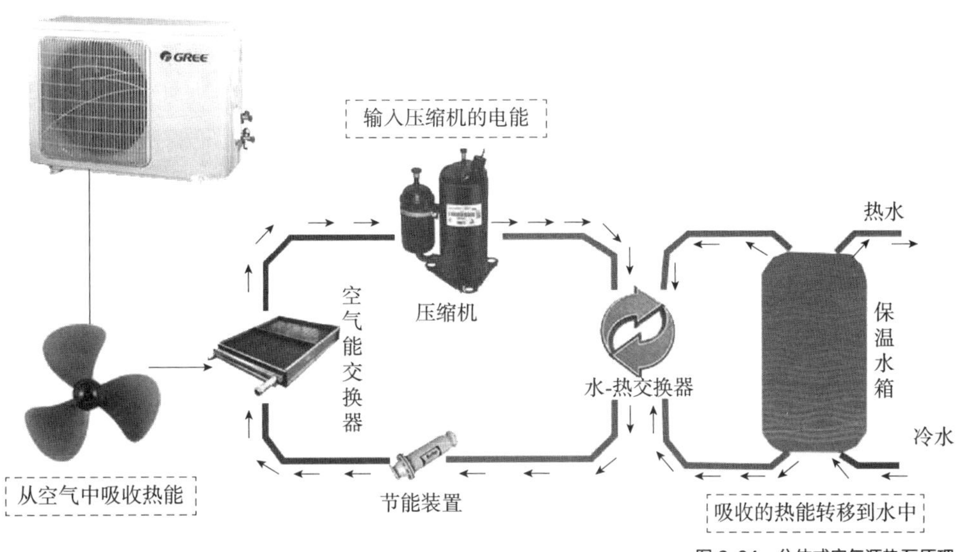

图 3-34　分体式空气源热泵原理

空调。而分体式机组则将氟路系统和室内末端（或水箱）分开设置，常见于分体式空调和独立设置的热泵热水器。

空气源热泵按加热方式可分为氟循环式、水循环式和一次加热；按应用方式可分为热泵热水器、供暖热泵、高温热泵、三联供热泵等形式；根据压缩机技术可分变频热泵、磁悬浮热泵机组等。

3）空气源热泵注意事项

（1）能效比

能效比等级规定：中国能效标识采用蓝色和白色两种背景的彩色标识，分为 5 个等级。等级 1 表示产品达到国际先进水平，具有最低能耗，是最节能的等级；等级 2 表示比较节能；等级 3 表示产品在国内市场上处于平均能效水平；等级 4 表示产品能源效率低于市场平均水平；等级 5 是市场准入指标，低于该等级要求的产品不允许生产和销售。

空气源热泵的能效比指的是“设备产生的热量与制热所消耗的电能之比”。COP 的大小直接反映了热泵的热效率高低，能效比越高的空气源热泵越节能。空气源热泵通过电能驱动，吸收空气中的低温热量，并将其转换为可用的高温热量。由于初始热能来自空气，空气源热泵的能效比可以达到4.0甚至更高。因此，空气源热泵的能效比是衡量其设备性能的一个重要参数。

尽管空气源热泵的能效比 COP 可以达到 3.5 以上，但实际运行性能会受供热参数、室外环境或气候变化的影响而呈现出不同的实际运行效果。可能会出现供热量不足的情况，应根据实际需求制定合理的系统配置和控制策略，以使空气源热泵处于适当的运行工况。

（2）结霜问题

在冬季制热工况下，空气源热泵的室外部分换热器盘管表面温度若降至 0℃或以下，将会导致盘管结霜甚至冻结，进而引起停机现象。因此，在选择供热热源时，首先需要根据当地气候情况进行可行性分析，确保其适用性；同时，应采取除霜措施来应对室外机组换热器可能出现的结霜情况。

（3）适用范围

空气源热泵的使用效果受气候条件和应用场景影响显著。一般而言，用于建筑供热的空气源热泵在全部夏热冬暖地区、大部分夏热冬冷地区和温和地区表现尤为出色；在夏热冬冷地区北部、寒冷地区和严寒地区也适用，但在严寒地区和寒冷地区的应用则需要充分论证。而用于生活热水供应的空气源热泵系统在我国大部分地区都具有较好的适用性。此外，空气源热泵还可以与光伏发电、太阳能空气集热等其他可再生能源系统相结合，也适用于数据机房散热的余废热回收等场所。作为能源综合利用系统中的重要转换装置，灵活运用“热泵 +”模式可实现良好的综合能效效果。

（4）机组布置

为确保空气源热泵的高效运行，机组之间以及机组与周围物体之间需要保持一定距离，以确保机组具备良好的通风换热条件，便于安装和维护。主要管路与机组之间的距离应保持在 1m 以上，以方便日常维护。安装场地应平整，机组周围应预先设置排水沟，同时需考虑冬季机组运行时的除雪问题。

尽管随着技术的进步，空气源热泵机组的运行噪声水平不断降低，但仍会有一定程度的噪声产生。为避免机组运行噪声对正常学习和生活环境造成干扰，建议大型机组尽量避免安装在教学建筑和学生公寓附近。

4）应用方式与场景

空气源热泵应用灵活方便，集中或分散使用均有较好的适用性。在高校中，空气源热泵通常用于供热、空调、生活热水等用途。

（1）空调应用

空气源热泵在建筑中应用于空调已有多年历史，特别是既有无集中空调建筑，大量安装使用分体空调夏季制冷；在冬季使用制热功能为房间供暖。北方供暖效果不好的房间，往往也将分体空调作为补充供暖的手段。在集中空调中，空气源热泵因其使用调节方便，也得到了大量应用。

空气源热泵可根据房间的功能需求进行灵活配置和使用。在常见的多功能建筑中，许多房间无需安装空调或具有特殊的环境要求，分体式空调可以很好地满足这些需求。在北方的集中供热地区，空气源热泵可以在夜间低温运行和寒假停暖期间调节室温，为学习和工作提供舒适的环境。此外，分体式空调由于按需使用，具有较高的输配效率，相对于中央空调，在实际应用中通常具有更好的能效表现，因此是高校建筑空调系统的合理选择方案。

（2）生活热水

生活热水在建筑能耗中扮演着重要角色，通常在集中浴室、宿舍和食堂等场所被广泛使用。在选择热源方案时，空气源热泵系统因其占地面积小、运行维护方便、调节性好等优势而备受青睐。根据合同能源管理等商业模式，空气源热泵系统成为生活热水供应的首选方案之一，特别适用于系统热源改造和现有建筑增设浴室等场景。在具备条件的情况下，空气源热泵还可与太阳能热水系统结合，实现更好的综合经济效益。

大型空气源热泵热水系统也可用于泳池加热。泳池水通常需要保持在 28℃ ±2℃的恒温状态，这对于热泵热水器系统来说是一个高效能的工况，具有显著的优势。很多厂家已经推出了专门用于泳池加热的小型、低成本的专用泳池热泵，成为泳池加热的首选方案。

3.5.4 浅层地热能利用

1）系统原理

（1）浅层地热能利用概述

地热能是储存在地球内部的可再生能源，相对于太阳能和风能，其稳定性和可靠性更高。地热能主要分为浅层、中深层和干热岩型三类（图 3-35）。浅层地热能适用于地源热泵技术，在建筑领域得到广泛应用，不受地域地热资源限制。这种能源具有就地取材、全地域分布式的特点，科学合理利用可有效满足建筑供冷供热需求，具有广泛的应用前景和空间。

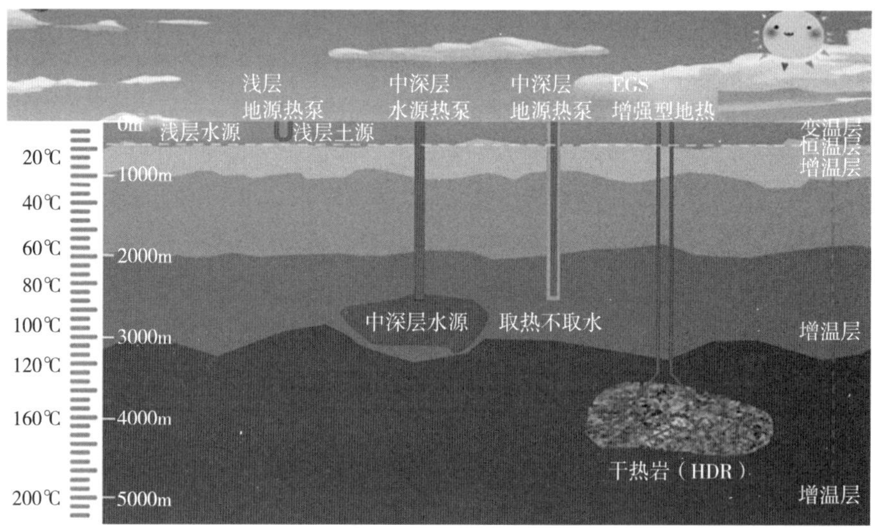

图 3-35　地热能分类原理
资料来源：深能科技官网

（2）地源热泵原理

地源热泵系统利用岩土体、地下水或地表水作为低温热源，由水源热泵机组地热能交换系统和建筑物内系统组成，用于供热和空调。根据地热能交换系统的形式，地源热泵系统可分为地埋管地源热泵系统、地下水地源热泵系统和地表水地源热泵系统。地源热泵的工作原理如图 3-36 所示。

地下水地源热泵系统需要大量抽取地下水，对地下水资源影响较大，因此受到较多限制；而地表水地源热泵系统通常依赖较大水体，其应用必须符合国家和地方政策法规，以及当地地表水开发利用保护规划的规定。目前，地埋管地源热泵系统是最广泛应用的类型。

（3）地埋管地源热泵系统

地埋管地源热泵系统通过在地下埋设换热管作为换热器，然后在管道内注入水或防冻液作为换热介质，通过循环介质吸收地下岩土体的热量或冷

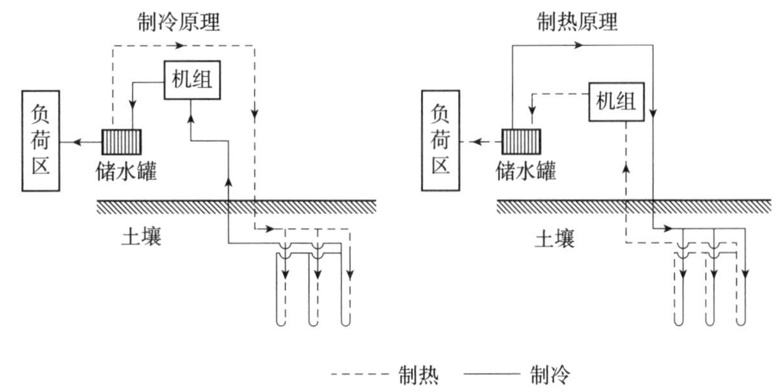

图 3-36　地源热泵原理图

量。地埋管道有水平式和垂直式两种形式，水平式需要充足的铺设面积，而垂直式则需要进行打井作业。在设计地埋管换热系统之前，应进行技术经济评估，根据工程勘察结果评估地埋管换热系统的可行性和经济性。地埋管的形式、长度、打井深度和井间距应根据冷热负荷和岩土热性质进行设计，通常井深 50~200m，井间距 3~10m。竖直埋管在我国被广泛采用，其优势在于节约用地面积，具有良好的换热性能。这种系统可以安装在建筑物的基础、道路、绿地、广场、操场等下方，不会影响上部的使用功能。甚至可以在建筑物的桩基中设置埋管，充分利用土地面积。高校校园通常容积率较低，拥有大片空地，这为地源热泵系统的地埋管敷设提供了优越的条件。

2）系统特点

（1）地源热泵系统优点

地源热泵利用的热源温度具有冬暖夏凉的特点，并且相对稳定，这使得机组的效率大大提高，相较于传统的调节系统，可以节省 30%~40% 的运行费用。地源热泵系统具备制热、制冷和生活热水供应一体化的功能。此外，该系统具有长寿命特点，地下换热器的使用寿命可达 50 年以上，热泵机组的寿命也超过 25 年，因此具有良好的、长期的经济效益。

（2）地源热泵应用应关注的问题

地源热泵系统的初期投资略高，主要增量成本是地源换热器的打井成本，但系统的显著优势能够在较短时间内收回这部分成本。此外，地源热泵系统的设计和安装要求较高，在进行设计之前需要进行地下岩土热物性勘测，并且需要根据具体场地环境进行因地制宜的分析，以进行合理设计。此外，对施工方面也有较高的要求。

建筑物的冷热负荷通常不完全匹配，这会导致地埋管换热器在夏季向土壤释放热量的累积与冬季吸收热量不一致，长期运行会导致土壤温度场逐渐偏离预期，进而影响冷却水温度和导致系统效率的逐年下降。在应用地源热泵系统时，必须充分进行负荷预测和论证。一旦决定实施，应当进行地埋管的监测，并采取调峰复合系统、热回收机组、季节性蓄热蓄冷等措施，以确保系统能够长期高效运行。

3）地源热泵与太阳能复合利用系统

（1）技术概述

在可再生能源建筑利用领域，地源热泵面临着初投资高、占地面积大、建筑冷热负荷不平衡导致土壤温度场失衡等问题；而太阳能则存在能流密度低且不够稳定等挑战。为解决这些问题，可以将地热能与太阳能联合应用，形成“天地合一”的复合能源利用系统，以提升整体综合性能和经济效益。这种系统可以解决地源热泵产生的冷热堆积、土壤温度场失衡、热泵运行工况不稳定、机组效率降低等问题，同时也能克服太阳能受限于自然条件和阴雨天气等因素的影响，实现双方共赢。

图 3-37 展示了典型的太阳能 - 土壤源热泵系统原理，系统中太阳能部分换热循环采用温差控制，夏季运行土壤源热泵制冷，太阳能系统主要用于提供生活热水；过渡季节将多余的太阳能储存于土壤中；冬季则利用太阳能

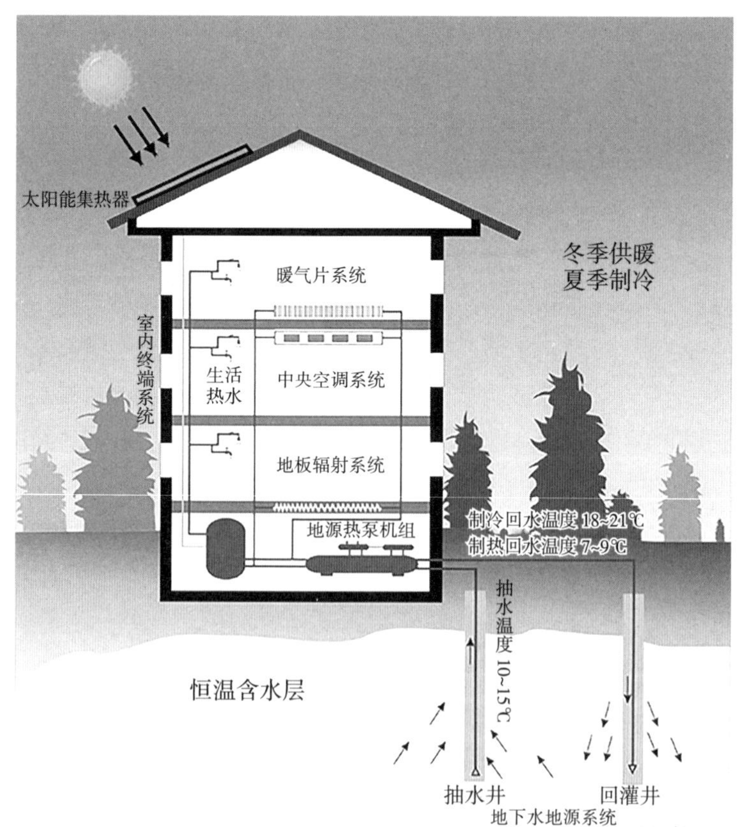

图 3-37 太阳能 - 土壤源热泵系统原理图

作为辅助热源与土壤源热泵共同供暖。

（2）系统工况

过渡季节，当太阳辐射量充足时，可以利用太阳能对土壤进行蓄热，将多余的热量回灌到地下以提高土壤温度。热量回灌分为定时蓄热和随时蓄热两种模式。地温在满足要求时可直接供给末端，减少热泵的运行时间，节约能耗。

冬季太阳辐照强度较低，且建筑物的热负荷较大，因此采用土壤源与太阳能热泵复合系统。太阳能集热温度足够时直接供暖，而当温度不满足直接供暖时，根据供水温度和系统设计，可采取与热泵串、并联运行的策略，使机组保持在相对高效段运行。

（3）注意事项

土壤源与太阳能热泵联合的复合系统，是一种理念先进、技术可行的建筑低碳供能系统。在实施过程中，应注意加强太阳能季节蓄热部分的理论分析和优化计算；对于系统可靠性、最佳耦合方式、控制策略和技术经济性应进行充分的研究论证。

参考文献

[1] 郑露 . 南平市中小学校二星级绿色建筑低碳策略分析研究 [J]. 福建建筑，2023，(10)：24-27+31.

[2] 孙海莉，臧思情，黄刚，等 . 高校能源利用现状及碳排放基线研究 [J]. 中国建筑金属结构，2022，(3)：11-13.

[3] 夏珑，吴茜，柴璐璐 . 居民低碳消费意愿与行为影响因素研究综述 [J]. 北京：华北电力大学学报(社会科学版),2023(2)：33-42. DOI：10.14092/j.cnki.cn11-3956/c.2023.02.005.

[4] 闫凤英，王榛榛，杨一苇 . 个人碳排放行为的减碳模式、工具与效果研究——基于信息干预视角 [J]. 城市环境设计，2023(4)：320-326. DOI：10.19974/j.cnki.CN21-1508/TU.2023.08.0320.

[5] 徐新容，王咸娟 . 首都青少年可持续生活方式现状调查及分析 [J]. 人民教育，2019(24)：46-49.

[6] 任庆英 . 绿色建筑设计导则 [M]. 北京：中国建筑工业出版社，2021.

[7] 刘加平，谭良斌，何泉 . 建筑创作中的节能设计 [M]. 北京：中国建筑工业出版社，2009.

[8] 石峰，金伟 . 建筑热缓冲空间的设计理念和类型研究——以国际太阳能十项全能竞赛作品为例 [J]. 南方建筑，2018，(2)：60-66.

[9] 陈晓云，湛洋，庄昆明，等 . 绿色生态理念下建筑环境和空间布局设计分析——以南京理工大学教学科研楼项目为例 [J]. 中国建筑装饰装修，2024(2)：46-48.

[10] 李家鹏 . 绿色理念下的济南地区高校食堂改造策略研究 [D]. 山东：山东建筑大学，2023. DOI：10.27273/d.cnki.gsajc.2023.000679.

[11] 于忠丽 . 基于气候的我国高校学生宿舍形态设计研究 [D]. 上海：上海交通大学，2015.

[12] 马克斯 . T. A.，莫里斯 . E.N. 建筑物・气候・能量 [M]. 陈士，译 . 北京：中国建筑工业出版社，1990.

[13] 曲国华 . 南京紫东江宁学校超低能耗建筑设计创新 [J]. 能源研究与利用，2023(2)：49-52. DOI：10.16404/j.cnki.issn1001-5523.2023.02.008.

[14] 吴志坤，浮广明，郑思琪，等 . 浅谈建筑节能技术 [J]. 砖瓦，2020(7)：96-97. DOI：10.16001/j.cnki.1001-6945.2020.07.046.

[15] 徐思光，龚玮 . 绿色生态理念的高层办公建筑设计 [J]. 工程与建设，2014，28(2)：169-172.

[16] 康艳兵 . 建筑节能关键技术回顾和展望——我国建筑节能技术发展回顾 [J]. 中国能源，2003(11)：19-26.

[17] 丁高 . 降低大型公建能耗关键技术研究 [J]. 建设科技，2008(Z1)：104-107.

[18] Ebrahimi P，Ridwana I，Nassif N. Solutions to Achieve High-Efficient and Clean Building HVAC Systems. Buildings 2023，13，1211. https：//doi.org/10.3390/buildings13051211.

[19] Xue T，Jokisalo J，Kosonen R，et al. Design of High-Performing Hybrid Ground Source Heat Pump (GSHP) System in an Educational Building. Buildings 2023，13，1825. https：//doi.org/10.3390/buildings13071825.

[20] 谈迎 . 建筑空调冷冻水输配系统节能控制技术的应用 [J]. 科学技术创新，2023(7)：192-195.

[21] 依巴丹・克那也提 . 探究建筑材料资源的可循环利用 [J]. 粘接，2021，46(6)：120-122+160.

[22] 黄园园 . 浅析钢筋混凝土结构优化设计 [J]. 智能城市，2019，5(14)：42-43. DOI：10.19301/j.cnki.zncs.2019.14.016.

[23] 王崇杰，杨倩苗，房涛，等 . 低碳校园建设 [M]. 北京：中国建筑工业出版社，2022.

[24] 中国绿色建筑与节能专业委员会绿色校园学组 . 绿色校园与未来 5(供大学全学段使用)[M]. 北京：中国建筑工业出版社，2016.

第4章 碳汇景观设计

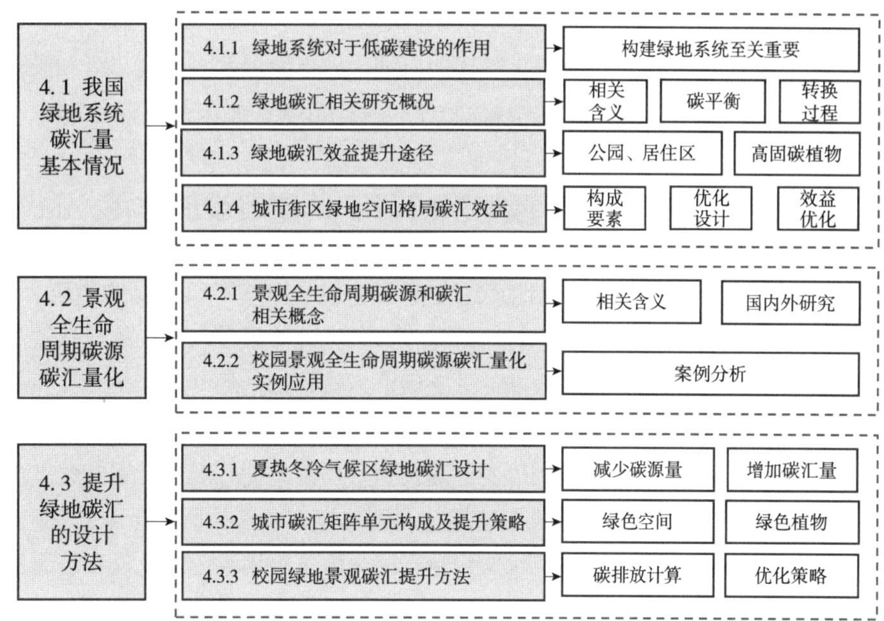

- ▶ 绿地系统碳汇的作用是什么？
- ▶ 绿地碳汇效益提升的策略有哪些？
- ▶ 校园景观全生命周期绿地碳汇提升是如何实现的？
- ▶ 城市碳汇矩阵单元的构成要素是什么？

低碳城市的建设是减缓气候变化的重点之一，也是未来城市的发展模式。城市绿地系统在实现低碳城市方面起着不可或缺的作用。深入剖析并充分挖掘城市绿地系统对低碳城市的贡献，不仅有助于减缓全球气候变暖的步伐，更对构建持久宜居的人居环境具有深远影响。具体而言，城市绿地系统在低碳城市建设中的七大作用包括：固碳释氧、降低园林自身的碳排放、降低城市热岛效应、减少建筑能耗、引导绿色交通、城市农业基地、碳减排宣传和教育基地。因此，强化城市绿地系统建设，引入低碳理念，对于构建更加环保和可持续的城市生活环境具有重大的现实意义。

4.1.1 绿地系统对于低碳建设的作用

1）绿地系统在低碳建设中扮演不可替代的角色

首先，城市绿地系统作为城市区域内唯一的自然碳汇，扮演着至关重要的角色。与其他人工碳汇方法相比，栽种植物是一种独特的、不消耗能量的碳汇方式。这种方式的实施不仅有助于吸收和固定大气中的 CO_2，而且对于城市环境的改善和居民生活质量的提升都具有重要意义。相比之下，其他人工碳汇方法在碳捕获和固化过程中往往需要耗能，有时甚至会增加碳排放。因此，在寻求减排途径时，城市绿地系统的建设和管理显得尤为重要。除了直接的碳汇作用外，城市绿地系统还具有超出人们想象的间接减排潜力。通过合理的布置，城市绿地系统能够减少城市的总体能耗，从而达到减排的效果。有研究表明，城市绿地系统通过合理布局产生的减排作用很可能比自身的碳汇作用还要高。例如，洛杉矶的模拟研究显示，一棵乔木可以节约的能耗相当于每年少排放 18kg 碳，而它本身吸收的碳每年只有 4.5~11kg。这意味着，城市绿地系统在减少城市能耗和碳排放方面发挥着至关重要的作用。当然，为了充分发挥城市绿地系统的减排潜力，我们在建设和管理过程中也需要采取一系列措施。例如，通过材料再利用、使用清洁能源等方式，进一步降低绿地系统建设和维护过程中的碳排放。同时，我们还需要加强对城市绿地系统的监测和评估，以确保其长期、稳定地发挥减排作用。

城市绿地系统在减少城市碳排放方面发挥着不可或缺的作用。作为自然碳汇和间接减排的重要手段，城市绿地系统的建设和管理应当成为城市可持续发展战略的重要组成部分。合理的规划、设计和管理措施的实施，可以充分发挥城市绿地系统的减排潜力，为构建低碳、宜居的城市环境作出积极贡献。

2）固碳释氧是绿地系统对于低碳建设的最直接贡献

随着城市化进程的加速，城市绿地成为维持城市碳氧平衡的关键要素。碳氧平衡是指生物圈中碳元素和氧元素的相对平衡状态。然而，随着人类活动的不断增加，大量 CO_2 排放导致碳氧平衡受到威胁。此时，城市绿地的重要性便凸显出来。城市绿地中的植物通过光合作用，吸收大气中的 CO_2，将其转化为有机碳，存储在植物体内和土壤中。这一过程不仅有助于减少大气中的 CO_2 浓度，还能为城市提供清新的空气。研究表明，一个树木茂盛的社区固碳能力可达 17t/hm^2，而在一个树木稀少的社区则不到 1t/hm^2。以纽约市为例，根据估算，该市的树木每年可以吸收 383 亿吨 CO_2，相当于燃烧 153 亿吨标准煤的排放。这一数字令人震惊，也充分说明了城市绿地在减少碳排放、维护碳氧平衡方面的巨大潜力。

城市绿地在维持城市碳氧平衡、改善空气质量、提升市民生活质量等方面发挥着重要作用。在未来的城市建设中，应该充分利用绿地的生态功能，通过增加绿化覆盖和绿量，为城市注入更多的绿色力量。

3）国内对于城市绿地系统的研究

城市绿地系统是城市生态环境的重要组成部分，在维护生态平衡、改善城市气候等方面发挥着不可替代的作用。特别是在低碳城市的建设中，城市绿地系统的直接贡献尤为突出，其中最为显著的就是其自身的碳减排能力。

在碳减排方面，城市绿地不仅需要考虑碳汇的增加，还要注重从源头上减少碳排放。这主要体现在以下几个方面：

第一，绿地可以通过减少能耗的方式减少碳排放。传统的绿地照明、灌溉等设施往往存在能耗较高的问题，这无疑会增加碳排放。因此，城市绿地可以通过采用节能技术、更新节能设备等方式，减少能耗，从而降低碳排放。例如，将绿地中传统的 25W 白炽灯更新为 5W 的节能灯，能够降低近 80% 的直接能耗。

第二，绿地可以通过采用太阳能、地热能、风能等清洁能源来代替传统能源做到减排。随着科技的发展，越来越多的清洁能源被应用到城市绿地的建设中。清洁能源的使用不仅能够满足绿地照明、灌溉等需求，还能够减少对传统能源的依赖，从而降低碳排放。以照明面积 8000m^2 的深圳盐田公园为例，该公园采用太阳能照明系统，每年可节电 8 万多度。按照传统能源每生产 1 度电排放 0.272kg 碳计算，这相当于减排 2.2 万吨碳。

第三，绿地还可以通过缩减用水量的方式来减排。城市绿地在灌溉过程中，需要大量的水资源。传统的灌溉方式往往存在水资源浪费的问题，这不仅增加了水资源的消耗，还可能加重城市排水系统的负担。因此，城市绿地通过采用节水灌溉技术、利用再生水等方式，减少用水量，从而实现减排。例如，济南植物园使用污水处理厂生产的再生水进行灌溉，每年节约用水超过 18 万 m^3，按照每生产 1t 水排放 0.91kg CO_2 计算，这相当于减少 16.38 万吨碳排放。

4.1.2 绿地碳汇相关研究概况

1）绿地碳汇相关含义

（1）碳源—碳汇

“源”景观是指在格局与过程研究中能够促进生态过程发展的景观类型。这些景观通常具有较高的生态活跃度，能够为生态系统提供必要的能量和物质流动。然而，在某些情况下，这些景观也可能成为温室气体排放的源头。例如，城市化进程中的人类活动，如能源消耗、交通排放等，往往会导致大量的温室气体排放，从而加剧全球气候变暖。相比之下，“汇”景观则是指那些能够阻止或延缓生态过程发展的景观类型。这些景观通常具有较高的生态稳定性，能够有效地吸收和存储碳，从而减少温室气体在大气中的浓度。在低碳景观设计中，绿色植物的固碳释氧效益是碳汇的重要组成部分。此外，低碳景观设计还注重使用可再生材料和节能技术，以减少能源消耗和温室气体排放。

根据联合国气候变化框架公约的定义，碳源是指向大气中排放温室气体或者有排放温室气体前兆的过程或活动，而碳汇则是指移除大气中温室气体的活动。在景观全生命周期过程中，碳汇的作用至关重要。合理的景观设计和规划可以增加生态系统的碳汇能力，从而有效地减少大气中的温室气体浓度，碳源与碳汇是应对气候变化和生态保护的重要概念。

（2）低碳景观

随着全球气候变化问题日益严峻，低碳理念已经渗透到各个领域。其中，低碳景观作为城市绿色建设的重要组成部分，正受到越来越多的关注。低碳景观不仅关乎环境的可持续发展，更是对人类未来生活品质的深刻思考。

低碳景观，从字面上理解是指在景观的设计、建设、管理和使用过程中，以低碳、环保为核心理念，通过减少碳排放、提高能效等手段。从而构建出一种绿色、生态的景观。然而，这一概念的界定在学术界和实践界仍存在一定争议。王贞、万敏等学者曾试图为低碳景观给出一个明确的定义：在风景园林的规划设计、材料与设备制造、施工建造与日常管理以及使用的整个生命周期内，尽量减少化石能源的使用，提高能效、降低 CO_2 排放量，形成以低能耗、低污染为特征的“绿色”风景园林。这一定义强调了低碳景观的全生命周期性，即从规划、设计、施工到维护管理，都需要考虑碳减排和能效提升。然而，也有学者如王绍增教授通过分析“低碳”的发展历程和逻辑，认为低碳一词容易导致多种误解，并不是一个论证充分的科学概念。这也反映出，在低碳景观领域，仍有许多理论和实践问题需要深入研究和探讨。本文对低碳景观的定义在王贞等学者的定义上进行进一步深化：在风景园林的设计阶段、景观材料生产、景观建造、景观使用以及景观维护的全生命周期内减少碳源的排放，同时在景观植物设计中增加碳汇，最终形成低污染、低碳的绿色景观。

（3）高固碳植物群落

在追求可持续发展和绿色生活的当下，景观绿地的不仅是城市中的一片绿洲，更是固碳减排、改善环境的重要阵地。高固碳植物群落作为一种新兴的绿地营建方式，不仅满足了游憩、观赏等功能要求，而且具有较高的固碳效益，成为当前城市绿化建设的新趋势。

高固碳植物群落，是指在景观绿地的营建过程中，通过人工干预，选择那些具有强大固碳能力的植物种类，构建具有多层次、多功能的植物群落。这样的群落不仅美观度高，而且能够有效地吸收大气中的 CO_2，减缓全球变暖的速度。

在构建高固碳植物群落时，需要针对不同绿地的功能特征以及植物种群组成进行合理规划。比如，在公园绿地中，可以选择高大的乔木作为群落的主干，搭配灌木和地被植物，形成立体多层次的绿色空间。而在道路绿化带中，可以选择耐旱、耐污染的植物种类，既能美化环境，又能减少空气污染。与传统的生态型植物群落相比，高固碳植物群落更加注重植物的固碳能力。在选择植物种类时，不仅要考虑其生态适应性、美观度等因素，还要结合其固碳效率进行综合评价。例如，某些乔木种类的固碳能力较强，可以在群落中适当增加其比例，以提高整体的固碳效益。此外，高固碳植物群落的构建还需要考虑群落密度的问题。过高的密度可能导致植物间的竞争过于激烈，影响生长和固碳效果；而过低的密度则可能无法充分发挥绿地的固碳功能。因此，在规划时需要根据不同植物的生长特性和固碳能力，合理确定群落的密度和布局。

高固碳植物群落作为景观绿地营建的新趋势，不仅美化了城市环境，更通过其强大的固碳能力为减缓全球变暖、实现碳中和目标作出了积极贡献。

2）小尺度绿地碳平衡

城市作为人类文明与自然的交汇点，其能源消耗与碳排放问题日益突出，尤其是近年来频繁出现的城市气候问题，如热岛效应，已对居民的生活质量和城市的可持续发展构成了严峻挑战。因此，如何在这样的背景下实现“碳中和”目标、推动低碳城市的建设，已成为风景园林界的重要议题。城市绿地是利用植物、水体等构建的城市自然景观，是重要的自然碳汇载体。这些绿地通过植物的光合作用吸收大气中的 CO_2，释放氧气，从而有助于缓解城市的碳排放压力。然而，并非所有的植物都具有相同的固碳能力。因此，在进行城市景观设计时，需要充分考虑不同植物的固碳特性，通过合理的植物配置与绿化空间设计，最大化地提升绿色植物的碳汇能力。在这个过程中，小尺度绿地的重要性不言而喻。它们虽然面积不大，但在降低城市碳排放和满足城市居民对绿地空间需求的方面，却发挥着不可替代的作用。小尺度绿地不仅可以通过植物的光合作用吸收二氧化碳，还可以通过改善城市微气候、提供生物栖息地等方式，为城市的生态平衡作出贡献。在降低城市碳排放的需求与城市居民对于绿地空间的需求的双重因素下，小尺度绿地体现出重要的价值。通过合理的设计和管理，可以充分发挥其在降低城市碳排放、改善城市气候、提高居民生活质量等方面的潜力，为城市的可持续发展注入新的活力。

小尺度绿地的面积不能过大，通常定义为面积在 10 000m^2 以内的绿地。这一面积范围的设定，既符合城市绿地规划的实际需求，又能确保小尺度绿地在城市生态环境中发挥应有的作用。小尺度绿地在城市中的分布广泛，类型丰富多样。它们可能是一处街角公园，也可能是一片居民楼下的绿地，甚至是一排沿街的行道树。这些绿地虽然面积不大，但它们在改善城市生态环境、提高居民生活质量等方面具有不可替代的作用。近年来，全球范围内的特大城市绿地覆盖率总体呈现增长趋势。据统计，过去 10 年间，全球 28 个特大城市绿地覆盖率总体增长 4.11%。这一增长趋势的背后，中小尺度绿地的贡献不容忽视。从区域尺度绿地空间的评估成果来看，小尺度绿地更能体现城市绿地空间的生态性与低碳效益。它们在改善小气候、净化空气、减少噪声、缓解热岛效应等方面具有显著效果。同时，小尺度绿地还具有较高的社会价值，为市民提供了休闲、娱乐、健身的好去处，增强了市民的归属感和幸福感。此外，小尺度绿地在尺度、功能方面具有多样性，为城市绿地规划设计提供了更多的可能性。在规划设计实践中，可以根据城市地形、气候、文化等因素，灵活运用小尺度绿地，打造各具特色的城市绿色空间。

3）景观全生命周期中碳排放和碳汇的转换过程

在“双碳”目标的背景下，城市绿地作为城市生态系统中的重要组成部分，其低碳设计显得尤为重要。为了实现这一目标，城市绿地的低碳单元设计必须遵循生态学规律，从规划设计、建设实施到管理运营三个层面出发，构建高效且可持续的地被植物群落模式。景观全生命周期包括景观规划、设计、施工、使用、维护管理等多个阶段。在景观全生命周期的范畴内，碳排放主要来源于以下几个阶段：景观材料生产、景观建造、景观日常使用、景观维护管理等阶段。计算各阶段的碳排放并构建景观植物碳汇模型，对碳排放与碳汇的转换过程进行分析，进而提出减少碳排放和增加碳汇的策略以达到小尺度绿地碳平衡（图 4-1）。灌木和地被植物群落也

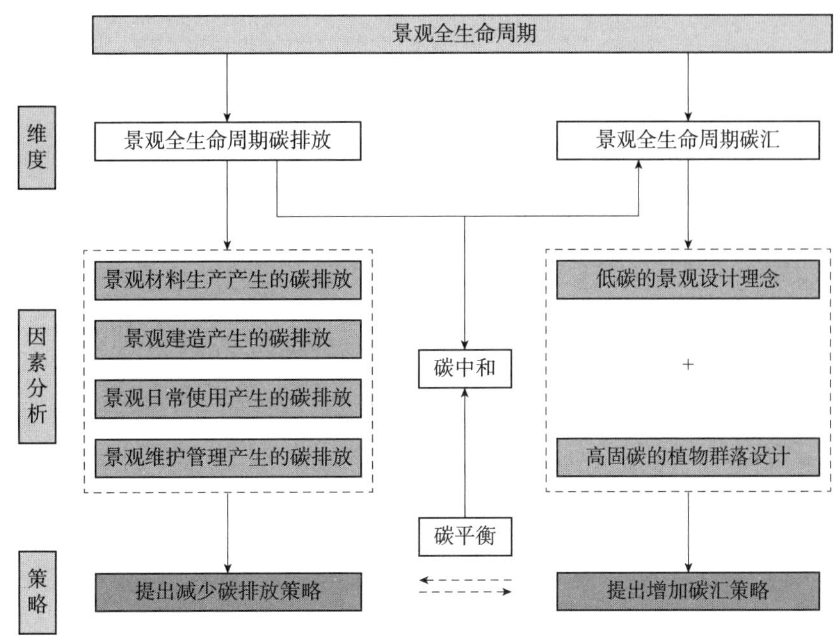

图 4-1　景观全生命周期中碳排放和碳汇的转换流程图

具备碳汇效应，尤其是在西北半干湿地区，灌木、地被的固碳总量远高于长势稀疏的乔木。地被植物群落具有稳定提高城市生物多样性和生态系统服务功能的潜力。在场地设计时，根据场地光照、水分、土壤等主导生境因子进行科学合理的生境分区，为场地筛选适宜的植物群落，从一定程度上可以减少碳排放。

城市绿地低碳单元设计需要从全生命周期的角度出发，全面考虑碳排放的来源和影响因素。通过选择环保、低碳的景观材料，采用节能型施工设备和优化施工方案，推广节能型照明设备、智能灌溉系统和自然通风设计等措施，以及实施环保型植物保护剂和机械设备维护优化等策略，制定更加科学和有效的低碳设计策略，实现城市绿地的低碳可持续发展。

4.1.3　绿地碳汇效益提升途径

1）公园绿地植物群落配置模式研究

植物群落作为公园绿地的重要组成部分，对于维护生态平衡、改善环境质量以及应对气候变化等方面发挥着重要作用。不同植物群落在固碳能力上存在差异。经过综合分析和比较，对植物群落调研样方进行了高固碳植物群落筛选，其中高固碳型灌丛—地被模式 4 种，高固碳型地被模式 6 种。“云南蓍 + 薹草 + 细叶针茅”模式的净光合速率最高达到了 367.2mmol/m^2/d（图 4-2），显示出其强大的固碳潜力。这些地被植物不仅具有良好的固碳能

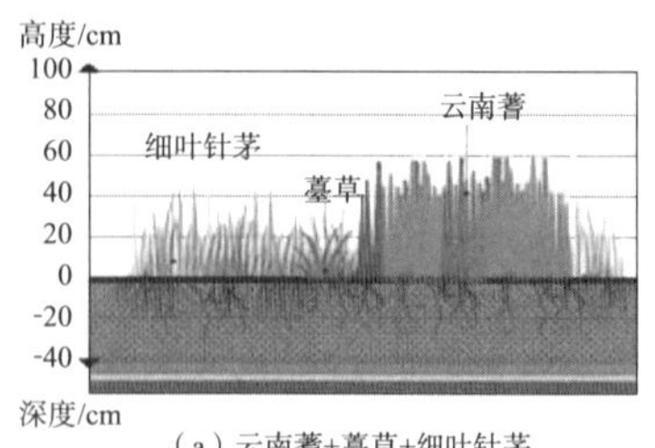

（a）云南蓍+薹草+细叶针茅
净光合速率总量：367.2mmol/m²/d

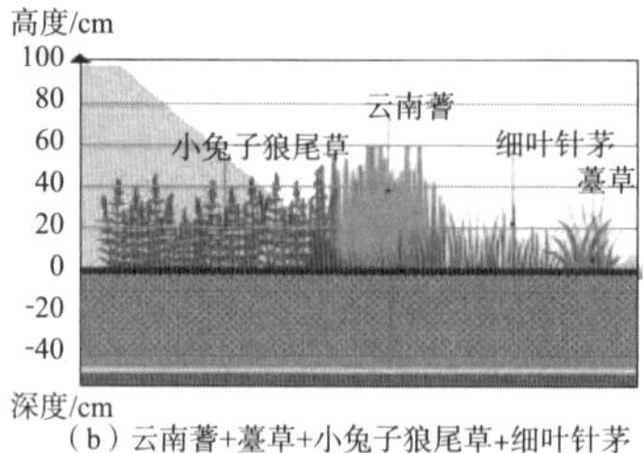

（b）云南蓍+薹草+小兔子狼尾草+细叶针茅
（植物半阳生生境）
净光合速率总量：169.02mmol/m²/d

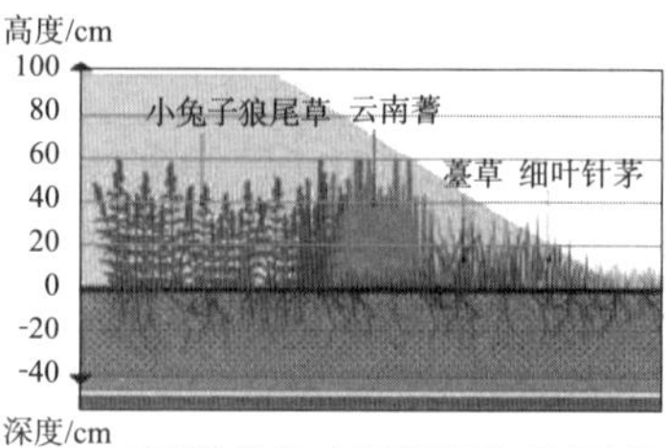

（c）云南蓍+薹草+小兔子狼尾草+细叶针茅
（植物阴生生境）
净光合速率总量：220.14mmol/m²/d

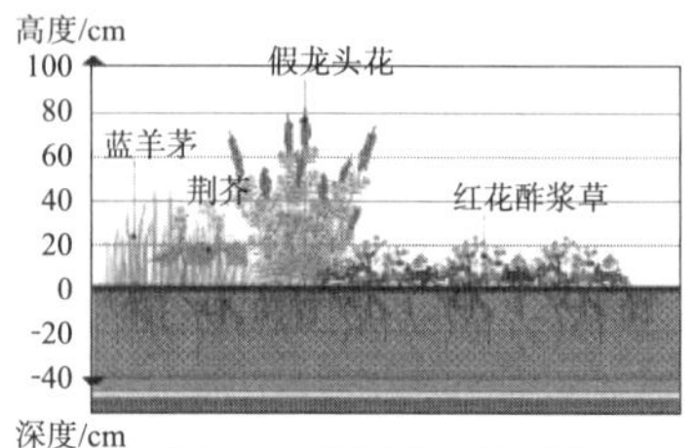

（d）蓝羊茅+红花酢浆草+荆芥+假龙头花
净光合速率总量：160.38mmol/m²/d

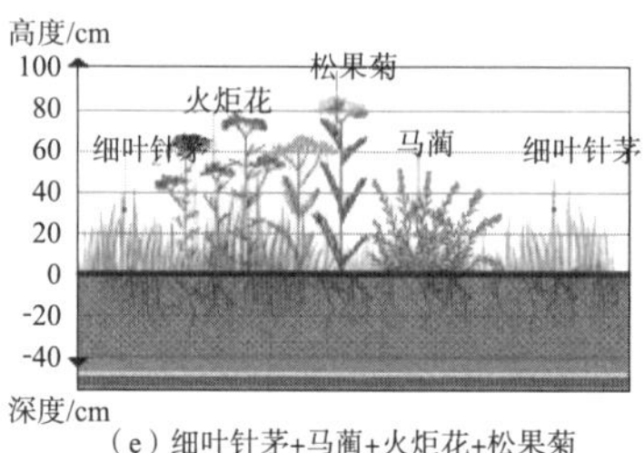

（e）细叶针茅+马蔺+火炬花+松果菊
净光合速率总量：168.3mmol/m²/d

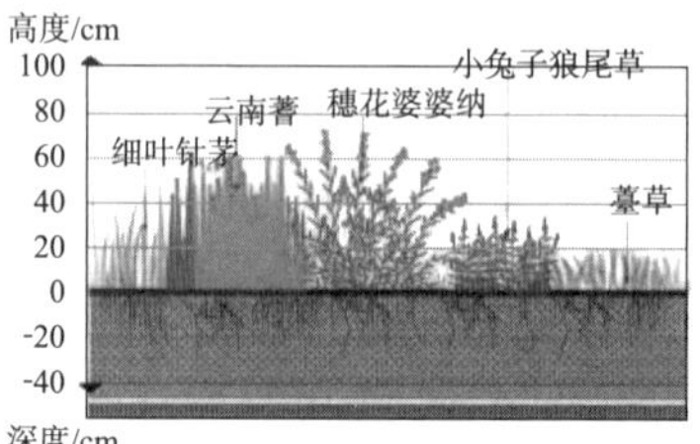

（f）云南蓍+薹草+小兔子狼尾草+
穗花婆婆纳+细叶针茅
净光合速率总量：210.42mmol/m²/d

图 4-2　高固碳型地被模式

力，且生长迅速、适应性强，非常适合在公园绿地中广泛种植。高固碳植物群落的筛选和应用，一方面可以提升公园绿地的生态服务功能，另一方面也能为应对全球气候变化提供有力支持。

2）居住区绿地植物群落配置模式研究

居住区绿地具有多重功能。除了作为居民休闲娱乐的场所，绿地还能够提供生态服务，如固碳、降温、净化空气等。因此，在选择植物群落时，需要综合考虑其生态功能和美学价值。通过对居住区绿地的植物群落进行固碳量和相关指标测定发现，不同植物群落的固碳效益存在显著差异。在此基础上，我们筛选出了三种高固碳型灌丛—地被植物群落模式。这些模式不仅具有较高的固碳效益，还能够满足居民的观赏需求。其中，产生碳汇效益最高的为“旱熟禾 + 黄菖蒲 + 涝峪薹草 + 芒 + 假龙头 + 鸢尾 + 狼尾草 + 冬青 + 南天竹 + 丰花月季 + 红叶石楠”配置模式（图 4-3），净光合速率可达361.62mmol/m²/d，显示出极高的固碳能力。同时该模式具有丰富的植物种类，能够形成多层次、多色彩的景观效果。

3）高固碳型植物群落设计模式

绿地作为城市中的重要组成部分，其在固碳方面的作用不言而喻，而高固碳植物群落的设计则成为实现绿地固碳效益最大化的关键。通过对样方高固碳植物群落配置模式的提取，从平面布局和立面结构两方面初步提出植物群落的设计模式，并从碳汇提升和景观效益等角度出发，对群落中的不同生

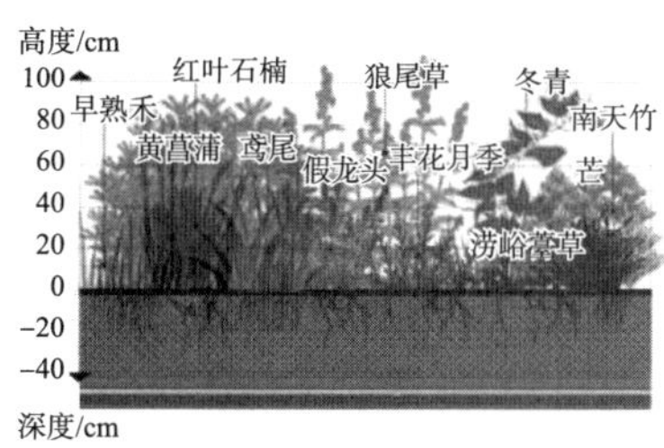

（a）早熟禾+黄菖蒲+涝峪薹草+芒+假龙头+鸢尾+狼尾草+冬青+南天竹+丰花月季+红叶石楠
净光合速率总量：361.62mmol/m²/d

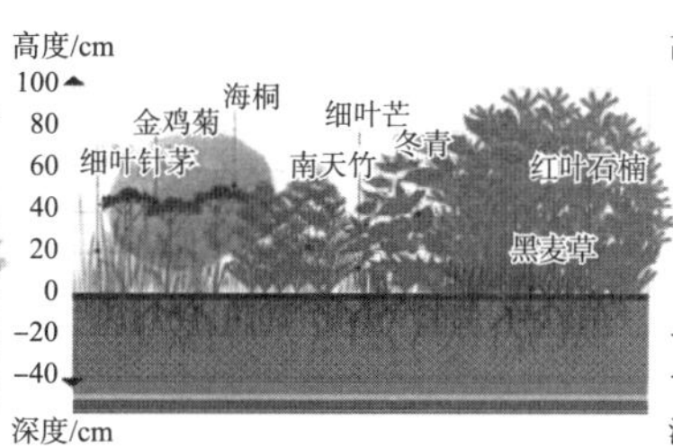

（b）金鸡菊+细叶芒+细叶针茅+黑麦草+冬青+南天竹+海桐+红叶石楠
净光合速率总量：294.12mmol/m²/d

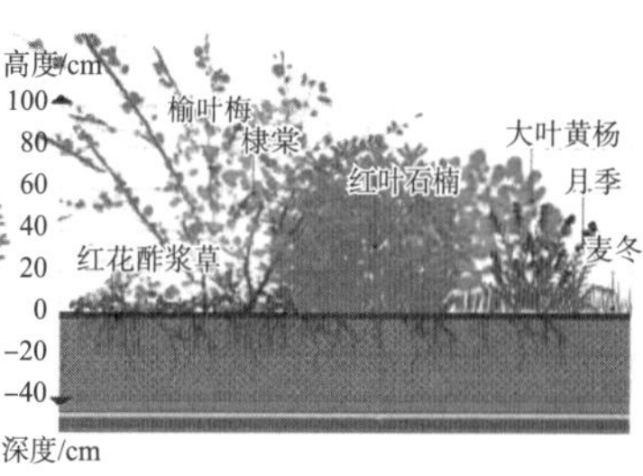

（c）红花酢浆草+麦冬+榆叶梅+棣棠+红叶石楠+月季+大叶黄杨
净光合速率总量：294.48mmol/m²/d

图 4-3　高固碳型灌丛—地被植物群落模式

活型植物的适宜生境类型和植物选种给出建议，试图探索在低碳绿地实际项目中可应用的植物种植设计模式。

在“灌丛—地被”型高固碳植物群落模式中，应当根据光照条件选择适宜的植物配置。此模式主要分为 2 种：“大灌木层 + 小灌木层 + 地被层”和“大灌木层 / 小灌木层 + 地被层”。“大灌木层 + 小灌木层 + 地被层”模式适用于阳光充足的阳生生境，大灌木层应选择高度在 2m 以上、叶片较大且稀疏的树种，如紫荆等；小灌木层植物应为高度大于 1m、叶片较小且密集的常绿灌木，如火棘等；以增加群落的固碳能力。地被层一般选择 50cm 以下的低矮多年生草本植物，因受到灌木层遮光影响，应选择耐阴、耐涝、适旱的种类，如细叶麦冬等，以丰富群落的物种多样性。“大灌木层 / 小灌木层 + 地被层”模式适用于阳光不充足的半阳生生境，为了使地被层植物接触到更多的阳光，大灌木层 / 小灌木层应选择叶片较稀疏的种类，为地被层提供适宜生长的光照条件。

地被型高固碳植物群落设计模式参照 Thomas Rainer 等对地被植物景观进行的群落分层设计模式，地被型高固碳植物群落设计模式分为 2 种：“结构层 + 季节主题层 + 地被层”和“结构层 / 季节主题层 + 地被层”。该模式同样注重光照条件的利用和植物种类的选择。“结构层 + 季节主题层 + 地被层”模式适用于阳生生境，结构层植物应选取植株高大且叶片稀疏的种类，如毛地黄钓钟柳等；季节主题层植物应选取高度 30~60cm，种植密度较大、叶片较密集的植物，如金鸡菊等；以形成群落的基础骨架。地被层植物应选取植株低矮，能够覆盖土壤避免表土裸露的植物，如蓝羊茅、垂盆草等；以提升群落的固土保水能力。“结构层 / 季节主题层 + 地被层”模式适用于半阳生生境，结构层或季节主题层种植间距不宜过于密集，如野菊等。

对高固碳植物群落配置模式的深入研究和优化，可以为低碳绿地实际项目提供一套既具有固碳效益又具有景观美感的植物种植设计模式。在实际应用中，还需结合具体场地的光照、土壤等环境因素，以及设计目的和景观效果需求等因素，对植物种类和配置模式进行适当调整和优化。

4.1.4 城市街区绿地空间格局碳汇效益

1）城市街区单元绿地空间格局构成要素

将城市街区单元中的绿地空间格局视为一个或多个完整的景观单元。增加整个景观格局的连通性，从景观格局指数角度分析，既能增加斑块面积，又能减少斑块分离度指数，缓解城市中的生境破碎化现象，提升城市生态系统整体碳储蓄能力。按照不同面积及尺度对斑块和廊道进行研究，将城市街区绿地空间格局构成要素主要分为大型—核心保护型生态斑块、中型—自然半自然型生态斑块、小型—踏脚石生态斑块和生态廊道（图 4-4）。

2）碳汇提升优化设计流程

根据城市街区单元绿地空间格局分类以及绿地碳汇效益提升设计，提出街区单元绿地空间格局碳汇提升优化设计的技术方法路线（图 4-5）。首先在 4 种绿地空间类型中分别选取 1 个样方作为代表，对绿地空间格局现状进行分析，找到目前街区内潜在的生态斑块和生态廊道；再通过对绿地空间格局和碳储量的关系研究，对影响碳储量的景观格局指数进行分析，利用提出的低碳设计方法对街区单元绿地空间格局进行优化设计；最后对其中碳储量最小的单核心辐射型进行优化设计。

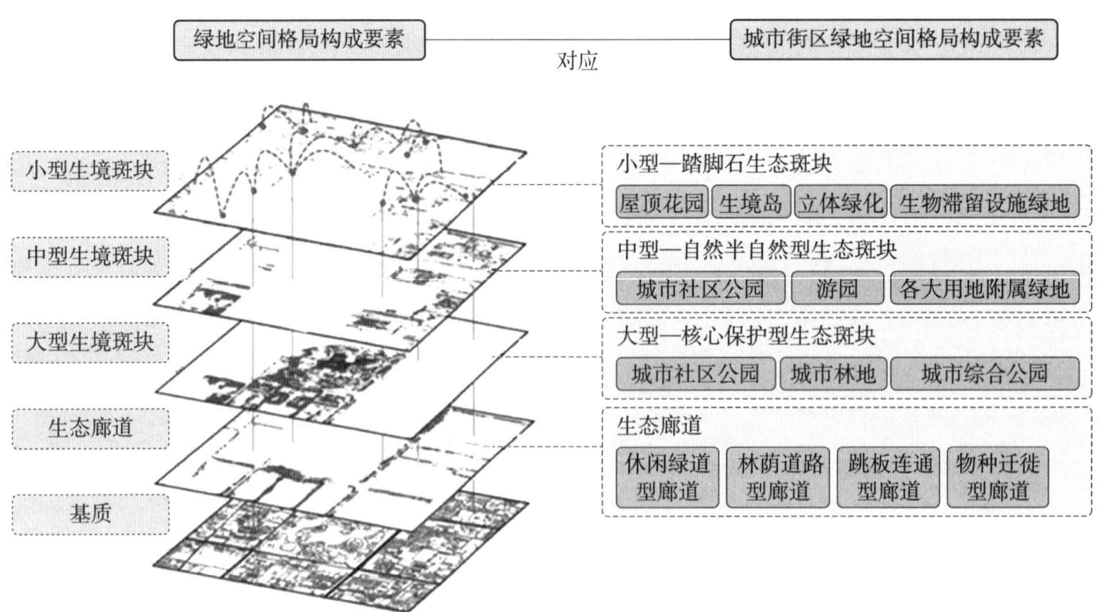

图 4-4　城市街区单元绿地空间格局的构成要素

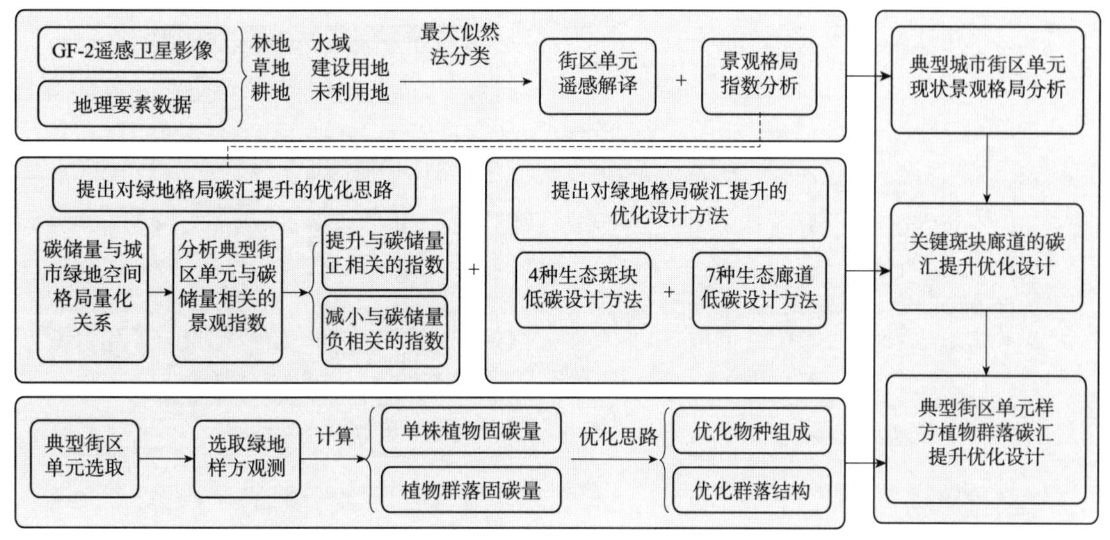

图 4-5 景观全生命周期中碳排放和碳汇的转换流程图

3）平面布局碳汇效益优化方法

在典型单核心辐射型街区单元的空间格局优化过程中，在大型—核心保护型斑块周围增加少量小型—踏脚石斑块，增加面积较大的单核心斑块与周围环境的接触面；对较为聚集的斑块采取增加连接度的措施，在分布较为孤立的斑块周围增加踏脚石斑块；先对破碎的廊道进行连接，再对关键斑块之间增加对应等级的廊道。

在典型多核心辐射型街区单元的空间格局优化过程中，增加部分中型—自然和半自然型斑块，和周围斑块聚集后形成大型—核心保护型斑块，使多个核心斑块对整个街区单元的碳汇影响范围扩大；针对较为聚集的破碎斑块，扩大其面积和提升生境质量，提升碳汇效益。

在典型散点分布型街区单元绿地的空间格局优化过程中，主要采取将散点分布的破碎斑块"缝合"的方法。对原有大型—核心保护型斑块进行保护，将部分破碎的小型—踏脚石斑块进行串联，形成中型—自然和半自然型斑块，增加不同等级斑块之间的连通性，从而提升其整体碳汇效益和生境质量。

在典型廊道穿越型街区单元的绿地空间格局优化过程中，以一级廊道优化为重点，提升关键斑块和破碎斑块的质量和连接度，增加廊道的完整性，提升廊道的生境质量；在重要斑块之间增加二级廊道和踏脚石，增加物种沟通的同时能够提升绿地碳汇效益（图 4-6）。

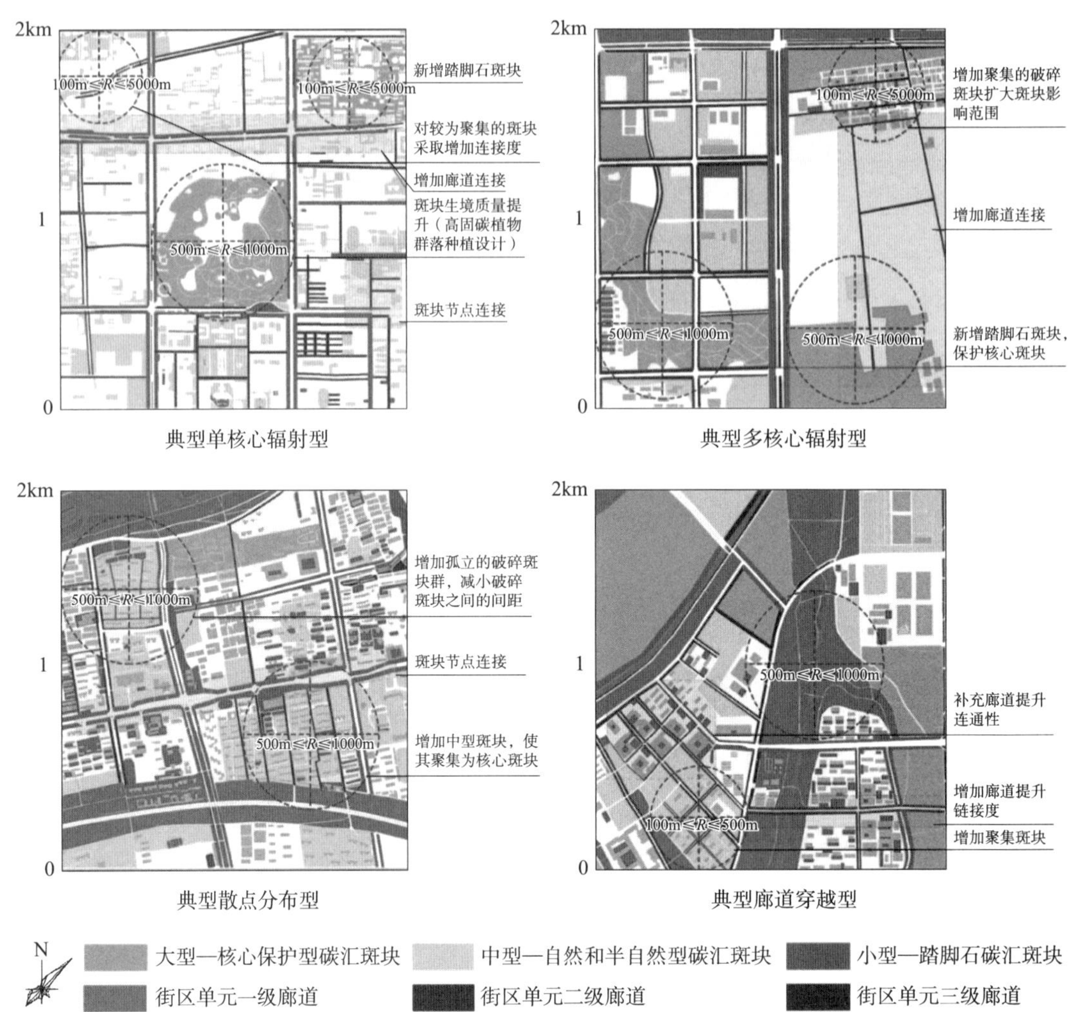

图 4-6 街区单元绿地空间格局优化图

4.2 景观全生命周期碳源碳汇量化

在第 26 届联合国气候变化大会（COP26）会议上，中国明确提出了加快碳达峰和碳中和的政策，以期能够更快地实现其预期目标。在此项政策的基础上，碳源碳汇量化作为衡量碳平衡的重要指标，已被各行各业所关注及应用。

简单来说，碳源是指产生 CO_2 等温室气体的源头，而碳汇则是指能够吸收和储存这些温室气体的地方，如森林、草地等生态系统。通过量化这些碳源和碳汇，我们可以更准确地了解一个地区或项目的碳排放和碳汇情况，从而有针对性地采取措施来减少碳排放，增加碳汇，实现碳平衡。

生命周期法是一种针对全流程的计算方法，在景观营建中常用于景观碳源碳汇的量化研究中。在景观营建领域，生命周期法是一种常用的计算方法，可帮助开发商和设计师综合考虑生产、运输、安装、使用和维护等环节，以及植物的生命周期，计算出景观的总体碳排放量和吸收量，并得出景观的碳收支平衡。对于校园景观，基于生命周期的计算结果，可以提出针对性的优化策略，对其生命周期的不同阶段，包括场地景观材料生产阶段、景观日常使用阶段、景观维护管理阶段以及景观植物碳汇阶段内的各个因素的碳源碳汇进行调研计算，以了解各个因素对于碳收支的影响，从而提出加速绿地景观碳收支平衡的优化策略，为校园的可持续发展作出贡献。

4.2.1 景观全生命周期碳源和碳汇相关概念

1）景观全生命周期的相关含义

（1）景观全生命周期

景观全生命周期评估是一种系统性的评估方法，可以对景观营造过程中的环境影响进行综合评估，即在产品的生产过程中，从原料的取得、制造、使用与废弃等阶段，评估其产生的环境冲击。全生命周期评估自 1990 年起就已经被用于建筑部门，并且成为评价建筑环境影响的一种重要工具。景观营造作为人类重要的建造活动，与建筑建造具有相似性。参照建筑的建造活动，可以将景观全生命周期分为景观材料的生产、建造、日常使用和维护及废弃拆除四个阶段。通过对景观营造全生命周期的评估，可以精确地了解景观营造过程中带来的环境影响，及时发现并解决环境问题，以可持续的方式设计和管理景观。同时，评估结果还可以用来评价不同材料和设计方案之间的环境影响，为行业和消费者提供更可靠的信息。

（2）景观全生命周期的碳源

景观全生命周期的范畴内，景观中碳源主要来源于景观材料生产、建造、日常使用维护和更新及拆除四个阶段。通过对景观全生命周期的碳源控制，可以减轻对环境的影响，降低碳排放危害，构建绿色的生态环境，同时也促进了社会、经济和生态可持续发展。

景观材料生产阶段就涉及了大量的碳排放。例如，水泥、钢铁等建材的生产过程中会产生大量的 CO_2 等温室气体。因此在材料选择时，应尽可能选择低碳环保的材料，如使用可再生资源、低碳水泥等，以减少碳源的产生。

其次，景观的建造阶段是碳源产生的重要环节。在这一阶段，通过科学的规划和设计，可以有效地降低碳源的产生。如采用节能的建筑技术、优化景观布局、提高绿化覆盖率等，都可以有效地减少碳排放。

再次，景观的日常使用维护和更新阶段是不可忽视的碳源产生环节。在这一阶段可以通过节能管理、绿化维护、设备更新等方式，减少能源消耗和碳排放。如对景观照明系统进行智能化改造，可以在保证照明效果的同时，降低能源消耗；对绿化植被进行定期修剪和维护，可以提高其固碳能力，减少碳源的产生。

最后，在景观的拆除阶段，也应尽可能地减少碳源的产生。如对拆除的材料进行回收和再利用，可以减少新材料的生产需求，从而降低碳排放。

（3）景观全生命周期的碳汇

碳汇是指移除大气中温室气体的任一过程、活动或机制。这一过程可以通过自然途径，如森林、草地等绿色植物的光合作用，也可以通过人工途径，如利用废弃材料和再生能源等方式实现。在景观全生命周期的范畴内，景观中的碳汇主要来源于景观绿色植物固碳、利用废弃材料和再生能源等活动产生的碳汇。

景观中的绿色植物是大自然赋予的天然碳汇。绿色植物通过光合作用吸收 CO_2，释放氧气。在此过程中，植物将碳固定在其组织和土壤中，从而减少大气中的碳含量。森林、草地、湿地等不同类型的景观，拥有各自独特的植物群落，共同构成了地球上最大的碳汇体系。

景观中的废弃材料和再生能源也是重要的碳汇来源。在景观设计和建设的过程中，可以通过使用废弃材料来减少对新资源的需求，从而降低碳排放。例如，使用废旧木材、砖石等材料进行景观建设，不仅能够节约资源，还能减少因开采新资源而产生的碳排放。

此外，利用太阳能、风能等可再生能源为景观提供动力，也是减少碳排放的有效途径。这些可再生能源的使用，不仅有助于降低景观运营过程中的碳足迹，还能为景观带来持久而稳定的能源供应。

值得一提的是，景观中的碳汇功能并非一成不变。随着景观的演替和发展，其碳汇能力也会发生相应变化。因此，在景观规划和设计过程中，需要关注景观的维护和管理，对不同的阶段采取有针对性的措施，充分考虑景观的可持续性和长期效益。

2）国外对于景观全生命周期发展的研究

国外对全生命周期视角下的城市绿化研究主要集中在植被的碳汇效应，以及全生命周期中各阶段的构成与分析方面。根据树木成熟时的大小、寿命和生长速度等因素，树木以不同的速率和数量在其组织中隔离和储存碳。这一过程中，树木不仅作为碳汇吸收大气中的 CO_2，还通过蒸腾作用、降低地表温度等方式，为城市环境带来多重生态效益。

同时，树木护理实践基于维护设备（例如链锯、卡车、削片机）的化石燃料排放将碳释放回大气。诸如节能的树木位置和移除后的树木处置方法等管理选择也会影响城市的净碳效应。因此，在评估城市绿地的碳汇效应时，需要综合考虑不同的物种、分解、节能和维护方案，以确定这些因素如何影响城市森林及其管理的净碳影响。Michael W. Strohbach 将全生命周期应用于德国莱比锡的一个城市绿地项目，通过种植树木作为碳汇，并将其与所有相关的碳源进行对比，这里的碳源来自 50 年的建设和维护。由此发现城市绿地可以作为有效的碳汇，设计和维护具有很强的影响，并且运用全生命周期的方式对树木碳汇进行研究。另外，城市植物垃圾还可以作为生物能源用于发电、取暖，因此，可以减少石油化工能源的使用，降低垃圾处理费用，缓解荒漠生态环境的压力。通过对城市绿化垃圾资源化利用的研究，可以有效地弥补城市绿化垃圾资源化利用所造成的 CO_2 排放量，实现碳的中和与减排。

综上所述，城市绿地在碳汇方面发挥着重要作用。为了充分发挥其在低碳城市建设中的作用，需要从多个方面综合考虑，包括树种选择、树木生长和分解、绿地设计和管理以及设备使用等。同时，还需要加强研究和实践，不断探索和创新绿地建设和管理的技术和方法，以推动低碳城市建设的不断深入。

3）国内对于景观全生命周期发展的研究

研究表明，国内在景观全生命周期的研究中，LCA（碳足迹评估）是一种重要的方法。2012 年，殷利华等人对园林绿化施工过程中的碳足迹进行了系统的研究，并以武汉市绿地项目为例，进行了深入的分析，提出了四项有效的对策，尽量减少“隐性碳足迹”，合理选择材料，尽量减少搬运，科学养护，以期达到绿色低碳的目的。冀媛媛等人在 2016 年以风景园林的全生命周期的碳排放量为基础，对风景园林的日常使用与养护过程中的碳排放量进行了测算，并对与之有关的能源、水资源、肥料用量等因素进行了详细的分析，以期为建设可持续的风景园林和低碳风景园林提供更多的理论依据。2017 年在海珠湖公园内，何晶利用全生命周期评估法，以树种规格、树种种类、种植密度等为变量，建立样地，对样地的碳汇总量、全生命周期内的碳汇增量、建筑建设碳排放量、全生命周期的养护碳排放量、全生命周期碳平衡等进行计算分析，探讨不同群落因素对城市绿地内植物群落在全生命周期各个时期的作用及影响。

通过评估不同绿化方案的碳足迹并提出优化建议，城市绿地在节能增汇方面得以实现最大效益。同时，这些研究还促进了城市绿化与城市规划、建筑设计等领域的融合，推动了城市绿色生态发展的进程。可以看出，全生命周期视角下的碳汇景观设计对于实现碳平衡和推动可持续发展具有重要意义。未来，随着技术的不断进步和研究的深入，这一领域将取得更加丰硕的成果，为构建更加美好的生态环境贡献力量。

4.2.2 校园景观全生命周期碳源碳汇量化实例应用

1）西北地区某高校绿地景观区碳源碳汇

（1）基本概况

位于西北地区某高校中一块较大面积的游园式绿地，以欣赏风景和放松为主要功能，布置水晶雕塑、休息座椅等，在植物设计的部分多采用姿态优美、层次丰富的植物配置模式，或栽植具有独特观赏特性的孤植树，铺设大面积的草坪并点缀有特色的花草。在该校中有四个区域，包括西门绿地、图书馆前绿地、校史馆绿地以及若祁湖绿地（图 4-7）。

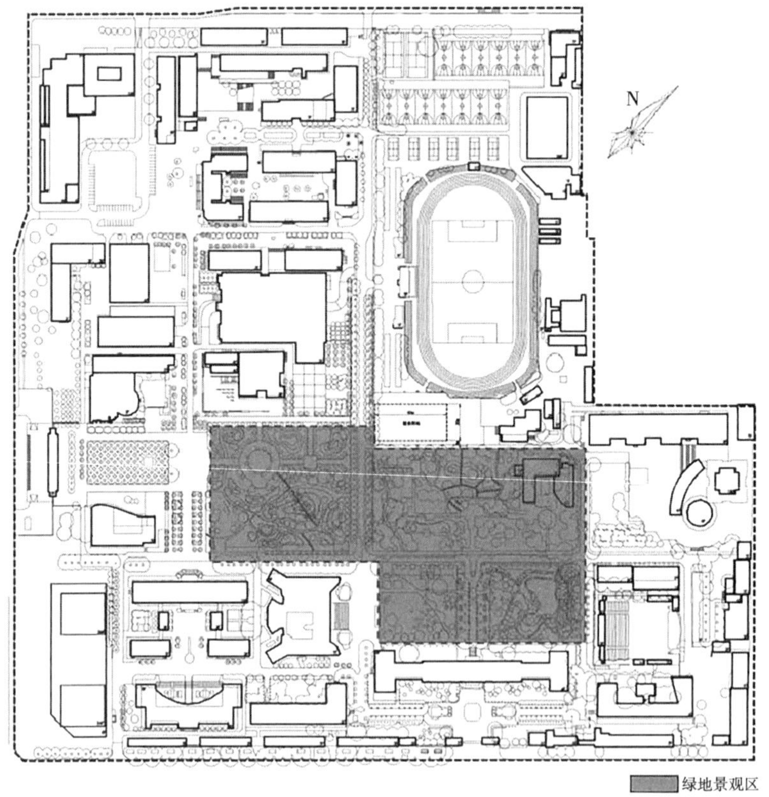

图 4-7 绿地景观区区位图

（2）高校绿地景观区碳源

①景观材料生产阶段

在该校绿地景观区中包括以下铺装面积西门绿地，场地园路及广场共2626m^2；校史馆绿地，场地园路及广场共2612m^2；图书馆前绿地，场地园路及广场共2550.5m^2；若祁湖绿地，场地园路及广场共780.7m^2。

在该校绿地景观区中共计产生碳源90.27t。在这一区域，碳源主要来源于景观使用的灯具碳源，其次是景观小品的材料碳源，此区域碳源排放较少。其次，对学生生活区内的景观设施小品的碳排放进行计算，在绿地景观区共有路灯42个，草坪灯71个，垃圾桶31个，指示牌9个，景观座椅44个。

②景观日常使用阶段

在照明设备的测算过程中采用了中国区域电网西北地区的碳排放因子，校园灯光照明时间在冬天是18-23点，在夏季是19-24点，按照每天5小时的照明计算，则路灯耗电产生的碳排放为3660.57kg。

③景观维护管理阶段

景观维护管理主要计算植物的维护管理，包括植物的修剪、植物的灌溉以及植物杀虫剂的应用。在校园景观中绿地景观区的景观维护管理每年共产生432.88kg的碳排放。

（3）高校绿地景观区景观全生命周期中的碳汇

绿地景观区是整个学校碳汇最多的区域，具有稳定的植物群落，这一区域也是最快完成碳平衡的区域，并且能够为其他区域提供碳补偿。在此区域中，植物和铺装的比例达到了7∶3，除了部分配套服务设施外，没有大面积铺装。在此区域不仅存在稳定的植物群落，并且植物生境搭配也较为完善。应以固碳功能主导型植物群落配置模式为主，兼具景观兼固碳功能主导型植物群落配置模式。这一区域的植物选种关系到校园景观绿地建成后其碳汇量的大小，因此在选种时应首先以关中地区高固碳植物名录和关中地区乡土植物名录为依据，对植物进行优先筛选；其次，基于植物群落设计理论和生态学CSR策略等相关理论，将高固碳植物组合配置，既满足大众审美需求，也满足城市环境的生态需求，一般以乔灌草三层植物常绿落叶混种搭配模式为主。筛选出植物种类之后进行植物种植设计，应注意按照其生态习性进行组合配置，参照一定的半干湿地区高固碳植物群落模式进行设计。

2）西北地区某高校广场道路及教学楼区碳源碳汇

（1）基本概况

学校教学区被定义为学生上课的场所，在该校中这一区域具有一条严谨的中心轴线，建筑物大多呈对称性布置。轴线中心位置有一座教学主楼，前方有一个宽阔的广场。

在此区域的景观设计中，应注意强调中心性，一般采用规整式绿地模式，选用高大挺拔的植物对植，突出教学区的严肃特点。在该高校中教学区集中于学校南部，包括东阶、西阶、教学大楼、教学主楼等（图 4-8）。

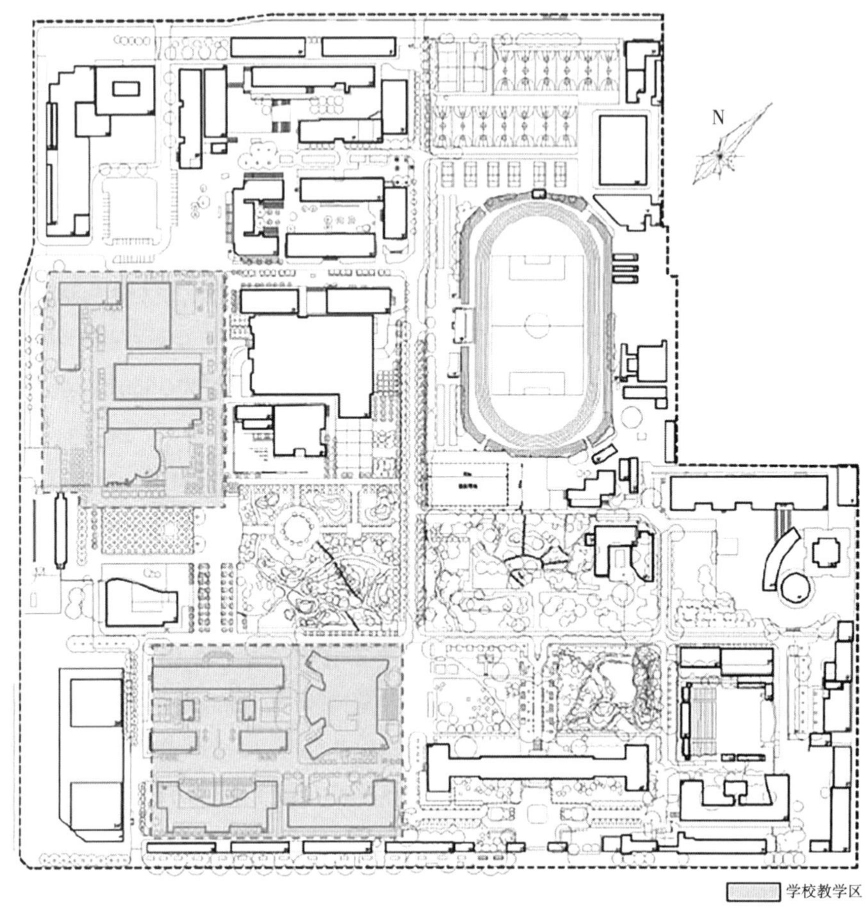

图 4-8　学校教学区区位图

（2）广场道路及教学楼区碳源

①景观材料生产阶段

在学校教学区中的景观铺装主要包括土木楼前广场以及教学楼前广场。其中土木楼前广场，场地园路及广场共 6622.5m^2；教学楼前广场，场地园路及广场共 12 892.8m^2，共计产生碳源 193 412.67kg。

在学校教学区中共有路灯 24 个，草坪灯 2 个，垃圾桶 14 个，指示牌 7 个，景观座椅 5 个，产生碳源 7507.72kg。

②景观日常使用阶段

在这一区域中，由于没有大面积的绿地，因此草坪灯也较少，主要以路灯为主，在学校教学区的景观日常使用中每年产生 1473.84kg 的碳排放。

③景观维护管理阶段

学校教学区是学校的核心区域，这一区域的植物需要进行修剪管理，以提供给师生良好的学习、工作环境。教学区的景观维护管理每年共产生216.44kg 碳排放。

（3）广场道路及教学楼区景观全生命周期中的碳汇

在学校教学区中，土木楼前广场包括乔木 6 种，159 株；灌木 5 种，25 株，150m^2；草本三种，900m^2；教学楼前广场包括乔木 17 种，186 株；灌木 8 种，62 株，172m^2；草本三种，770m^2。

在学校教学区包括六种植物组构类型：常绿乔木，落叶灌丛草地，常绿灌丛以及混交疏林草地，常绿密林草地，混交疏林灌丛草地。经计算学校教学区共产生碳源202 394.2kg，其中一次性碳源共有193 412.6kg，每年固定碳源1690.2kg，每年产生植物碳汇21 266.9kg。在学校教学区的碳源是碳汇的十倍左右，差距较大，这是由于教学区铺装较多，且植物大部分是为了美观作用进行修剪过的植物或者是常绿植物，因此产生的植物碳汇并不是特别多。

3）北方某高校生态景观区固碳分析

（1）基本概况

周边有高新技术企业，东西侧为城市道路，南侧为铁路，北侧为城市道路与河流。学校周边有大量居住区，所在地段相对繁华，景色优美，交通方便，只需要 10~20 分钟的车程就可以到达商圈。学校占地面积约 66 000m^2，东西长约 1000m，南北长约 660m，总体平面大致为一个规则的长方形。

（2）固碳分析

①绿植固碳分析

在生态景观设计层面，校园内绿地和水体以点、线、面相结合的布局模式相互作用，共同改善生态环境。

校园绿化率较高，拥有 40 000m^2 的绿化面积。整个校园的绿地主要由乔木、灌木和草地构成，它们之间的互相搭配创造了良好的校园景观，达到了一定的视觉效果。校园内种植的树种主要有银杏、火炬树、刺槐和杨树。连翘和紫丁香是校园里种植的主要灌木。校园里的草坪大多是高羊茅、结缕草、早熟禾等耐寒植物。此外，校园里还种植了其他植物。

校园中乔木、灌木以及草地等不同的绿化形式相互组合会形成不同的配植方式，不同绿植的配置方式有着不同的固碳效果。在这几种绿化配植方式中，经计算固碳能力从大到小依次是乔灌草型 > 灌草型 > 草坪型。

②建筑混凝土固碳分析

校园建筑结构构件混凝土等级为 C30，依据 IPCC 温室气体清单编制方法对混凝土的生产碳排放进行评价分析，可以得知每立方米的 C30 等级混凝土在生产材料、搅拌和运输过程的碳排放量分别为 439.95kg、18.43kg、32.94kg，混凝土在生产运输的总碳排放为 491.32kg/m^3。其中水泥材料的碳排放大概占混凝土生产过程碳排放的 87%，在建筑物的使用寿命期限内，校园建筑对 CO_2 的固定量约占混凝土生产过程碳排放的 4.29%，占水泥生产的 4.91%。

校园建筑面积为 480 000m^2，通过查阅图纸可以估算出校园建筑总水泥用量为 129 600t，混凝土用量为 324 000m^3，混凝土生产运输阶段产生碳排放量为 159 487.68t。校园建筑在建筑使用寿命期间对 CO_2 的吸收量为 6829.15t，假设建筑的使用年限为 50 年，则每年校园建筑的固碳量为 136.58t。

在“双碳”目标的驱动下，遵循绿色低碳途径能在有限绿地空间条件下实现碳中和，提升绿地植物固碳效益成为新时代植物景观营造必须思考和解决的科学问题。为充分发挥有限绿地的固碳潜力，结合夏热冬冷气候区不同土地利用类型下的碳储量时空变化状况，提出了符合场地生境斑块连通性需求的 4 种城市绿色空间碳汇矩阵单元，探索植物碳汇在景观全生命周期中的设计过程。

4.3.1 夏热冬冷气候区绿地碳汇设计

1）低碳绿地设计模式

全球气候变化问题日益严峻，低碳发展已成为全球共同追求的目标。作为人类生活的重要场所，城市在低碳发展中扮演着举足轻重的角色。城市绿地作为城市生态系统中的重要组成部分，同时作为城市区域内唯一产生碳汇的单元，对实现低碳城市起着不可替代的作用。另外，城市绿地通过科学合理布局所形成的城市绿地系统能够间接减少城市能耗，对增汇减排也可起到巨大作用。

近年来，越来越多的学者聚焦以提升碳汇为目标的城市绿地设计研究，这些研究不仅从理论上探讨了城市绿地在低碳城市中的作用，还结合具体实践提出了多种低碳绿地设计模式。王洪成等筛选出天津市高固碳植物，并总结出 6 种低碳植物群落设计模式，充分发挥了绿地的固碳潜力，为城市低碳发展提供了有力支持；王恩等通过对杭州不同园林植物进行碳汇研究，总结出低碳园林植物设计策略与模式，进而筛选出了一批适合杭州市气候和土壤条件的低碳植物，为城市园林绿化提供了科学依据；章银珂等通过对杭州西湖植物固碳量的测算，提出了 12 种低碳植物配置模式。这些模式充分考虑了植物的生长特性、生态习性和景观效果，旨在通过科学合理的植物配置，实现城市绿地的最大固碳效益。如何在城市有限绿地空间条件下实现碳中和，优化城市低碳绿地网络格局是值得思考和解决的问题。

2）绿地设计的低碳循环

低碳导向应贯穿于园林设计、施工、管理、维护的全周期过程之中。低碳园林的核心是围绕“碳”展开的，如何减少碳源量、增加碳汇量是营造低碳园林的关键。因此，在园林规划与设计中，应当充分考虑不同植物的固碳能力，通过合理的植物配置，实现优势互补，提高整个植物群落单元的固碳能力。同时，还应注重选择低碳环保的建筑材料，减少园林建设过程中的碳排放。在“双碳”目标下，绿地低碳矩阵单元设计成为关键。这一设计需要从规划设计、建设实施、管理运营 3 个层面入手，构建适宜性植物群落模

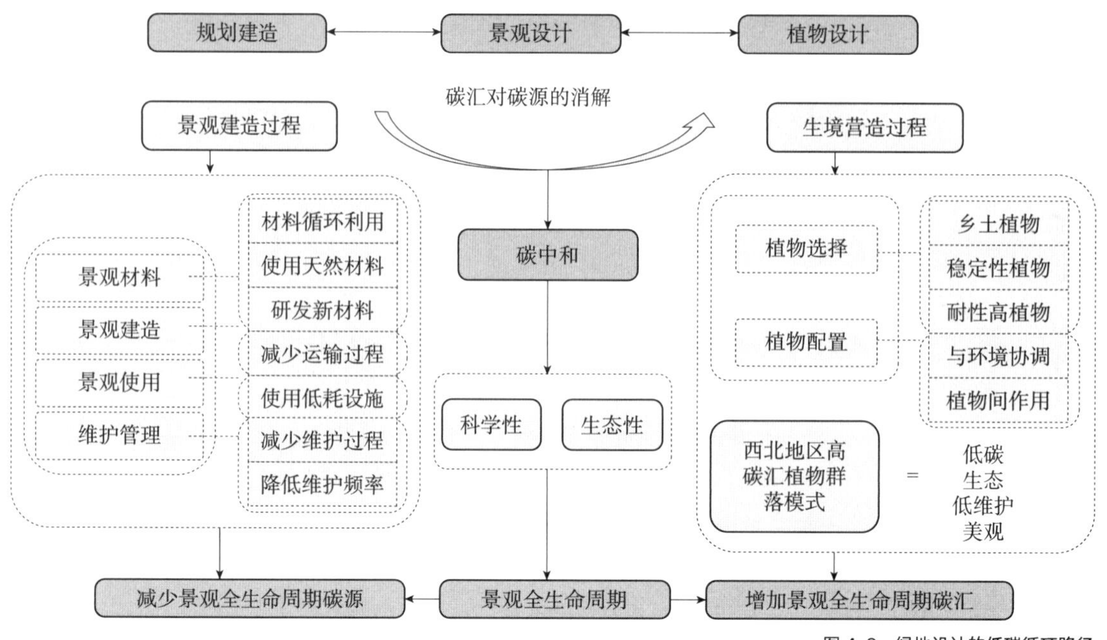

图 4-9　绿地设计的低碳循环路径

式。在规划设计阶段，需要对场地进行详细评估，了解土壤、气候等条件，为后续的植物选种和种植设计提供依据。在建设实施阶段，需要选择具有固碳能力强、生长迅速的植物，同时采用低碳环保的建筑材料和施工技术，减少碳排放。在管理运营阶段，需要建立完善的维护管理体系，确保植物群落的健康生长，同时建立监测与评价体系，对园林的碳汇能力进行实时监测与评估。

景观全生命周期中碳源主要包含景观材料生产、建造、日常维护更新及拆除 4 个阶段。在这些环节中尽可能选择低碳环保的方案，如采用可再生材料替代传统材料，优化施工工艺，减少能源消耗等。碳汇主要包含绿色植物固碳、利用废弃材料和再生能源等。每个绿地碳汇矩阵单元以场地评估、植物选种、种植设计、施工建成、维护管理、建立监测与评价体系为目标，建立城市绿地设计的低碳循环路径（图 4-9），实现园林的低碳化发展与可持续管理。

4.3.2　城市碳汇矩阵单元构成及提升策略

1）绿色空间碳汇矩阵单元模式

城市绿地中的植物可以通过光合作用吸收二氧化碳并释放氧气，实现增汇的作用，对实现低碳城市起着不可替代的作用。除了增汇功能外，城市绿地在降温方面也起到了积极的作用。一项研究表明，0.6km^2 的公园可以使下风向 1km 范围内的温度降 1.5℃。可见城市绿地在调节城市气候、减轻城市热岛效应方面发挥着重要的作用。同时，城市绿地的降温效果与其布局和规模密切相关。斑块数量越多、平均斑块面积越大、绿地斑块间的平均距离越短，对热岛效应的减缓就越有利。这是因为绿地之间的紧密连接有助于形成连续的绿色空间，使得城市中的冷空气能够更有效地流动和扩散，从而降低城市的整体温度。

有研究表明，1km 的距离是人在使用城市绿色空间时最舒适的行为尺度。这意味着，在规划城市绿地时，应充分考虑人的行为需求，使绿地分布更加均匀、合理，方便居民进行日常活动。结合社区生活圈的相关规定，可知 15min 步行距离（800~1000m）是基本社区生活圈的尺度范围。

基于以上分析，可以得出一个城市绿色空间碳汇矩阵的构想。该矩阵是以 0.5km 为内核半径，以 1km 为外核半径的绿地核心斑块所构成的区域单元，各斑块之间以生态绿廊相连接构成冷岛辐射区（图 4-10），从而有效地降低城市温度，改善城市热岛效应。这样的规划不仅有利于城市的生态环境建设，还能提升居民的生活质量，实现人与自然的和谐共生。

2）绿地植物碳汇矩阵单元设计

随着城市化进程的加速，城市绿色空间的建设与保护日益受到人们的关注。绿色空间作为城市生态系统的重要组成部分，对于改善城市环境、提高居民生活质量具有重要意义。其中，植物空间作为绿色空间的核心要素，其结构、形态、尺度、要素和格局的合理布局，直接关系到绿色空间的整体效能。

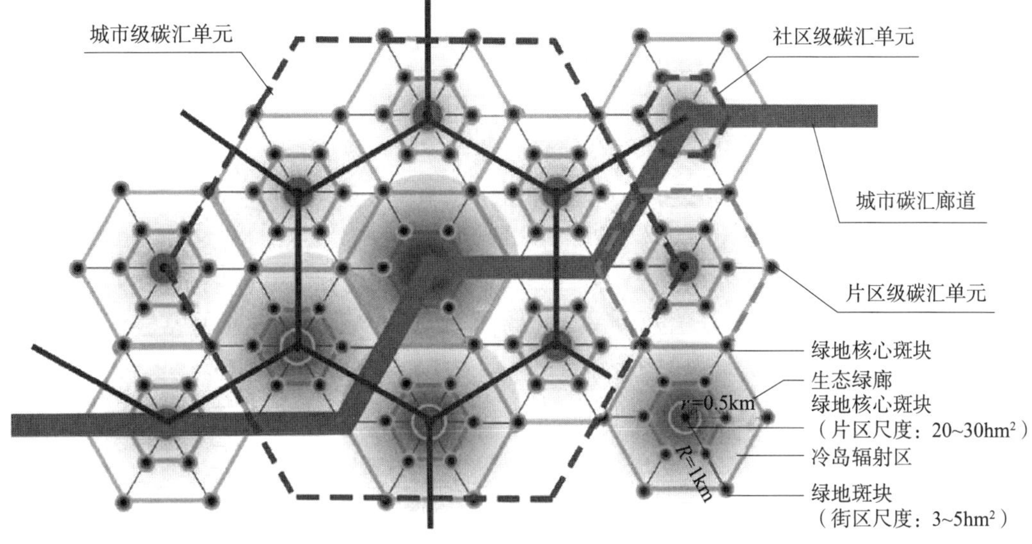

图 4-10　城市绿色空间碳汇矩阵单元模式

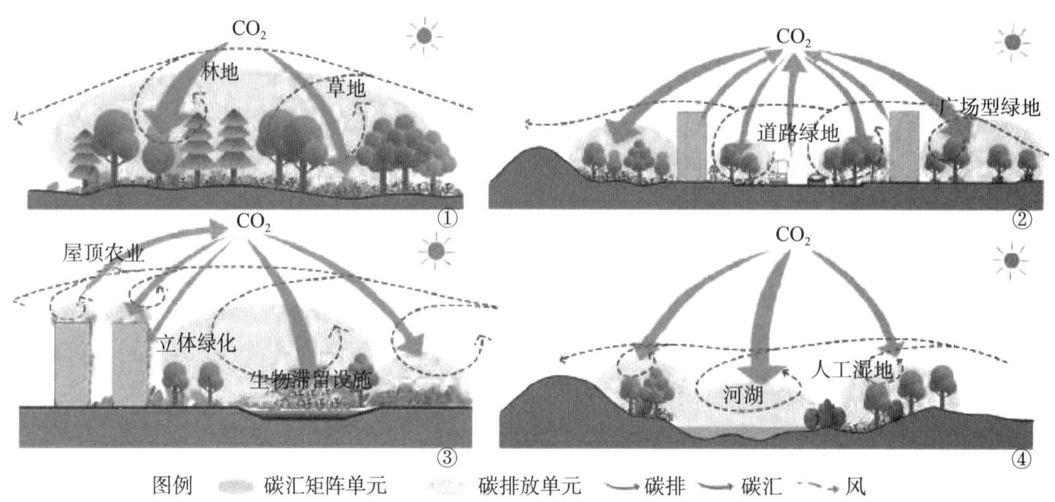

图 4-11 城市绿色空间碳汇矩阵冷岛效应特征图

①城市林地及草地；②城市道路及广场型绿地；③城市特殊生境型绿地；④城市河湖及人工湿地

通过研究城市不同绿色空间与植物空间结构、形态、尺度、要素、格局的耦合关系，提出了符合场地生境斑块连通性需求的绿色空间碳汇矩阵单元类型（图 4-11）。这一类型的提出，旨在通过科学的设计流程，优化城市绿地植物的种植配置，提升绿地的固碳能力，从而实现城市绿地设计的低碳循环。针对 4 种不同类型的城市绿地植物碳汇矩阵单元，可以提出相应的设计流程；根据场地功能导向及生境因子进行生境分区，确保每个分区内的植物配置能够充分适应其生长环境。在此基础上，开展低碳植物种植设计，优先选择乡土植物种类及低碳排放材料，以降低维护成本和环境污染，并进行高固碳乔灌植物群落配置，实施城市绿地设计的低碳循环。

城市林地及草地型绿地需注重人工种植与场地功能及生境条件的结合，以人工种植为主，根据场地功能及生境条件进行生境分区，确定种植分区、种植类型、植物配置方式。

城市道路及广场型绿地应根据场地灌溉条件适当种植乔木，合理布局耐旱型灌木和草本地被，以增强绿地的生态功能和景观效果。

城市特殊生境型绿地在满足使用功能及景观需求的前提下，植物种植方式以人工种植为主。通过选择植物种类和配置方式，营造既符合特殊生境要求又具有独特景观价值的绿色空间。

城市河湖与人工湿地是由水体、沼泽及植被组成的绿地，人工种植区种植布局方式宜呈条带状沿岸分布，在选择植物时，宜选择蔓生或具有较强萌蘖能力的耐碱、耐污染植物，以提高绿地对环境胁迫的抵抗力。

4.3.3 校园绿地景观碳汇提升方法

1）样地的选取

在当前城市化快速发展的背景下，绿地景观作为城市生态系统的重要组成部分，对于改善城市环境、提升居民生活质量具有重要意义。案例样本选取西北地区某高校校内花园与图书馆绿地作为样地（图 4-12、图 4-13）。

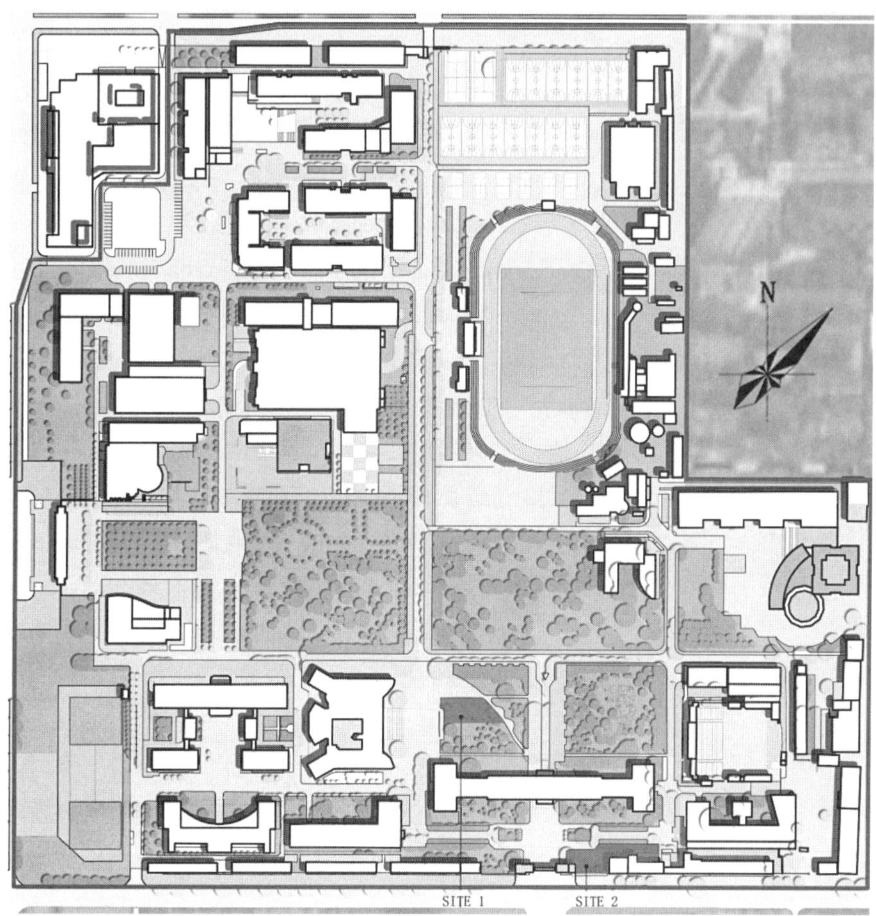

图 4-12　西北地区某高校样地选点位置图

图 4-13　校内花园与图书馆绿地现状

花园位于该校南门东侧，总面积855.34m^2。其中，铺装面积占168.43m^2，绿地面积占686.91m^2。在植物配置方面，为了满足城市典型附属绿地生境条件的多样性和典型性需求，需要基于生态学生态因子理论，对生境类型进行精细的分区，并在每个区域配置适宜的植物群落。通过对这些因素的综合考虑，将花园划分为阳生区、建筑阴生区、建筑西照半阳生区等不同的生境类型。该高校花园经过生境营造后，形成了以乡土植物为主的低维护绿地，并将花园分为三个层次：季节主题层、结构层、地被层。

季节主题层主要根据不同季节的特点，选择相应的植物进行配置，季节主题层植物主要包括橙花糙苏（Phlomis fruticosa）、绵毛水苏（Stachys byzantina）、云南蓍（Achillea wilsoniana）、野菊（Chrysanthemum indicum）、八宝（Hylotelephium erythrostictum）、细叶针茅（Stipa lessingiana）、小兔子狼尾草（Pennisetum alopecuroides）、桔梗（Platycodon grandiflorus）、匍枝毛茛（Ranunculus repens）、地榆（Sanguisorba officinalis）、鸢尾（Iris tectorum）、葱莲（Zephyranthes candida）、过路黄（Lysimachia christinae）、羽瓣石竹（Dianthus plumarius）、涝峪薹草（Carex giraldiana）和麦冬（Ophiopogon japonicus），可以使观赏者在不同的季节都能欣赏到不同的花卉，增加绿地的观赏价值；结构层包括美国薄荷（Monarda didyma）、假龙头花（Physostegia virginiana）、迷迭香（Rosmarinus officinalis）、细叶芒（Miscanthus sinensis）、聚合草（Symphytum officinale）以及毛地黄钓钟柳（Penstemon digitalis）；地被层包括蒲公英（Taraxacum mongolicum）、垂盆草（Sedum sarmentosum）、佛甲草（Sedum lineare）、灯芯草（Juncus effusus）等，通过草本植物和地被植物来覆盖地面，增加绿地的绿量和生态效益。

图书馆绿地，位于图书馆西侧，占地面积800m^2。其中，116m^{2}的区域采用了铺装设计，684m^{2}为绿地。这片绿地以单一草坪草种植为主，由人工精心种植且定期维护管理。为了更好地对比低维护绿地在低碳生活中的作用，我们选择这片图书馆绿地作为对照组进行观察与分析。

2）景观全生命周期碳排放量化计算

景观全生命周期清单分析作为一种科学的方法，旨在全面评估景观营建过程中的碳排放和碳汇因素，为制定有效的碳减排和碳增汇策略提供有力支持。景观全生命周期清单分析涉及景观营建的各个阶段，包括规划、设计、施工、运营维护等。在每个阶段，都需要对碳排放和碳汇因素进行详细的汇总和分析。这包括材料的种类及数量、运输方式、能源消耗、运营维护及植物碳汇等数据清单。通过对这些数据的收集、整理和分析，可以全面了解景观营建过程中的碳排放和碳汇情况。在景观全生命周期清单分析中，观测数据与相对应的碳排放因子（碳排放系数）

相乘，从而得到每个阶段的碳排放和碳汇量。这些因子通常是基于大量实证研究得出的，具有较高的准确性和可靠性。通过这种方法，可以精确地计算出景观全生命周期的总碳排放和碳汇量，为制定减排和增汇措施提供科学依据。

在景观全生命周期中，每个阶段都有相应的材料使用和能源消耗清单，分别计算每阶段的碳排放和碳汇量然后再汇总，得到景观全生命周期的碳排放和碳汇总量，分别如公式 4-1、式 4-2 所示：

$$C=C1+C2+C3+C4 \tag{4-1}$$

$$S=S1 \tag{4-2}$$

式中：C 为景观全生命周期碳排放总量；$C1$ 为景观材料生产阶段碳排放总量；$C2$ 为景观建造阶段碳排放总量；$C3$ 为景观日常使用阶段碳排放总量；$C4$ 为景观维护管理阶段碳排放总量；S 为景观全生命周期碳汇总量；$S1$ 为景观植物碳汇总量；单位为 kg。

（1）景观材料生产阶段碳排放总量

在景观设计和建设领域，材料的生产阶段往往是碳排放量最为显著的一环。根据以往研究，景观全生命周期中景观材料生产阶段的碳排放量占比最多，主要源于原材料获取以及材料加工过程中化石能源的大量消耗。以花园和图书馆绿地为例，两者都是以游览观赏为主的场所，都需要硬质铺装以满足活动功能。然而，在景观材料的选择和运用上，两者却呈现出不同的特点。

花园在景观设计的初始阶段就注重减少高消耗材料的运用，采用了 6 种建造材料，主要用于铺装、花池等。这些材料的选择，充分考虑了碳排放量、可持续性、美观性等多方面因素。根据《建筑碳排放计算标准》GB/T 51366—2019 以及相关研究，花园在景观材料生产阶段产生的碳排放总量为 19 115.69kg。相比之下，图书馆绿地内的铺装材料主要为混凝土砖，这种材料在生产过程中产生的碳排放量较多，共为 15 120.00kg。虽然混凝土砖在硬度、耐久性等方面具有优势，但在碳排放量方面却相对较高。这也提醒我们，在景观设计中，不能仅仅追求材料的性能和功能，还需要充分考虑其环境影响和可持续性。通过比较花园和图书馆绿地在材料生产过程中的碳排放量，可以发现两者之间的差距并不大。这说明，在景观设计中，通过合理的材料选择和运用，可以在一定程度上降低碳排放量，实现可持续发展。进一步分析材料生产过程中的碳排放因子，我们发现天然材料（如大理石、花岗石等）的碳排放因子较低。以花岗石为例，其生产过程中的碳排放量是同等体积压模混凝土的 1/3。这一数据提供了有益的启示：在景观设计中，应优先考虑使用天然材料，以降低碳排放量，同时也有助于保护和利用自然资源。

（2）景观建造阶段碳排放总量

在景观建造的整个生命周期中，碳排放来源主要包括材料生产、运输以及建造施工等多个环节。花园与图书馆绿地都为 $1000m^2$ 以内的附属绿地，工程量较小且不需要大型机械，建造施工均依靠人力，故建造施工产生的碳排放暂且忽略不计。这里只讨论景观材料运输产生的碳排放，包括景观建材运输和景观植物运输两类。①景观建材运输产生的碳排放：花园和图书馆绿地在选材上均采用了就近原则，这极大地减少了运输距离，从而降低了碳排放。以花园为例，其景观建材均选自城市周边，采用了 4.2m 长、载重 10t 的货车进行运输。根据中国碳排放数据库的数据，这种货车每千米耗柴油 0.2L。经过计算，花园在景观建材运输过程中的碳排放量为 82.47kg。而图书馆绿地的景观建材也是就近运输，因此产生的碳排放量为 23.56kg。这一数据表明，在建材运输环节，选择适当的运输方式和就近取材是降低碳排放的有效途径。②景观植物运输产生的碳排放：在景观设计中，植物的选择和配置对于减少碳排放同样具有重要意义。花园内的景观植物以西北地区本土植物为主，这些植物由市内苗圃提供，运输车辆为中小型面包车，每千米消耗汽油 0.12L。经过计算，花园在植物运输过程中产生的碳排放量为 72.13kg。而图书馆绿地的植物景观则是单一品种的草坪草，虽然运输距离较短，但由于草坪草的数量较大，其运输过程中的碳排放量也相对较高，达到了 92.41kg。

综上所述，南门花园与图书馆绿地在景观建造阶段的碳排放量相差不大，这主要得益于它们在选材和植物配置上的合理性。然而，仍需进一步探索如何降低景观建造过程中的碳排放。首先可以通过选择本土植物降低植物运输的碳排放，其次可以通过合理控制植物数量和优化植物配置来降低运维管理产生的碳排放，再次可以通过选择可再利用的铺装、构筑物等材料来降低运输产生的碳排放。

两块样地在使用过程中的碳排放主要源自照明设备，包括路灯和草坪灯。这些设备在日常使用过程中会消耗大量的电能，从而产生一定的碳排放。为了更准确地评估碳排放量，采用了中国区域电网西北地区的碳排放因子来进行测算。根据花园和图书馆绿地的照明设施使用时间，可以计算出它们在日常运营中产生的碳排放量。花园的照明设施在冬季每天使用 5h，夏季则延长至 6h，全年累计碳排放量为 197.58kg。而图书馆绿地的照明设施由于使用时间较长，其碳排放量也相应较高，达到了 408.19kg。差异的产生主要与两块样地的地理位置和使用需求有关。花园距离校园主路较远，对照明的需求相对较少，因此其照明设施的碳排放量也较低。而图书馆绿地紧邻校园主路，对照明的需求较多，导致碳排放量相对较高。因此在进行照明设计时，应充分考虑地理位置和使用需求，以降低不必要的碳排放。

除了照明设备外，景观维护管理过程中的碳排放也是不可忽视的一部分。在景观维护管理过程中，碳排放主要来源于材料的更新、植物的养护和补种。花园在设计上遵循了低维护原则，园内植物对灌溉和肥料的需求较少，因此其碳排放主要来自植物的补种运输。相比之下，图书馆绿地作为草坪区域，需要定期进行修剪、灌溉和使用杀虫剂等维护工作，这些活动所产生的碳排放量相对较高，达到了 216.48kg。

针对这些碳排放情况，可以提出一些减排建议。首先，在照明设备方面，可以考虑采用更高效的照明技术和设备，如 LED 灯具等，以降低电能消耗和碳排放量。此外，还可以通过合理的照明设计和管理，如设置智能控制系统、优化照明布局等，来减少不必要的照明时间和能源消耗。

在景观维护管理方面，我们可以采取一些措施来降低碳排放。例如，通过优化植物种植结构，选择适应性强、生长迅速的本地植物品种，减少植物补种的需求。同时，加强植物养护管理，提高植物的生长质量和抗性，减少因病虫害等原因导致的植物损失。此外，还可以推广使用环保型肥料和杀虫剂，减少化学物质的使用对环境的污染和碳排放。

3）高固碳景观植物设计阶段碳汇优化策略

在城市的绿色建设中，植物的选择是一个至关重要的环节，因为它直接关系到城市绿地建成后碳汇量的大小。特别是在关中这样的西北半干湿地区，选择合适的植物不仅能够美化城市环境，还能有效地促进碳的固定和减排。为了实现这一目标，需以该校所在地区高固碳植物名录及乡土植物名录为基石，结合植物群落理论和生态学竞争 - 胁迫耐受 - 传播定植（Competitor-Stress tolerator-Ruderal，CSR）策略，来精心设计和构建植物群落（图 4-14）。

首先，植物固碳是城市景观全生命周期中碳汇的主要途径。不同的植物类型在固碳能力上存在差异，因此在植物的选择上，应该增加乡土植物的应用。乡土植物不仅适应性强，能够形成相对稳定的植物群落，还能最大限度地提高固碳效益。以花园和图书馆绿地为例，虽然两块样地所选的植物类型都是地被，但花园的植物群落固碳能力却达到了图书馆绿地的近 18 倍。这充分说明了选择合适的植物对于提高碳汇量的重要性。其次，在植物配置上，不能仅停留在单一植物的种植上。实际上，通过精心设计的景观植物种群组合，可以形成具有更高固碳效益的植物群落。这种配置模式不仅有利于植物之间的互利共生，还能提高植物群落的生态稳定性。参照稳定性高的原生地被植物群落的结构，以低维护、多样性、生态性、美观性为原则，构建出具有不同固碳能力的植物群落。经过深入的样地实验和研究，总结出了 6 种适用于西北地区的高固碳植物群落配置模式。这些模式垂直结构为 2~3 层，物种数为 3~6 种，形成稳定种间关系，促进植物互利共生。

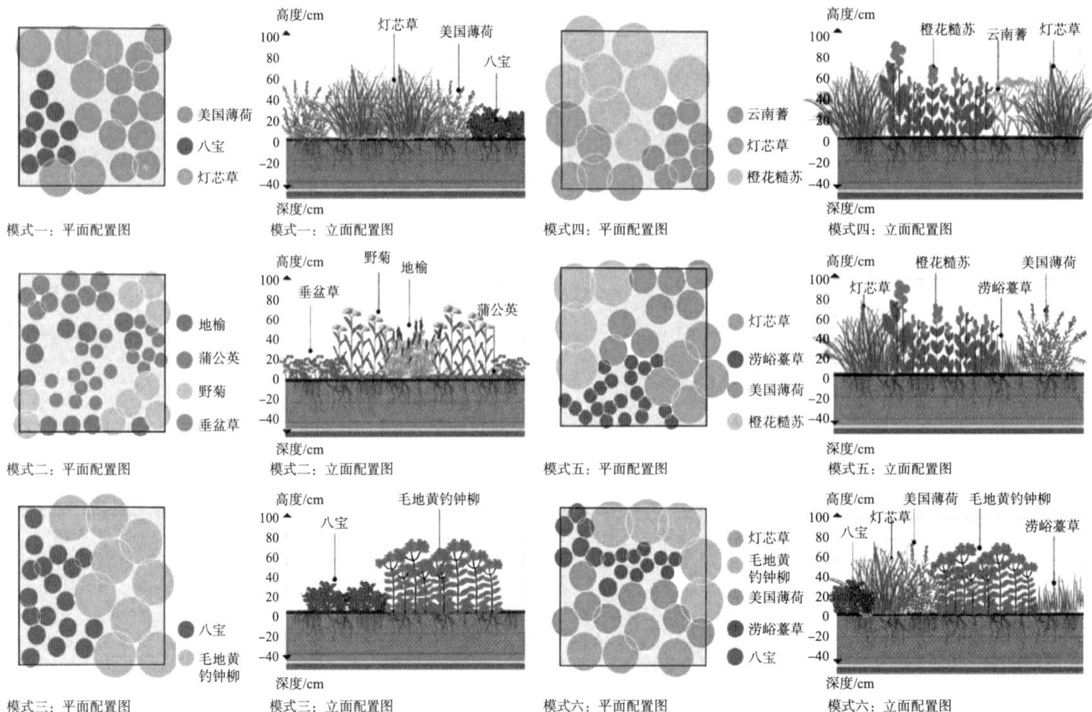

图 4-14　高固碳景观植物群落配置模式

参考文献

[1] 赵彩君，刘晓明 . 城市绿地系统对于低碳城市的作用 [J]. 中国园林，2010，26（6）：23-26.

[2] 王晶懋，齐佳乐，韩都，等 . 基于全生命周期的城市小尺度绿地碳平衡 [J]. 风景园林，2022，29（12）：100-105.

[3] 冀媛媛，罗杰威，王婷，等 . 基于低碳理念的景观全生命周期碳源和碳汇量化探究——以天津仕林苑居住区为例 [J]. 中国园林，2020，36（8）：68-72.

[4] 齐佳乐 . 基于碳汇量化的西安建筑科技大学校园景观优化设计研究 [D]. 西安：西安建筑科技大学，2023.

[5] 赵俊 . 基于“源汇”理论的沈阳建筑大学校园低碳优化研究 [D]. 沈阳：沈阳建筑大学，2023.

[6] 王晶懋，范李一璇，韩都，等 ."双碳"目标下的西安地区绿地植物碳汇矩阵量化与配置模式研究 [J]. 中国园林，2023，39（2）：108-113.

第5章 建筑设备节能

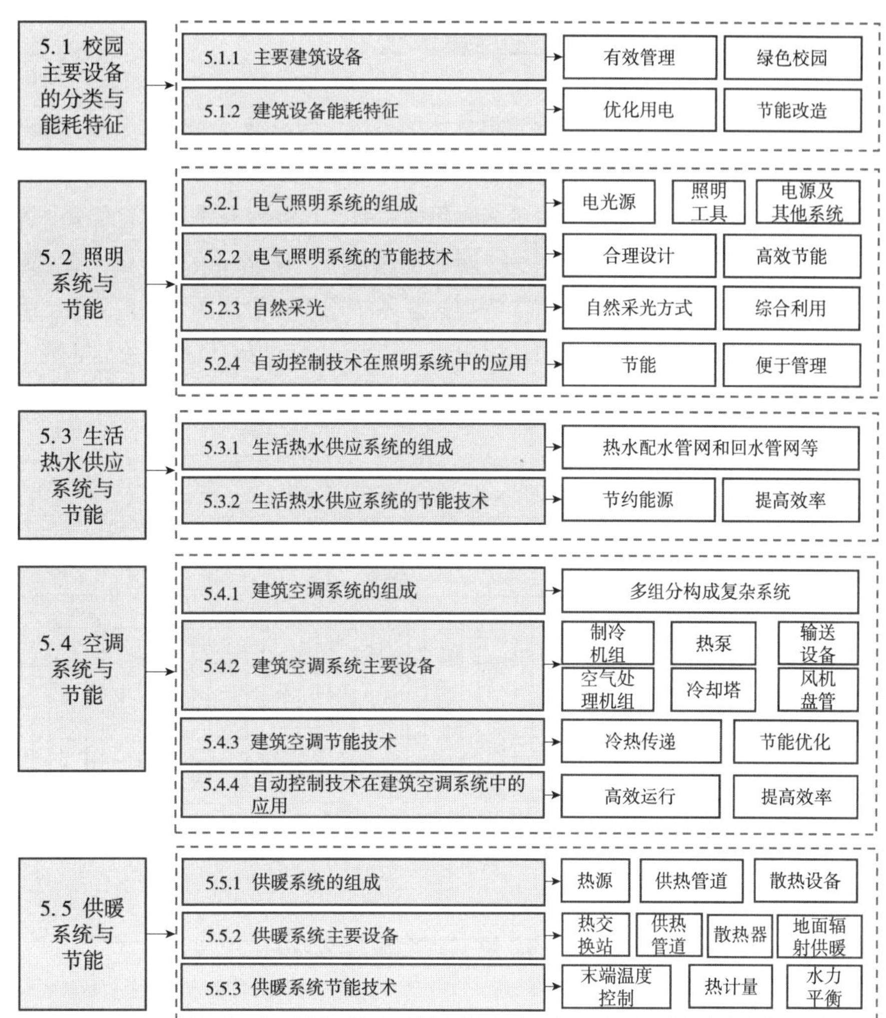

▶ 教育建筑照明系统的主要节能措施有哪些?

▶ 教育建筑空调系统的主要节能技术有哪些?

▶ 教育建筑供暖系统的主要节能措施有哪些?

相关统计数据显示，2023 年我国已有各类学校超过 49.83 万所，在校生超 2.91 亿，占全国总人口 20.8%。这些学校消耗巨大的社会能源，因此，强调校园绿色发展变得尤为重要，特别是充分采用校园建筑和设备方面的节能减排措施，促进校园建筑及环境可持续发展。

5.1.1 主要建筑设备

校园建筑群体类型多样，包括教学楼、办公楼、图书馆、食堂和宿舍楼等，每种建筑都承载着学校运行的重要功能。为确保这些建筑的高效运作，校园内部署了多种用能设备，这些设备按照其功能需求可以大致分为以下五类：照明系统、暖通空调系统、插座和设备系统、综合服务系统以及特殊用能系统。有效管理这些系统不仅关乎能源消耗的优化，还直接影响到校园的运行效率和环境质量，是实现绿色校园目标的关键环节（图 5-1）。

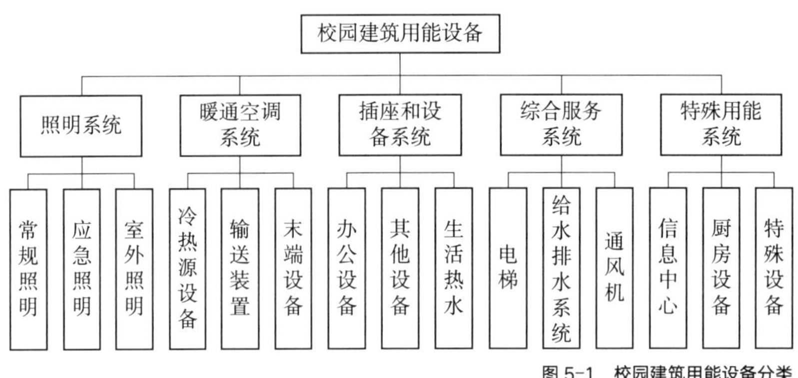

图 5-1　校园建筑用能设备分类

5.1.2 建筑设备能耗特征

在实现绿色校园的过程中，深入了解校园建筑设备的能耗特点尤为关键，能耗种类及其在总能耗中的比例直接指导着节能减排策略的制定。以上海地区某大学为例，电力消耗成为校园总能耗的主导，揭示了优化用电设备效率为节能工作的重中之重。图 5-2 指出了能源消费结构分析，从图可知该校能耗占比中电耗是主要部分，因而成为节能减排的重点领域。从建筑类别划分下的能源消费结构图可知，校园能耗占总量一半的部分是学生生活设施和科研建筑。大连某大学年度用电数据分析显示科研楼的照明、插座和空调用电量占到了总用电量的 90% 以上，这一数据凸显了在这些方面进行节能改造的巨大潜力。

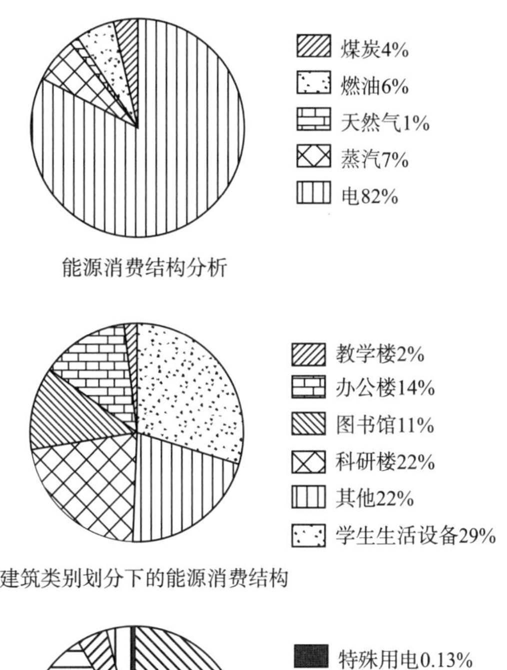

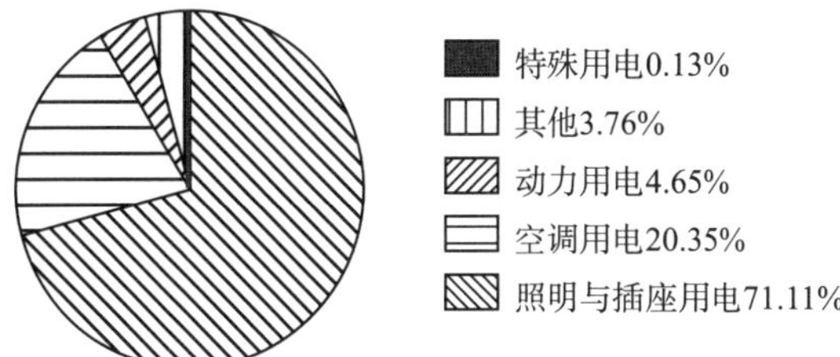

大连某大学年度用电数据

图 5-2　相关能源数据饼图

5.2.1 电气照明系统的组成

在现代建筑设计中，采光系统是确保室内光照质量和节能效率的关键因素，分为自然采光和人工采光两大类。自然采光依赖于阳光直接或间接照射，通过合理设计窗户和其他开口部分，可以使自然光的利用最大化，从而减少对人工照明的依赖。而人工采光，则主要通过电气设备和照明装置，将电能转换成光能，补充或替代自然光源，特别是在夜间或阴暗天气条件下。在现代建筑设计和运营中，合理规划和应用电气照明系统，不仅能够保障室内光照质量，也是实现建筑节能减排目标的重要途径。

1）电气照明系统的组成

电气照明系统通过将电能转换为可见光来满足各种照明需求，主要包括三个关键组成部分，即电光源、照明灯具及其他部分。

电光源是电气照明系统的核心，负责将电能直接转换成可见光。常见的电光源包括白炽灯、荧光灯和 LED 灯等，它们各有特点，如 LED 灯以其高能效和长寿命而广受欢迎，而荧光灯则因其优良的光效和色温范围而被广泛使用。

照明灯具（照明器或灯具）的作用不仅限于固定和保护光源，更重要的是通过重新分配光通量来达到合理利用光能、避免眩光和装饰美化的目的。灯具设计的艺术性和技术性确保了光线的均匀分布和适宜强度，同时也能体现对空间的美学需求。

电源及其他系统构成了照明系统的基础设施，包括电源、输配装置、控制装置以及测量和保护装置等。这些系统确保了照明装置的稳定运行，提供了必要的电源，并通过控制装置调节照明的亮度、色温等，以满足不同环境和场合的照明需求。例如，智能照明系统可以根据室内外光线变化自动调节亮度，从而优化能源使用，实现节能目标。

2）电光源

电光源是现代照明技术的基础，根据发光原理的不同，可分为热辐射光源、气体放电光源和电致发光光源三类。热辐射光源，如白炽灯和卤钨灯，通过加热物体到白炽状态使其发光，这种方式虽然历史悠久但效率相对较低。气体放电光源，包括荧光灯和各类气体灯（如钠灯、金属卤化物灯），利用电流通过气体或金属蒸气产生的放电现象来发光，特点是光效高，使用范围广。电致发光光源，主要是指 LED 灯，它通过半导体材料直接将电能转换为光能，具有能效高、寿命长的优点。在校园照明设计中，应用较多的是白炽灯、荧光灯、卤钨灯、钠灯等，如图 5-3 所示。

白炽灯

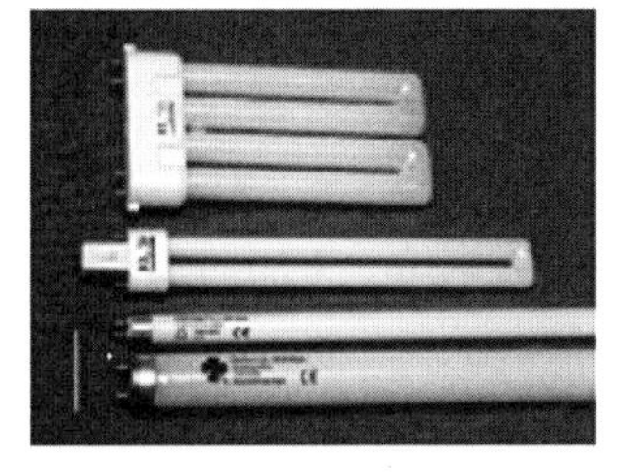
荧光灯

卤钨灯

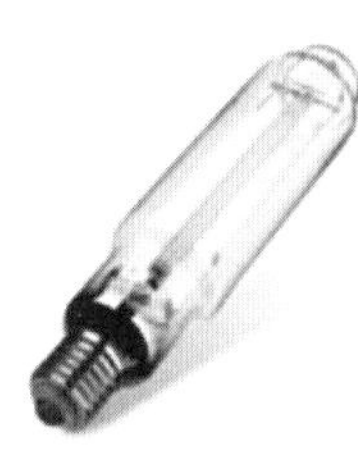
钠灯

图 5-3　电光源：白炽灯、荧光灯、卤钨灯、钠灯

3）照明灯具

灯具通常由固定的灯座、用于控制光通量分布的灯罩和调节装置等部件组成，其设计旨在便于生产、安装和维护，同时也需满足美观和实用的需求。根据不同的安装需求和照明场景，灯具可分为多种类型，如悬吊式、吸顶式、壁式等，各有其特定的应用环境和照明效果。眩光是照明设计中需要避免的问题之一，它会导致视觉不适或影响物体的可见性。通过合理设计灯具，如调整光通量的分布，可以有效减少眩光现象，保障照明的舒适性和功能性。此外，灯具的选择和布局也应与室内装饰相协调，以营造出和谐的室内氛围，增强空间的美感和功能性。节能照明已成为现代照明设计的一个重要趋势。

4）电源及其他系统

照明系统的电源、控制装置、照明线路以及测量保护装置是确保照明效果与安全的基础组件。首先，电源为照明系统提供必要的电能，大多数照明系统使用的是单相交流电，以满足一般照明的需求。控制装置则负责开启或关闭照明电源，以及调整光源亮度，以适应不同的使用场景和节能要求，如办公室、教室和卫生间的照明控制各有不同的策略和技术，从简单的手动开关到自动声光控制，再到台灯的调光控制，体现了照明控制的多样性与复杂性。

照明线路的作用是安全、有效地输送电能到每个照明装置，使用的线材要求有良好的绝缘性能和适宜的电流承载能力，以保障电能的稳定供给和系统的安全运行。而测量保护装置则包括了一系列用于监控电能使用情况和保护系统免受电气故障影响的设备，如电压表、电流表和断路器等，它们不仅能帮助监测电气系统的运行状态，还能在发生异常时及时切断电源，防止电气事故的发生。

5.2.2　电气照明系统的节能技术

照明用电在全球范围内占到了总发电量的 10%~20%，而在中国，这一比例约为 10%。这一数据不仅显示出了照明用电在全球能源消耗中的重要地位，也指向了节能照明在减少全球能源压力方面的潜力。在校园等建筑环境中，照明的能耗甚至占到了电力消耗的 30% 以上，使其成为电力消耗的主要部分。尤其在校园中，照明与插座能耗在所有终端能耗中占据首位，凸显了校园照明节能的巨大空间。这不仅意味着通过优化照明系统能够实现显著的能源节省，还表示可以通过降低照明能耗来有效减轻电力系统的整体负担，对环境保护和推动能源的可持续使用产生积极影响。建筑电气照明系统的节能可以从以下几个方面进行。

（1）合理的照明设计：照明节能在设计阶段应根据建筑类型和功能需求制定合理的照明方案，以确保充足照明的同时最大限度地减少能源消耗。选择适当的照度标准至关重要，以避免能源的浪费。针对需要高照度的小范围区域，可以采用混合照明或重点照明的方式，而不必提高整个区域的照度，从而实现节能目的。另外，分区设计是节能照明的有效策略之一，通过在不同区域采用不同的照明方案，可以更好地满足各个区域的照明需求。特别是在办公室等作业区采用工位照明，相比不采用工位照明可以节能 30% 以上。此外，应在设计阶段考虑自然光采光设计，以增加室内舒适度并降低照明能耗。

（2）选用合理的电光源：实现绿色照明的关键在于选择合适的电光源，而节能则是现代照明设计中的首要考虑因素之一。因此，在选择电光源时，应优先考虑表 5-1 中列出的内容。

太阳能灯（图 5-4）作为一种新选择，对于现代照明具有重要意义。太阳能是一种一次能源和可再生能源，其利用不仅可以减少对传统能源的依赖，还有助于减少对环境的负面影响。在白天，太阳能灯通过光敏电池板将太阳能转变为电能，并储存在电池中。而在夜晚，通过转换开关接通电池电源，为节能型太阳能灯具提供电能。由于太阳能电池功率较小，因此常用于校园中的草坪灯、操场灯、路灯等。然而，随着科学技术的不断发展，太阳能灯将会得到更广泛的应用，并且可能会受益于新材料和新技术的不断涌现，从而进一步提升其性能和适用范围。这一趋势将有助于推动太阳能灯在未来照明领域的发展和应用。

校园内不同场所推荐电光源　　表 5-1

区域	推荐电光源	光源特性
低空间办公室、教室	T8、T5 直管型荧光灯	体积减小、耗能减少
宿舍楼、走廊、食堂	节能灯	美观、发光效率更高
教室、图书馆	LED 灯	高效节能、光效率高、显色性好

图 5-4 太阳能灯

3）选用高效节能的灯具

光效能是评估建筑物电气照明品质的重要标准，它代表了照明设备将电能转换为光能的效率，直接影响照明效果的质量和能源利用情况。在相同的光照条件下，光照效率与节能特性成正比，因此提高光照效率不仅可以改善照明品质，还有助于降低能源消耗，实现节能减排目标。为了提高建筑物的照明品质并实现节能目标，应合理选择不同的光源类型，以减少不必要的能源浪费。根据具体情况选择不同的光源类型可以更好地满足建筑物的照明需求，比如，在高处布置时可以选择金属卤化物灯或中等颜色的高压钠灯，而在无法安装或维修的场合适合使用无极灯，有条件的空间可以选择陶瓷金属卤化物灯和高压钠光灯，而频繁开灯的场合更适合选择白炽灯、卤钨灯等热辐射源。此外，紧凑式和直管式日光灯适用于灯泡高度较小时，并且可以延长照明时间，这种选择可以根据建筑物的具体情况和需求进行灵活应用，以达到最佳的照明效果和节能效果。

4）采用高效节能的灯用电器附件

在建筑电气照明系统中推荐选择性能优越、能耗低的光源附件，例如电子镇流器和节能型电感镇流器，以最大限度地节省能源消耗。这些光源附件的性能直接影响着照明系统的能效。镇流器与电光源之间相互配合，其节能性对于建筑电气照明的节能效果至关重要。因此，在选用镇流器时，需要兼顾以下两个关键问题：首先，根据不同灯具类型选择适配的镇流器，例如自镇流荧光灯应搭配电子镇流器，而直管形荧光灯则应选用节能型电感镇流器或电子镇流器，而高压钠灯、金属卤化物灯则需要搭配节能型电感镇流器。其次，根据能效限定值和节能评价值选择合适的管型荧光灯镇流器，可参考国家相关规定进行选型。对于具有调光要求的场所，如高压钠灯，除了选用高压钠灯镇流器外，还需根据实际照明需求配合定时器等设备，选择适用的节能型镇流器。

5.2.3 自然采光

自然光是指将日光引入建筑内部，并按一定方式分配，以提供比人工光源更理想的照明。随着相关技术的不断发展和电能价格的下降，建筑物开始向高层化和大型化发展，导致自然光照明逐渐削弱。然而，在 20 世纪 70 年代初期的能源危机导致能源价格上涨，重新引起了对自然光照明的关注和应用。自然光照明的优点包括节省能源、降低建筑能耗以及减少环境污染，因此受到人们的欢迎。

1）自然采光方式

建筑利用天然光的方法可分为被动式采光法和主动式采光法两类。被动式采光法是通过合理设计建筑窗户和采光天窗等来实现采光的方式，充分利用自然光源，减少人工照明的使用。而主动式采光法则是通过集光、传光和散光等设备与配套的控制系统，将天然光传送到需要照明部位的方法。主动式采光方法需要人工控制或自动控制，无论何种情况，人都处于主动地位，因此称为主动式采光法。这两种方法都是建筑领域中常用的光照设计策略，可以根据建筑的特点和需求进行灵活应用，从而实现节能、环保和舒适的照明环境。

2）自然采光与电气照明的综合运用

建筑室内照明通常将建筑电气照明和自然光照明结合起来，以实现照明效果的最佳化和能源的最大节约。综合运用电气照明和自然光照明需要把握几个重要的技术环节。首先，需要准确确定室内所需的照度值，以确保达到预期的照明效果。其次，选择合适的辅助电气照明的光源、布灯方式和控制方式，以满足不同场景下的照明需求。同时，考虑自然采光并兼顾室内照度的均匀性，选择光源时尽量接近自然光的色温，可采用光敏控制，根据自然采光效果调节人工照明照度，从而达到节能的目的。最后，节能效果与室内照明用电量、照明时间和照明功率相关。选用高效照明设备，通过调光控制更多地利用自然采光，以减少照明能耗，是实现节能的重要策略。

5.2.4 自动控制技术在照明系统中的应用

照明控制技术是随着建筑和照明技术的发展而不断进步的关键领域。当前在建筑节能方面，智能照明控制系统已经得到广泛应用，能够实现多种功能。这些功能包括电光源的开关控制、调光控制、分散集中控制、远程控制、延时控制、定时控制、光线感测控制、红外线遥控、移动感测控制等。

（1）对于教室、图书馆等场所，可以采用时间程序控制。根据季节和上课时间等因素调整时间模式，让供电回路按程序自动开启送电，最终是否开灯由室内的人工开关决定。

（2）对于宿舍、教室的走廊、电梯厅、卫生间等区域，可以结合定时控制和移动感应控制。在上班期间定时开启灯光，下班期间定时关闭 70% 的灯光，并启动移动感应控制，有人走动时开启灯光，人走开后自动关闭，以达到节能和便于管理的目的。

（3）对于一楼大厅、地下车库等区域，可以采用计算机集中控制、定时控制或光感控制。将灯光控制到合适的照度，以节约能源和降低运行费用。

（4）在小会议室、大会议室、办公室等重要区域，可以采用调光方式和场景预设置功能进行控制，产生各种灯光效果，营造不同的灯光环境，提供舒适的视觉享受。这些照明控制方法的灵活应用可以实现对不同场所的个性化照明需求，并最大限度地节约能源。

（5）在适当的位置，如学校食堂，可以设置现场控制面板，方便现场操作控制，以满足特定场所的实时需求。

（6）在灯光照明与室外自然光结合的区域，如一楼大堂、大会议室，可以利用光线感应器实现日照补偿功能。当自然光线超过一定照度时，自动关闭部分或全部灯光，并可通过电动窗帘控制调节室内光线，以营造节能和舒适的照明环境。

（7）对于设有工位照明的办公室，可以组合背景照明调光、工位照明调光和日照补偿控制。通过调节不同区域的照明亮度，最大限度地利用自然光，在保证照明效果的同时节约能源。

（8）在某些区域，如会议室等，可以与门禁系统联动或采用移动感应的方式。当有开门动作时，自动打开相关区域的照明灯，以提高照明的智能化和便利性。

（9）对于校园道路照明或操场灯光，可以设置时间程序控制，也可以利用无线遥控实现遥信、遥控和遥测控制功能。这些控制方式可以提高管理和节能效率，同时也提供了灵活的控制手段，以适应不同场所和需求的照明控制。

5.3.1 生活热水供应系统的组成

生活热水在日常生活中扮演着至关重要的角色，特别是用于洗浴的温度通常在 55~60℃。近期有学者针对上海某高校学生宿舍的生活热水能耗情况进行了研究，结果显示学生宿舍电热水器的电耗占总电耗的比重高达 74%，远超过其他电器用电量的 2.8 倍，包括电脑、照明、风扇等。这一发现凸显了生活热水供应系统在能源消耗中的重要性。

建筑内部热水供应系统涉及多个关键方面，包括供应范围的分类、系统的组成因素、热媒系统的组成、热水供水系统的组成以及系统附件的种类。首先，热水供应范围可分为局部热水供应系统、集中热水供应系统和区域热水供应系统，根据建筑需求进行选择。其次，系统的组成因素包括建筑类型和规模、热源情况、用水要求以及加热和储存设备的供应情况等。热媒系统包括热源、水加热器和热媒管网，其中热源设备可以是锅炉或热网，将冷水加热至 55~60℃后进入热水供水系统。热水供水系统（图 5-5）包括热水配水管网和回水管网，前者用于将制备好的热水送至各个用水点，后者通过循环泵将一定量的热水流回水加热器重新加热，以补充管网散失的热量。最后，系统附件种类繁多，包括控制附件及管道的连接附件，如温度自动调节器、疏水器、减压阀、安全阀、自动排气阀、膨胀罐（管）、膨胀水箱、管道补偿器、阀门、止回阀等，它们起着调节和保护系统正常运行的重要作用。

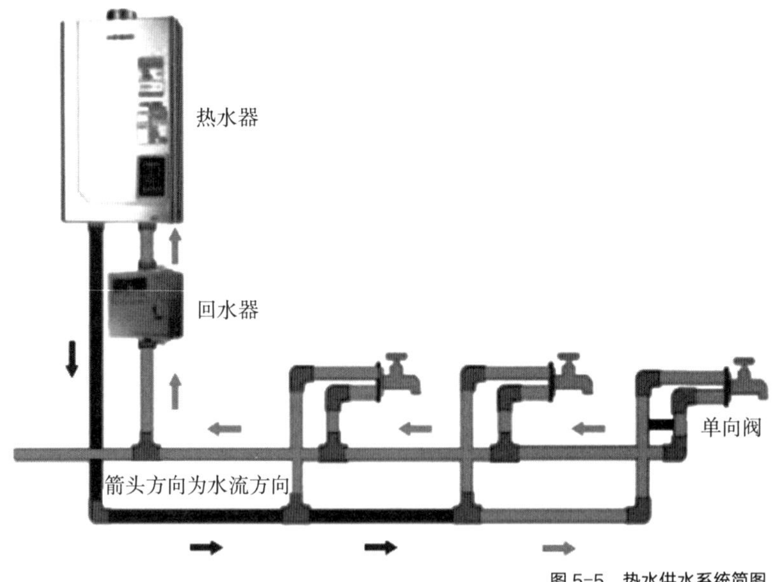

图 5-5　热水供水系统简图

5.3.2 生活热水供应系统的节能技术

1）用水点节能措施

（1）快速出热水

当热水系统的用水点需要使用热水时，通常会先流出冷水，然后才是热水。实际上，这种现象是由于管道热损失导致末端支管中的水温降低所致。解决这个问题的方法主要是做好管道的保温工作，以减少热损失。同时，尽量使主干管靠近用水点，使支管长度尽量短，从而减少冷水流出时间。根据运行经验，如果使用电加热方式保持水温，每天的电费约为 0.2 元 /m（电费按每度电 0.8 元计算）。这意味着，将支管长度减短 1m，就可以获得约 0.2 元 / 天的节能效益。

（2）保持热水出水水温稳定

热水供应系统的稳定性对于节约能源和提高效率至关重要。首先，热水用水点出水水温的不稳定性会导致用户不断调节水温，造成热水的浪费。因此，稳定的水温可以减少热水的使用量和耗热量，进而节省能源。为了实现稳定水温，需要采取一系列措施。其中，设置高位水箱来稳定管道压力，设计管线时避免竖向弯折以防止气体囤积，选择高效的冷热水混合阀也至关重要。这些措施不仅可以缩短水温调节时间，还可以减小阀前水压波动对出水水温的影响。

（3）控制热水用水点无效的出水流量

控制热水系统用水点的无效流量对于节能和节水具有重要意义。这里的无效流量指的是未经实际使用而流出的水流，其存在会导致能源和水资源的浪费。为了实现这一目标，保证管道内的压力稳定是至关重要的一步。通过维持管道内的压力稳定，可以有效地减少无效流量的产生。此外，选用节水器具也是控制无效流量的有效手段。节水器具可以限制水流量，从而减小无效流量，进而节省热水的耗热量和输水的动力能耗。

2）热水输配系统节能措施

（1）减小管网压力损失

选择适当的管径并维持经济流速是降低管网压力损失的关键。首先，在输配系统设计阶段，应根据经济流速选择合适的管径，并在实际运行中持续保持这种流速，从而有效降低管网压力损失。其次，采用同阻技术和循环流量限流控制装置可以取代传统的布置方式，有助于降低管网压力损失。再次，缩短热水管道长度也是减小管网压力损失的有效方法。尽量减少管道长度可以减小管网内的摩擦阻力，从而减小压力损失。最后，减少不必要的阀门和阀配件也能降低局部阻力损失，进而减小管网压力损失。通过以上措施，可以有效减小管网压力损失，提高输配系统的效率和节能水平，从而为能源节约和可持续发展作出贡献。

（2）热水管道的高效保温

生活热水经管道输配到用水点，温度会下降。损失的热量主要由管壁传热散发到周围环境中。一般情况下温度会下降 5℃左右，这意味着总耗热量的 10% 在输送过程中被浪费掉了。提高热水管道保温效果的方法可以通过以下途径实现：首先，选择高效的保温材料是至关重要的。采用保温效率高的材料能够有效减少热量的传热损失，从而降低管道周围环境的热量散失，达到节能的目的。其次，保证保温层的结构完整也是保温效果的关键因素。如果保温层存在破损或渗水等问题，将会导致大量热量的损失。因此，必须确保保温层的结构完整，及时修补损坏部位，以防止热量的流失。另外，在管道的特殊形状部位，如阀门、三通等地方，采用适配的保温措施也是必要的。通过使用形状吻合的保温层，可以确保整个管道系统的保温效果均匀一致，避免局部热量损失过大。

（3）水泵高效率运行的供水工艺

选择合适的水泵至关重要。在最初的设备选型阶段，需要进行准确合理的计算，选择扬程和流量大小适宜的水泵。过大的水泵在运行时往往处于低效率区，导致能源的浪费。因此，选择合适的水泵可以确保水泵在高效率区内运行，从而减少能源的浪费。其次，采用变频水泵也是提高水泵运行效率的重要措施。变频水泵能够根据实际需要调整运行速度，在部分负荷工况下使水泵在高效率区内工作。通过灵活调整运行速度，变频水泵能够适应不同的水流需求，从而提高水泵的运行效率，节约能源。

3）热水制备设备节能措施

首先，采用高效的循环水泵是关键。选择具有高效率的循环水泵可以降低能源消耗，因为这些泵通常设计用于在不同负载下提供最佳性能，从而减少能源浪费。其次，合理设计循环系统也是重要的节能措施。这包括优化管道布局、减少弯头、改善水泵的位置等。通过减小管道阻力和水流阻力，可以降低泵的运行能耗，提高整个系统的效率。另外，安装变频调速器也是一种有效的节能手段。变频调速器可以根据实际需要调节水泵的运行速度，避免泵在低负载时运行于低效率状态，从而减少能源的浪费。最后，定期检查和维护循环水泵也是确保系统高效运行的关键。保持水泵的清洁、润滑和正常工作状态，及时修复漏水和故障，可以最大限度地减少能源损耗，并延长设备的使用寿命。

4）可持续能源及废热利用技术

（1）太阳能利用

太阳能生活热水系统是一种利用太阳能加热建筑中生活热水的系统。这种系统利用太阳能收集器（如太阳能热水器或太阳能真空管）捕获太阳能，并将其转换为热能，用于加热建筑内的生活热水。通常情况下，太阳能收集器安装在建筑物的屋顶或阳台等位置，通过吸收太阳能来加热其中的水并传递热量给水箱中的水。随着太阳能技术的不断发展和普及，太阳能生活热水系统已经成为一种环保、节能的热水供应方式，为减少能源消耗和降低碳排放作出了重要贡献。

（2）中央空调制冷废热回收

中央空调制冷废热回收是一项重要的节能措施，特别是在夏季，大型公共建筑的中央空调设备在制冷过程中会产生大量的废热。这些废热并非无用，可以通过适当的技术手段进行回收利用。一种常见的废热回收方式是利用废热加热建筑中的生活热水。将废热有效地转移给生活热水，可以减少生活热水加热过程中的能耗，并且还可以节约空调系统需要补充的冷却水，实现了节能和节水的双重效益。这种节能措施不仅有效地利用了空调系统产生的废热，还将其转化为可用的能源，从而减少了对其他能源的依赖，降低了能源消耗，具有显著的节能效果。

（3）气、水源热利用

空气源热泵和水源热泵是两种有效利用自然资源中的热能来加热生活热水的途径。首先，空气源热泵利用空气中存在的热量来进行加热。即使在寒冷的天气中，空气中仍然含有可利用的热能。空气源热泵通过从环境空气中吸收热量，然后经过压缩和传递，将其提升至适宜的温度，最终用于加热生活热水。其次，水源热泵则是利用水体中的热能进行加热。生活废水和地下水通常都蕴含着一定的热量。水源热泵通过循环水体中的水，将其中的热能提取出来，然后利用这些热量来加热生活热水。

建筑空调系统在校园建筑中扮演着重要角色，并且其能耗占据了建筑总能耗的相当大部分。因此，实现校园建筑空调与供暖系统的绿色节能是构建绿色校园、提高能源利用效率的重要举措之一。

5.4.1 建筑空调系统的组成

建筑空调系统是由多个组成部分构成的复杂系统，包括冷热源设备、输配管路、室内末端设备、散热设备、水泵、风机、控制装置及附属设备等。这些组件共同协作，以提供舒适的室内环境。空调与供暖系统的组成及举例参见表 5-2。

空气调节处理系统分类，按空气处理设备的设置情况可分为分散式系统、集中式系统和半集中式系统。根据具体的建筑需求和空间特点，可以选择适合的空气调节处理系统类型，以达到最佳的空气调节效果和能源利用效率。

空调与供暖系统的组成及举例　　表 5-2

组成	举例
冷热源	冷水机组、锅炉等
冷媒输送系统	冷冻水泵、冷冻水管路及附件
热媒输送系统	热水泵、热水管路及附件
空气处理设备	空调箱、风机盘管
空气输配系统	送、回风管道，散流器等
散热系统	冷却风系统或冷却水系统

1）分散式系统

分散式系统（图 5-6），也称为局部空调机组，是一种紧凑型空调系统，将冷热源和空气处理、输送设备（如：风机）集中安装在一个箱体内。这种系统不需要集中的机房，安装方便，使用灵活。常见的分散式系统包括窗式空调和柜式空调。例如，分体式空调机是一种常见的分散式系统，由一个室内机和一个室外机组成。室内机包括冷凝器、蒸发器和风机等组件，安装在室内的墙壁或室内空间中；而室外机则包括压缩机和冷凝器等部件，安装在室外，通常放置在建筑的外墙或屋顶上。这种结构使得分体式空调系统在空间利用、安装灵活性等方面具有优势。

2）集中式系统

集中式系统将空气处理设备（如过滤、冷却、加热、加湿设备和风机

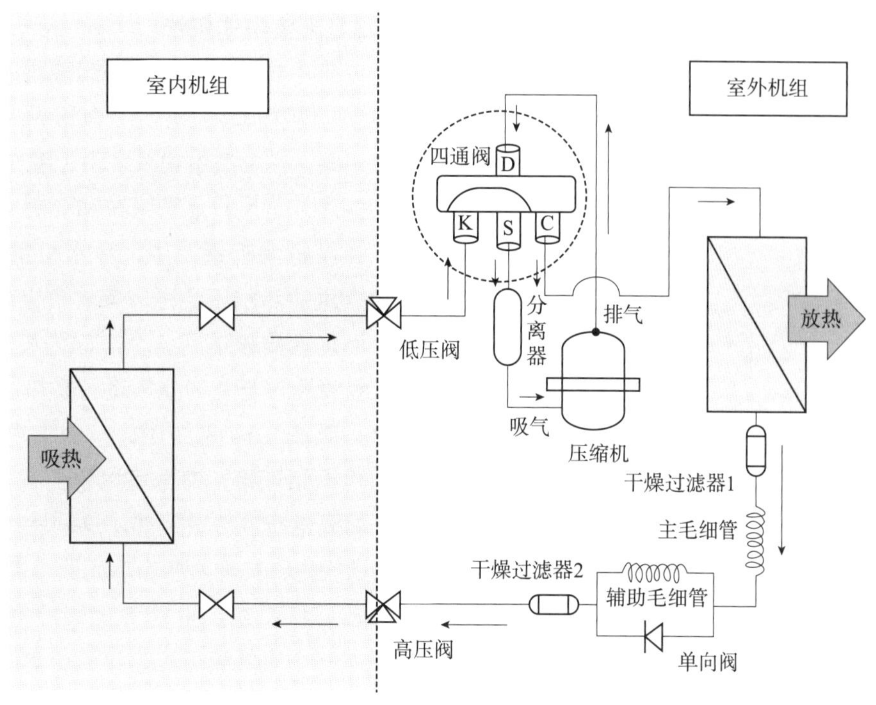

图 5-6 分散式系统

等）集中设置在专门的空调机房内，并通过风管将经过处理的空气输送到各个房间（图 5-7）。冷水和热水的制备设备也集中在机房内，有时还会设立专门的冷冻站和锅炉房。相比于分散式系统，集中式系统更便于集中管理和维护。因为所有的空调设备都集中在一个机房内，维护人员可以更容易地监控和维修设备。此外，集中式系统通常可以实现更高效的空气处理和能源利用，因为可以通过集中控制来优化整个系统的运行。

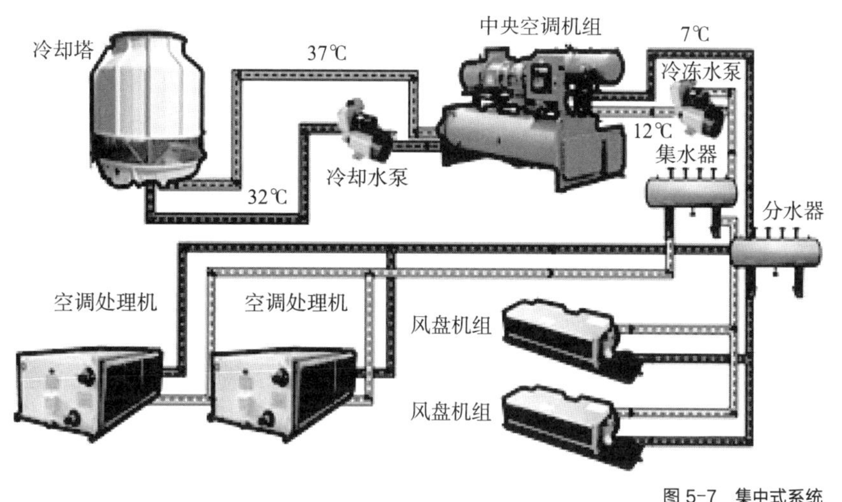

图 5-7 集中式系统

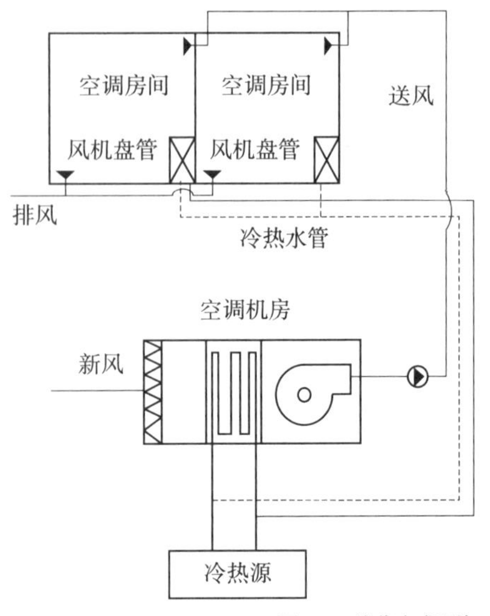

图 5-8 半集中式系统

3）半集中式系统

半集中式系统将空气处理装置设置在各个分散的房间内，与集中式系统相比，其区别在于空气处理装置的位置不同。在半集中式系统中（图 5-8），处理空气的末端设备通常是风机盘管系统和变制冷剂流量（VRV）系统。在风机盘管系统中，冷水机组提供的冷冻水和锅炉房提供的热水不会送入集中的空气处理设备（AHU）中，而是直接输送到各个房间内设置的风机盘管末端。风机盘管通过与室内空气进行换热，实现室内的供冷和供热。而在 VRV 系统中，一台集中式的冷凝器与多个室内机组相连接，每个室内机组都能够独立控制温度，根据需要进行制冷或制热。这些室内机组可以分布在不同的房间内，实现对各个房间的个性化空调控制。

多联机系统，也称为变制冷剂流量系统，是一种常见的空调系统，其特点是一个室外机可以连接多个室内机组。与分体式空调相似，多联机系统也采用冷媒作为传热介质，但其区别在于一个室外机对应多个室内机。在多联机系统中，一台室外机通过冷媒配管连接到多个室内机。系统根据室内机电脑板反馈的信号，控制向每个室内机输送的制冷剂流量和状态，以实现根据不同房间的冷热要求进行调节。在校园建筑中，各种类型的空调系统都有其应用场景。大型建筑如图书馆通常会采用集中式空调系统，因为其能够提供集中管理和维护；行政办公楼、教师办公室和教学楼等则较常采用半集中式的风机盘管系统或分散式的多联机系统，以满足不同房间的个性化空调需求；而学生宿舍则更倾向于采用分体式空调系统，因为它安装简便、使用灵活。

5.4.2 建筑空调系统主要设备

1）制冷机组

制冷机组是一类将较低温度的被冷却物体的热量转移到环境介质以产生冷量的机器。这些机器内部的工质，即制冷剂，在热力过程中扮演着重要角色。常见的制冷机组包括压缩式制冷机、吸收式制冷机、蒸汽喷射式制冷机和半导体制冷机等。压缩式制冷机通过压缩制冷剂气体来提高温度和压力，然后将其冷凝成液体，释放热量，再通过蒸发将其再次蒸发成气体，从而吸收热量以产生冷量。吸收式制冷机利用吸收剂对蒸发剂的吸收来完成制冷过程。蒸汽喷射式制冷机通过蒸汽的喷射产生负压，使制冷剂蒸发并吸收热量。半导体制冷机则利用半导体材料在电场或电流作用下产生冷热效应，通

图 5-9　风冷式机组实物图

图 5-10　水冷式机组实物图

过将热量从一侧转移到另一侧来实现制冷。这些机组中的冷凝器需要向外部空间散热，因此制冷机组通常分为风冷式和水冷式机组，选择不同类型的机组取决于具体的应用场景和环境条件（图 5-9、图 5-10）。

2）热泵

“泵”作为一种机械设备，主要功能是提高流体的位能或压力，例如水泵能将水从低处抽到高处。而“热泵”（heat pump）则是一种利用外部热源或热能进行供热或制冷的装置。热泵的工作原理与制冷机相似，都是通过制冷循环过程来传递热量。在供热模式下，热泵从低温环境吸收热量，通过压缩和冷凝过程提高温度，释放热量到室内，实现供热效果。在制冷模式下，热泵则从室内吸收热量，通过冷凝和蒸发过程降低温度，并将热量释放到外部环境中，实现室内制冷。虽然热泵和制冷机的工作原理相同，但其应用目的不同。如果主要目的是获得高温热量用于供暖，则称之为热泵；反之，如果主要目的是降低温度用于制冷，则称之为制冷机。因此，热泵和制冷机实质上是同一种装置的两种不同称谓，反映了它们在应用方面的不同用途（图 5-11、图 5-12）。

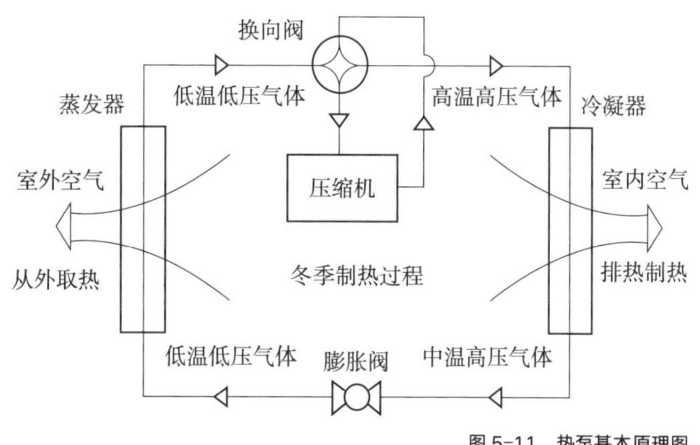

图 5-11　热泵基本原理图

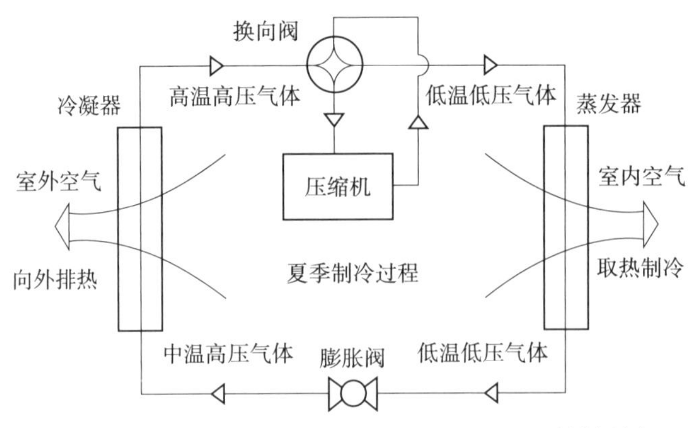

图 5-12　制冷机基本原理图

3）输送设备

空调系统中的输送设备主要包括风机和水泵，它们通过电机消耗电能，输出机械能，以提高流体的压力并进行输送。这些设备的主要性能指标包括流量、压力（或扬程）、功率、效率和转速。风机根据气体流动的方向和工作原理可以分为不同类型，包括离心式、轴流式、斜流式（混流式）和横流式等。离心式风机的工作原理是通过转子产生的离心力将气体送出，而轴流风机则是通过气流平行于旋转轴的方向进行输送。离心式风机通常用于空调系统中的送风或排风，其结构简单而效率高。水泵根据不同的工作原理也可以分为不同类型，包括容积泵和叶片泵等。容积泵利用工作室容积的变化来传递能量，而叶片泵则通过回转叶片与水的相互作用来传递能量。叶片泵又可以分为离心泵、轴流泵和混流泵等类型。离心泵是最常见的水泵类型，其结构简单、运行稳定，通常用于空调系统中的循环水路。

4）空气处理机组

空气处理机组（AHU）是一种关键的集中式空调设备，其内部包含多个重要组件，用于处理空气以提供舒适的室内环境。其中，空气加热盘管和空气冷却盘管负责调节空气温度，分别通过电加热器或热水以及制冷剂循环来实现加热和冷却功能。空气加湿器则用于增加空气中的湿度，确保室内空气舒适度。此外，空气过滤器用于清除空气中的污染物和颗粒物，保证室内空气的清洁和卫生。混风箱调节室内新风和循环风的比例，而消声器则减少通风系统产生的噪声，提高室内环境的舒适性。这些组件配合空气处理机组内的风机，将经过处理的空气输送到建筑内部，为用户提供符合需求的室内空气。

5）冷却塔

冷却塔是一种关键的热交换设备，常用于与制冷系统中的冷凝器相配合，用于散发热量并降低循环冷却水的温度。其工作原理是通过将热的循环冷却水经过喷淋装置喷洒至冷却塔顶部，形成细小水滴，并与引入的大量空气进行接触，从而促使水蒸发并将热量转移到空气中，使水温下降。冷却后的水重新循环回制冷系统中，继续吸收热量并进行循环，实现热量的散发和降温。冷却塔主要由喷淋装置、塔填料、风机和冷却水池等组成。喷淋装置用于喷洒水滴，增大水与空气的接触面积；塔填料则增加了水与空气的接触面积，有利于水的蒸发；风机则引入大量空气，并帮助水的蒸发散热；而冷却水池用于收集冷却后的循环冷却水，再送回制冷系统中继续循环使用。冷却塔的工作效果受多种因素影响，包括空气湿度、温度、水的循环速度以及塔填料的选择等。

6）风机盘管

风机盘管作为空调系统的末端设备，在空调系统中扮演着关键的角色。其主要组成部分包括冷水（热水）盘管、过滤器、风机、接水盘、排气阀和支架等。冷（热）水盘管通过循环冷水或热水来调节空气温度，而过滤器则确保送入房间的空气质量达到标准。风机通过强制作用将室内空气吸入系统中，促使空气与冷水（热水）进行热交换，调节空气温度后再吹出到房间内，保持室内温度稳定。接水盘用于接收盘管中的冷（热）水并确保其循环顺利，而排气阀则用于排出盘管中的空气，保障系统运行稳定。支架负责支撑风机盘管设备的稳定安装。

风机盘管系统通常无法提供新鲜空气，因此需要与新风机组配合，通过新风机组将新鲜空气引入系统，以确保室内空气的质量和舒适度。此外，风机盘管系统还需要与其他管道、阀门和控制装置等配合，方能构建完整的建筑空调和供暖系统，实现对建筑室内环境的调节和控制。风机盘管的运行稳定与否直接影响室内空气的品质和使用者的舒适感，因此其设计、安装和维护都至关重要。

5.4.3 建筑空调节能技术

建筑空调与供暖系统的节能技术主要从冷热传递的原理应用、运行参数的优化设置以及自控技术辅助等方面入手。

1）冷热传递的原理应用

（1）蒸发冷却技术：蒸发冷却技术通过利用水蒸发吸收热量的原理，将室内温度降低，从而减轻空调系统的负荷，节约了能源消耗。在夏季高温天气中，通过喷洒水或使用蒸发冷却设备，可以有效地降低室内温度，提高室内舒适度。

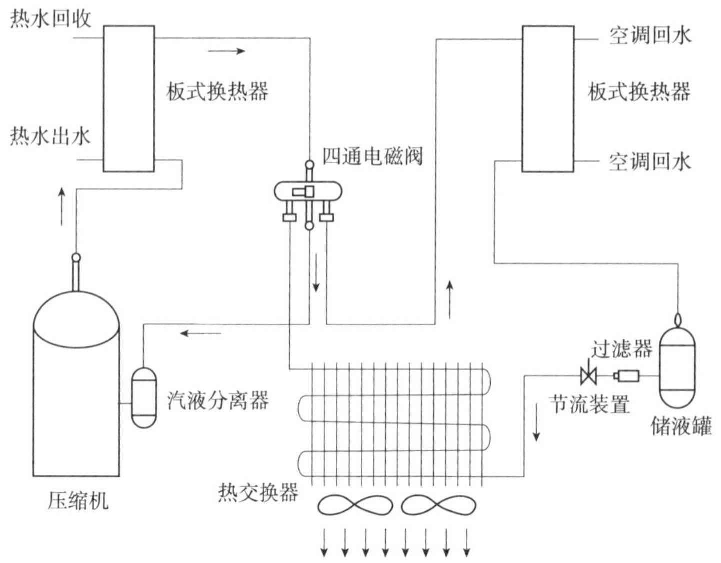

图 5-13　热回收原理图

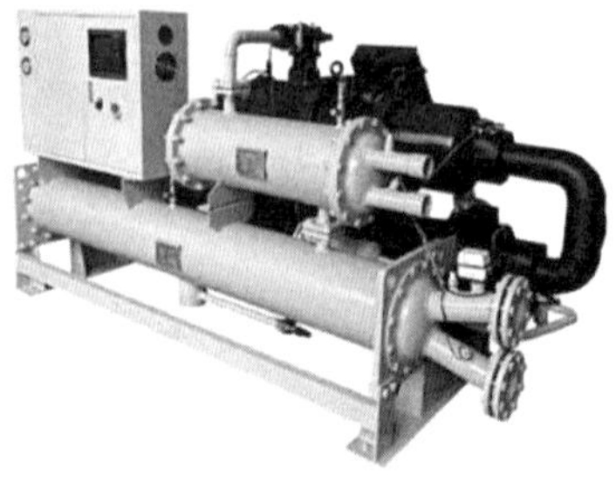
图 5-14　热回收实物图

（2）免费供冷技术：免费供冷技术利用过渡季节或冬季室外空气的低温，直接将室外空气引入室内进行供冷，避免了机械制冷主机的使用，降低了能源消耗。这种技术在过渡季节和气候较为温和的地区尤其有效，可以节约大量能源。

（3）热回收技术：热回收技术充分利用了废热资源（图 5-13、图 5-14），实现了能源再利用。通过排风热回收和冷凝热回收，可以在冬季利用室内排出的温暖空气或制冷机组排出的高温制冷剂气体来预热新鲜空气或加热生活热水，从而减少能源的浪费，提高了能源利用效率。

2）运行参数优化设置

（1）合理设置室内温湿度参数：空调系统中合理设置室内温湿度参数对于节约能源至关重要。在夏季，适当提高室内温度和相对湿度可以有效降低空调系统的能耗。根据研究，在上海地区，夏季每提高 1℃的室内温度，空调能耗可以下降 6% 以上。此外，保持相对湿度在舒适范围内也有助于减轻空调负荷。而在冬季，适当降低室内温度和相对湿度同样能够减少供暖系统的能耗。然而，为了确保室内环境对人体健康和生产要求的满足，需要综合考虑人体舒适度和生产需求。因此，在设置室内温湿度参数时，需平衡舒适度和节能效果，并定期检查和调整系统的温度和湿度设定值，以保证室内环境的舒适度和节能效果的最优化。

（2）增大空调送风温差和供回水温差，降低水和空气流速等：增大空调送风温差和供回水温差是一种有效的节能措施，可以显著降低空调系统的能耗。首先，增大送风温差能够减少风机的输送流量，从而降低风机的能耗。一般来说，可以考虑将送风温差提高到 14~15℃，但在此过程中需特别关注低温风管的保温质量，以减小传热损失和避免风管壁面结露。其次，增大供回水温差有助于降低水泵的能耗，但在选择供回水温差时需综合考虑热交换器的造价和制冷设备的效率等因素，以达到节能的目的。此外，降低水和空气的流速也是节能的重要手段，它可以减少管道的阻力损失和输送能耗。为实现这些措施，需要在设计和运行中合理调整系统参数，确保水流速和空气流速处于适宜范围内。

5.4.4 自动控制技术在建筑空调系统中的应用

实现建筑空调的节能很大程度上依赖自动控制技术。因此，本节给出几类空调供暖系统中常见的自控技术应用。

1）变台数控制

对于空调与供暖系统的设备配置，采用多台配置是一种常见的做法，可以根据负荷的变化来有效地调节系统容量，避免能源浪费和设备运行效率低下的问题。在进行设备台数的变化时，首先应根据负荷变化调整设备台数。例如，在冷负荷较大时，可以全开制冷主机和冷冻水泵等设备，以满足系统的需求；随着冷负荷逐渐下降，可以逐步减少制冷主机和冷冻水泵的开启台数，以匹配实际负荷的变化。其次，制定合理的变台数控制逻辑至关重要。需要考虑系统的稳定性、能效和设备寿命等因素，制定负荷阈值和开启 / 关闭台数的变化规则，确保系统能够在不同负荷条件下稳定运行，并且保障设备的安全和性能。此外，为避免不必要的能源浪费，在设备运行管理时应及时响应负荷变化，避免设备长时间处于低负荷运行状态或过载运行状态。应密切监控系统运行状态，并及时调整设备台数，以确保系统能够高效运行，同时保障设备的安全和稳定性。

2）变频调速技术

变频调速技术是一种有效的节能措施，特别适用于空调与供暖系统中的输送设备。通过改变电动机的输入频率或转速，可以调整输送设备的性能曲线，以适应不同负荷条件下的运行需求，从而实现节能的目的。这种技术在部分负荷运行状态下尤其有效，能够显著提高系统的能效。变频调速技术的主要优点包括节能降耗、提高设备效率和精准控制。首先，通过降低电动机的转速，可以有效减少设备的能耗，达到节能的目的。其次，调整电动机的输入频率或转速可以使设备运行在效率较高的区域，提高设备的运行效率。最后，这种技术能够根据实际需要精确控制设备的输出，满足系统对流量和压力的要求，实现精准控制。然而，在采用变频调速技术时，需要注意设备本身的特性、系统的稳定性和安全性等因素。合理设计控制策略，以确保系统能够稳定可靠地运行，并且能够实现预期的节能效果。因此，在应用变频调速技术时，需要充分考虑各项因素，并进行合理的设计和调试，以实现最佳的节能效果。风机和水泵的轴功率、流量、压头（扬程）和转速之间存在如下关系：

$$\frac{Q_1}{Q_2}=\frac{n_1}{n_2};\frac{p_1}{p_2}=\left(\frac{n_1}{n_2}\right)^2,\text{ 或}\frac{H_1}{H_2}=\left(\frac{n_1}{n_2}\right)^2;\frac{p_1}{p_2}=\left(\frac{n_1}{n_2}\right)^3$$

式中，Q 为流量，p 为风机压头，H 为水泵扬程，P 为功率，n 为转速。

当流量和扬程保持不变时，如果采用变频技术降低转速，轴功率的变化与转速的立方成正比。因此，即使只是略微降低转速，也能显著降低风机和水泵的轴功率，实现大幅度的节能效果。这突显了变频技术在部分负荷工况下的优势，为节能减排提供了重要途径。

3）空调冷冻水及空调热水温度重置

温度重置作为一种常见的节能策略，在空调与供暖系统中发挥着重要作用。其核心思想是根据室外环境的变化调整供水温度，以满足室内舒适需求，并在此过程中降低系统的能耗。当室外气温较低时，系统的冷负荷减小，可以通过提高冷却水的供水温度来减少制冷设备的负荷，从而降低能耗。而当室外气温较高时，系统的热负荷增加，此时可以通过降低供暖水的供水温度来减少供热设备的负荷，达到节能的目的。具体实施温度重置策略需要综合考虑系统的特点和运行情况，以及室内舒适度的要求。工程师和设计师可以参考 ASHRAE 等机构发布的相关标准和指南，根据具体情况制定合理的操作方案。这些指南提供了详细的操作指导，帮助实际项目中的温度重置策略的有效应用，以提高能源利用效率，降低系统运行成本。

4）变风量空调系统（VAV）

空调系统通常用于恶劣条件下调节室内温湿度到舒适范围，如室内负荷、室外温度和湿度等处于不利情况。然而，这种不利情况只存在于一年中很短的时间，大多数时间则都是在部分负载的情况下工作。目前，我国大部分的空调系统都采用定风量系统，系统在工作时其风量和调节温度保持不变，然而随着空调系统的持续工作，冷却负荷会逐渐变小，恒定的风量及功率会导致过冷现象，舒适度下降且无效能耗增大。与之形成鲜明对比的是变风量空调系统，该系统可随负荷变化降低风扇功率，减少气流。如系统全年以 70% 的风量运行，风扇能耗可降低 50% 左右，是一种节能的空调运行方式。近年来，随着变频器技术的成熟和价格下降，变风量空调系统得到了广泛应用。

5.5.1 供暖系统的组成

供暖系统通常由热源、供热管道和散热设备三部分组成。根据供热范围和热媒种类的不同，供暖系统可以进行如下分类。

（1）按供热范围分类，供暖系统主要包括局部供暖、集中供暖和区域供热（暖）三种形式。

①局部供暖：局部供暖系统将热源和散热设备安装在同一房间或区域内，以满足局部的供热需求。这种方式包括传统的火炉、火墙，以及现代的电热取暖、家用燃气壁挂锅炉和空调机组供暖等方式。局部供暖系统适用于小面积的场所或需要针对特定区域进行供暖的情况。

②集中供暖：集中供暖系统利用一个集中的热源（通常是锅炉房）为多个建筑或建筑群提供热量。这是目前最常见的供暖方式之一，通过管网将热水或蒸汽输送到各个建筑，然后在建筑内部通过散热设备进行供热。集中供暖系统具有运行维护便捷、能源利用率高等优点。

③区域供热（暖）：区域供热系统具有更大的供热能力和覆盖范围，通常由集中供热锅炉房或热电厂等作为热源，向不同需求的用户提供热能。系统通过设置热交换站实现与用户的连接，热源到热交换站的管网称为一次管网，而热交换站到用户设备的管网称为二次管网。在城市供热系统中，热交换站是系统的用户接口，而在单个建筑或建筑群中，热交换站则充当热源的角色。区域供热系统具有能源利用率高、运行安全稳定等优点，适用于较大范围的供热需求。

（2）按热媒分类

按热媒分类的集中供暖系统主要分为热水供暖系统、蒸汽供暖系统和热风供暖系统三种类型。在热水供暖系统中，热水作为热媒从集中的热源输送到散热设备，如暖气片或地暖系统，这种系统考虑了节能和卫生因素，因此是目前最常见的一种。而蒸汽供暖系统则使用蒸汽作为热媒，从集中的蒸汽源输送到散热设备，通常应用于需要加热的工厂或建筑中，例如加热工业生产线或大型建筑物。另外，热风供暖系统使用热风作为热媒，通过通风系统从集中的热源输送到室内，适用于需要同时通风和供暖的场所，例如车间或大型仓库。这三种类型的集中供暖系统各具特点，可以根据具体场所的需求和条件选择最适合的供暖方式。

5.5.2 供暖系统主要设备

1）热交换站

热交换站是集中供热系统中的关键设施，用于将热能从集中供热系统的热源输送到用户设备。它通常位于热源和用户之间，作为热能的中转站。热交换站包括各种设备和管道，用于将来自热源的热介质（如热水或蒸汽）通过热交换器传递给用户设备，同时将冷却的热介质返回到热源进行再次加热。

（1）分散供暖系统：在分散供暖系统中，每个建筑或区域都有自己的供热设备，如热水锅炉或电热器。因此，热交换站在这种情况下并不常见，因为热能直接从供热设备输送到用户设备，无需中转站。分散供暖系统的特点是灵活性高，每个用户可以根据自己的需求独立控制供暖设备，但也存在能源浪费和管理复杂度高的缺点。

（2）集中式供暖系统：在集中式供暖系统中，热交换站起到了关键的作用。它位于热源和用户之间，用于将热能从集中供热系统的热源输送到用户设备。热交换站通常包括热交换器、管道、阀门和控制系统等设备，用于调节和控制热能的传输。集中式供暖系统的优点是能源利用效率高，管理和维护相对简单，适用于大型建筑群或城市供热系统。

2）供热管道

供热管道是输送蒸汽或热水的管道系统，其在热能输送中扮演着至关重要的角色。根据介质、工作压力和敷设位置等不同因素，供热管道可以进行多种分类。首先，根据介质的不同，供热管道可分为蒸汽管道和热水管道。蒸汽管道用于输送蒸汽，而热水管道则用于输送热水。在安装这些管道时，需要考虑介质的特性，如蒸汽的热胀冷缩和凝结水排放等问题。其次，根据工作压力的不同，供热管道可分为低压、中压和高压管道。这些管道的工作压力不同，需要根据具体的供热系统和需求进行选择和安装。最后，根据敷设位置的不同，供热管道可分为室内供热管道和室外供热管道。室内供热管道安装在建筑内部，而室外供热管道则安装在建筑外部，通常用于连接建筑与集中供热锅炉房。对于蒸汽管道而言，除了考虑热胀冷缩外，还需要特别注意凝结水的排放问题。通常需要在管道系统中设置疏水器和排水装置，以排除产生的凝结水，保证系统的正常运行。

3）散热器

在热水或蒸汽供暖系统中，散热器是至关重要的组成部分，其主要任务是将热水或蒸汽的热量释放到室内，从而实现供热的目的。散热器根据其换热方式和材质的不同可分为不同类型。首先，根据换热方式，散热器可分为辐射散热器和对流散热器。辐射散热器主要通过辐射方式传递热量，常见于铸铁散热器等；而对流散热器则主要通过对流方式传递热量，通常称为“对流器”。其次，根据材质，散热器可分为铸铁散热器、钢制散热器和其他材质散热器，如铝制、铜制、钢铝复合、铜铝复合等。在选择散热器时，需要综合考虑供热系统的需求、环境条件以及材质的耐久性和散热性能，以确保系统能够稳定、高效地运行。

4）地面辐射供暖

地面辐射供暖（图 5-15）是一种利用地面辐射能量来供暖的技术，通常通过安装在地板下的辐射管路来实现。这种系统利用地板表面的辐射传热方式，将热量均匀地辐射到室内空间，从而提供舒适的室内环境。地面辐射供暖系统可以采用水暖管或电热线作为热源，根据实际需求和条件选择合适的供热方式。相比传统的空气对流供暖系统，地面辐射供暖具有以下优势：首先，它能够提供更为舒适和均匀的室内温度分布，减少了冷热不均造成的不适感。其次，地面辐射供暖系统具有较高的能源利用效率，因为地面辐射热量可以直接传递到人体和物体表面，减少了空气热量损失。此外，地面辐射供暖还可以减少室内空气对流，降低灰尘和过敏源的悬浮浓度，有利于室内空气质量的改善。

图 5-15　地面辐射供暖

5.5.3　供暖系统节能技术

1）末端温度控制

末端供热设备的类型多种多样，常见的包括散热器和低温热水辐射供暖管路。合理设计末端供水设备有助于保持较高的室内温度，从而减轻热源的负荷。以热水辐射供暖管路为例，通常会在建筑物的地板、墙面和顶棚设置毛细管网，通过热介质实现室内的升温。对于建筑物的顶棚和墙面的毛细管网，供水温度应控制在 25~35℃；而对于地板的毛细管网，则应将供水温度设置在 30~40℃之间。控制末端设备的供水温度是确保节能效果的关键措施。

2）热计量

供热计量的目的是推进城镇供热体制改革，确保供热质量的同时改革收费制度，实现节能降耗。室温调控等节能控制技术是热计量的重要前提条件，也是体现热计量节能效果的基本手段。根据不同的供暖用热量结算点的位置，供热计量目前主要分为供热系统的热源及热力站、整个楼栋和热用户三个部分的计量（图 5-16）。国内研究机构组织有关单位开展供热计量项目应用节能技术调研，主要室外节能技术包括围护结构保温、水力平衡调节、供热运行调节、水泵变频以及提高运行管理水平等内容。这些技术措施的实施取得了一定的成效，为节能减排和供热系统的可持续发展提供了重要支持。

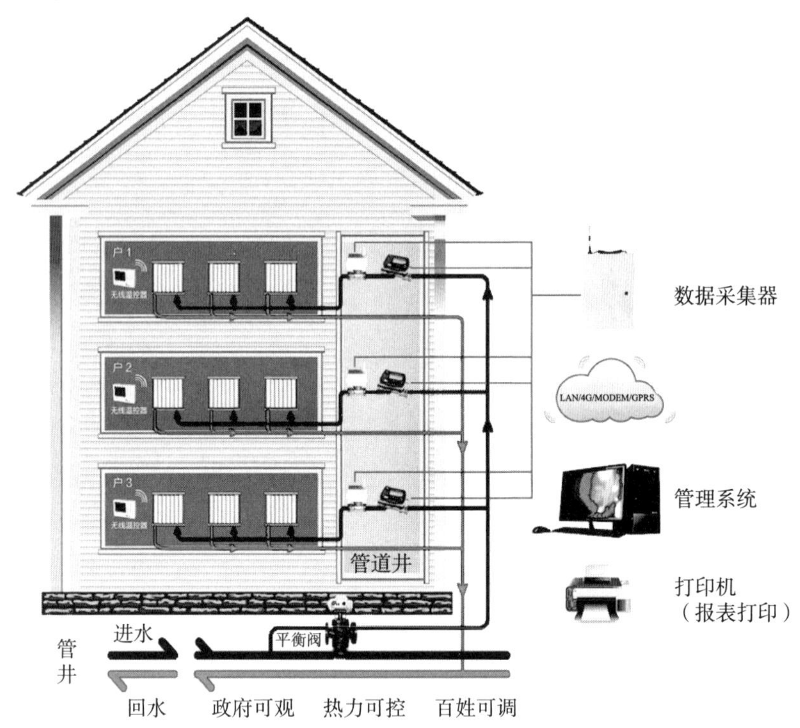

图 5-16 热计量方式

3）水力平衡

水力失调问题在集中供热系统中经常出现，它不仅会影响供热的均匀性，还会导致严重的能源浪费。水力失调主要分为静态失调和动态失调两类。静态失调是由于在供热管网设计和施工过程中，存在节流管道的阻力系数不一致，导致实际工作流量无法达到设计流量而产生失调。动态失调则是由于节流设备的启停造成的流量偏差，例如阀门等设备。为了解决系统的水力失调问题，可以采用多种平衡方法，例如温差平衡、安装水力平衡装置、使用“以泵代阀”等方法。

（1）温差平衡

温差平衡是一种基于调整供回水温差的方法，旨在确保系统水力平衡。通常情况下，设计师会根据满负荷条件来选择冷却或加热末端设备，但实际系统大部分时间处于非满负荷状态。在系统处于非满负荷状态时，可以通过等比例降低供回水温差来满足流量需求。这种方法的实质是通过调整供回水温差，使得热水或冷水在管网中的流速保持一致，从而实现系统的水力平衡。然而，需要指出的是，温差平衡方法是一种粗略的近似方法，不适用于需要高精度温度控制的场合。在一些对温度控制要求较高的场合，可能需要采用更精细的调节措施以确保系统的稳定性和性能。

（2）装设水力平衡装置

装设水力平衡装置是通过在管道中安装静态或动态水力平衡装置来实现系统的水力平衡。静态水力平衡装置通常在系统初调试时安装在管道中，用于调节管道阻力系数的比值，确保各末端设备在系统总流量达到设计值时能够达到设计流量，从而实现静态水力平衡。而动态水力平衡装置则用于系统运行过程中，当某一支路或用户阻力发生变化时，能够通过控制其他用户的流量保持稳定，以实现系统的动态水力平衡，提高系统的稳定性。然而，使用平衡阀进行水力平衡会消耗掉一定的压差，可能导致能源的浪费。因此，在设计和运行过程中，需要权衡水力平衡的效果和能源消耗之间的关系，以选择合适的水力平衡方案，从而在保证系统性能的同时最大程度的节约能源。

（3）以泵代阀

近年来，一种名为“以泵代阀”的动力分散系统形式受到了研究的关注。这种系统在热源处安装动力装置的同时，在所有支路上都设置了循环水泵。通过这种方式，各支路能够根据自身的流量需求来设置本支路上水泵的扬程。这样不仅可以避免系统的水力失调，还能减少能源的浪费。在这种系统中，每个支路都拥有自己的水泵，因此可以根据需要进行单独控制。当某个支路需要更多的热量时，可以增加该支路上水泵的扬程，以满足其流量需求。相反，当某个支路的热量需求较低时，可降低该支路上水泵的扬程，以节省能源并避免过度供热。

（4）供回水温度调节

热水供热系统的回水温度调节法是一种初调节方法，适用于缺乏调节阀门的管网情况。当管网用户入口未安装平衡阀，或者入口安装了普通调节阀但两端没有压力表，甚至只有普通阀门而没有其他调节设备时，可以采用回水温度调节法来进行系统的调节。这种方法通过控制回水温度来调节系统的供热水量，从而间接地改变供水温度，进而影响热水的流量。

供热系统的稳定运行需要确保供给室内散热设备的热量与其散热量相匹配，同时满足供暖用户的热负荷需求。这一匹配过程涉及管网向散热设备供给的热量，其大小取决于流量、供回水温差以及热水比热容的乘积。当实际流量超过设计值时，供回水温差减小，导致回水温度高于规定值；相反，当实际流量低于设计值时，供回水温差增大，导致回水温度低于规定值。为了实现系统的均匀调节，可以通过调节各用户的回水温度或供回水温差，以使每个热用户都能获得与其热负荷相适应的热量。

（5）夜间低温调节

夜间低温调节是基于冬季夜间温度通常较白天低的原理而实施的一种节能策略。其核心思想是在夜间降低供暖设备的温度，以节约能源。这种调节方式的优势在于能够更有效地控制室内温度，避免了白天长时间供暖所导致的过热和能源浪费问题。

夜间低温调节与智能供暖系统相结合，可以形成更高效的供暖系统。智能供暖系统通过连接室内温度感应器，能够实时监测室内温度，并根据温度变化自动调节供暖设备的温度。在夜间，一旦室内温度达到预设值，智能系统就会自动降低供暖设备的温度，从而避免过热现象的发生。这种结合使用的方式不仅能够更有效地管理能源消耗，降低能源成本，还能够确保夜间室内温度保持在舒适水平。

参考文献

[1] 谭洪卫，徐钰琳，胡承益，等．全球气候变化应对与我国高校校园建筑节能监管 [J]. 建筑热能通风空调，2010，29（1）：36-40.

[2] 李炳华，宋镇江．建筑电气节能技术及设计指南 [M]. 北京：中国建筑工业出版社，2011.

[3] 陆亚俊．暖通空调（第 2 版）[M]. 北京：中国建筑工业出版社，2007.

[4] 冯天琪，王璇，杨慧禹，等．建筑暖通空调系统节能技术要点及应用策略分析 [J]. 新型工业化，2022，12（12）：140-143. DOI：10.19335/j.cnki.2095-6649.2022.12.035.

第6章 低碳校园建筑实践与案例

6.1.1 低能耗的低碳学校实例

1. 坪地六联小学节能改造

1）项目概况

坪地六联小学位于广东省深圳市龙岗区坪地街道，是龙岗区“五个一”节能减碳示范项目中的学校场景示范项目。该项目是由直行设计与建学设计、中建科工共同合作，结合节能减碳和零碳技术，共同完成的全国首个光储直柔小学，同时也是深圳首个既有建筑改造的近零能耗小学校园改造。在2023年7月首届中国光储直柔大会上，坪地六联小学项目获得了由中国建筑节能协会颁布的“建筑光储直柔十佳示范案例”奖（图6-1）。

图6-1 建筑外观
资料来源：ArchDaily官网

2）设计理念

坪地六联小学创办于1985年9月，在改造前的校园历经数十载，校园空间已经不能满足新时代教学活动的需求，内部空间出现设施老旧、安全隐患大、空间利用率低、人均能耗和碳排放高等问题。设计团队在深圳市探索“近零碳”建设路径、促进城市低碳发展实现碳达峰碳中和目标的背景下，通过未来零碳概念的融入以及绿色低碳改造，解决校园本身的安全及空间利用问题，助力校园升级为满足新教学大纲要求的校园空间。

3）技术要点

（1）外围护结构设计

坪地六联小学在项目建设期间，中建科工秉承“轻触碰”的附着式更新理念，少动土建，多用钢构，最大可能地使用模块化、装配式、预制化和产品化的施工方式，采用分期施工的形式，避免在施工过程中对学校正常教学造成影响。在学校内的近零能耗示范楼外围护结构中，为保证建筑的室内热舒适性，提高建筑能耗表现，通过高效能保温岩棉、双层中空 Low-E 玻璃等新型材料和横向遮阳板造型升级维护体系（图 6-2）。

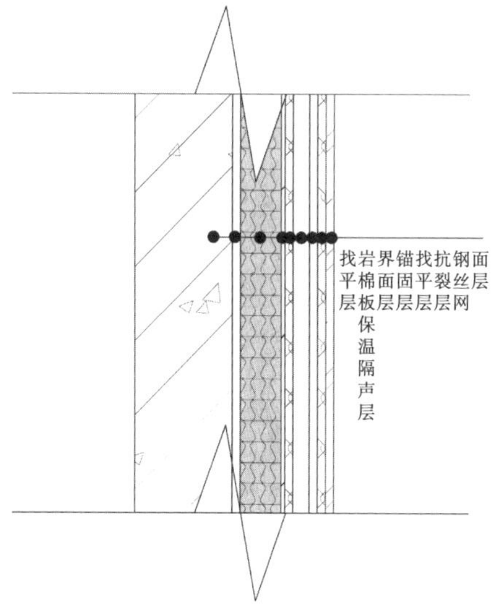

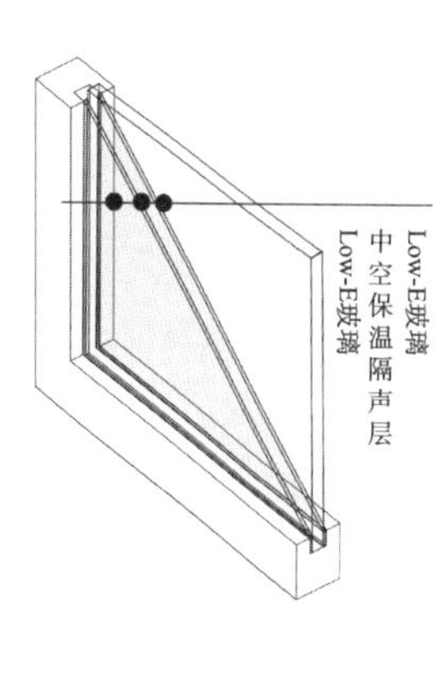

图 6-2　高效能外围护结构节点示意图

（2）碳汇景观优化设计

在校园景观设计中，设计团队将校园原本的生物园改造为科技与生态融合的固碳花园，结合海绵城市的理念，利用绿色设施如透水砖、雨水花园、下沉绿地等有组织排水。固碳花园的栽种由数个具有高固碳代表性的植物模块组成，同时固碳花园也是学校自然与活动实践课程的重要教学场所，每个班级都将在花园中认养苗圃，从而将绿色低碳理念融入教学中，让学生在实践中感受绿色，在学习中了解零碳（图 6-3）。

图 6-3　固碳花园实景效果图
资料来源：ArchDaily 官网

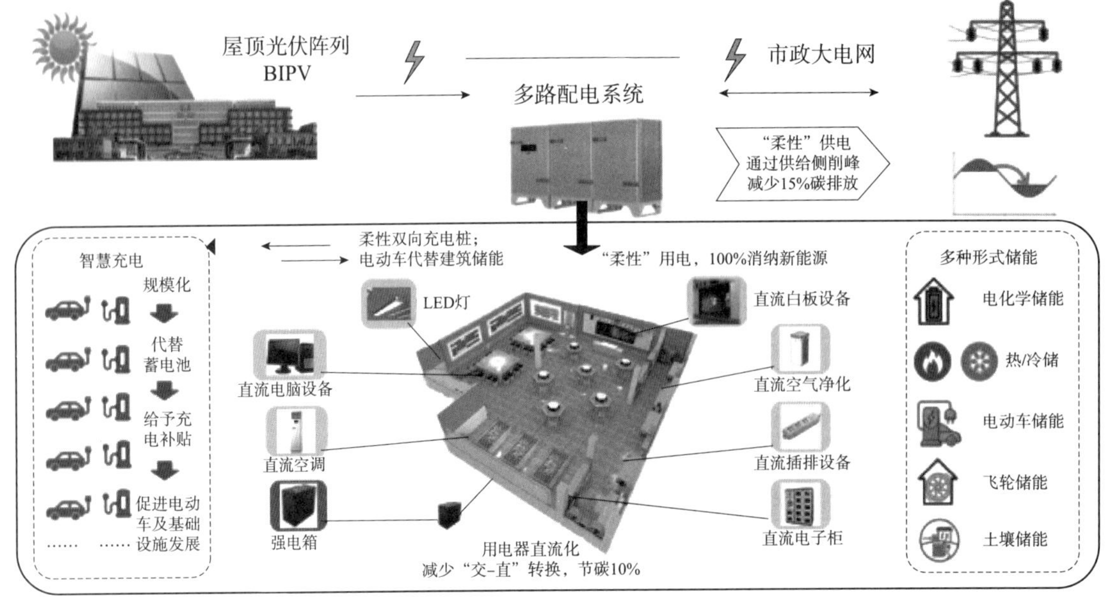

图 6-4　光储直柔技术示意图

（3）可再生能源利用——光储直柔综合智慧能源箱

随着光伏建筑一体化（BIPV）的兴起，储能与低压直流配电技术的进一步成熟，柔性负荷的用电能动性逐步灵活可靠，光储直柔新型技术应用于建筑领域，成为实现碳中和的一个有效路径。

坪地六联小学的光储直柔综合智慧能源箱设置在学校的固碳花园旁，它是整个校园"光储直柔"的能量控制中枢，对市政供电、光伏发电、光伏储能、建筑物用电起平衡调节作用。

"光储直柔"将四种技术（光伏发电、分布式储能、直流电建筑及柔性控制系统）结合，相互叠加、整合利用，实现建筑节能低碳运转，其中光伏发电使每栋建筑都成为绿色"发电厂"（图 6-4）。

坪地六联小学的智慧能源箱"能量魔方"在为近零能耗校园提供高效、稳定、柔性用电的同时，还能补给城市，实现"削峰填谷"，对缓解城市用电压力有着重要示范作用。

2. 昌平区未来科学城第二中学建设工程

1）项目概况

未来科学城第二中学坐落于北京市昌平区未来科学城北七家榆河畔。未来科学城第二中学建设工程，是学校类公共建筑中采用钢结构装配式与被动式超低能耗建筑相结合的项目案例，是国内同类型案例中建设规模最大的建设项目。该项目荣获"北京市建筑信息模型（BIM）应用示范工程""住房和

图 6-5　建筑外观
资料来源：新浪网官网

城乡建设部绿色施工科技示范工程”“北京市结构长城杯金质奖工程”等奖项（图 6-5）。

2）设计理念

为了符合昌平区未来科学城的“科技生态新城”总体定位，未来科学城第二中学项目按照超低能耗绿色建筑标准设计，校区内主要建筑采用钢框架装配式结构、超低能耗建筑的设计形式，其装配率为 57.32%。±0.000 以上采用被动式设计，±0.000 以下与地上部分连通的局部采用被动式设计，地下部分采用非被动式设计，超低能耗建筑示范面积 14 008.15m^2，建筑综合节能率达到 80% 以上，该项目旨在打造北京市超低能耗建筑示范项目。

3）技术要点

（1）外围护结构设计

未来科学城第二中学项目的内外围护结构墙体应用了 ALC 预制板材，其具有高强轻质、保温隔热、吸声隔声等优点，常用于装配式建筑的墙体材料，具有较低的导热系数，良好的保温隔热效果。在外墙板围护结构体系上加强气密性措施，项目建设方在 ALC 板连接位置加强嵌缝，保证了超低能耗建筑高气密性要求（图 6-6）。

在建筑整体设计中，高性能保温系统技术也至关重要。保温材料是墙体建材中的关键部分，可以有效提高建筑的保温、隔热等性能，减少建筑

超低能耗建筑单体	第一次气密性（气密层完成后）结果	是否满足标准要求
教学楼	N_{50}=0.42 次 / 时	<0.6 次 / 时　满足要求
行政楼	N_{50}=0.48 次 / 时	<0.6 次 / 时　满足要求
学生公寓楼	N_{50}=0.33 次 / 时	<0.6 次 / 时　满足要求

图 6-6　未来科学城第二中学项目超低能耗单体第一次气密性检测结果
资料来源：《被动式超低能耗学校类公共建筑项目管理创新实践》，重新绘制

能耗。未来科学城第二中学项目建筑的屋顶保温采用基于种植屋面系统的200mm厚石墨聚苯板保温材料，在外墙和地下室顶板的保温采用A级防火性能的保温材料岩棉板，地下室顶板保温材料厚100mm，外墙保温材料厚200mm。

超低能耗建筑建设中注重解决门窗能耗问题，未来科学城第二中学项目建筑选择优质的断桥铝合金被动式专用窗，玻璃采用充惰性气体的三玻两腔中空玻璃“双银Low-E”，并且在东南西侧都选用优质的电动控制外遮阳。

（2）主动式节能减碳技术措施——通风系统

在主动式节能减碳技术中，未来科学城第二中学项目采用市政冷热源供应，在建筑各楼层分别设立带有热回收功能的新风机组，热回收效率≥75%。

未来科学城第二中学项目的通风系统在热回收机组的设置之外，对机组上实现内外空气疏导的管道系统也进行了处理，例如对管道保温隔热及室外管道隔气问题进行了节能处理，在通风系统暴露在外的风管中增加止回阀，进而防止室外气流倒灌进入室内和能量流失。

在超低能耗建筑的气密性处理中，未来科学城第二中学项目在通风机组的管道井、风管及管道井壁等易形成气密漏点的地方进行严格的气密性处理，以确保建筑达到超低能耗的标准（图6-7）。综上所述，未来科学城第二中学项目达到了北京市超低能耗示范建筑要求。

3. 天津生态城国际学校

1）项目概况

天津生态城国际学校项目位于天津生态城起步区02地块，该学校是天津生态城第一个绿色学校。项目建设目标为三星级绿色建筑，按照《绿色建筑评价标准》，参照新加坡绿色建筑标准，针对学校的各项使用功能要求选择适宜的绿色低碳技术（图6-8）。

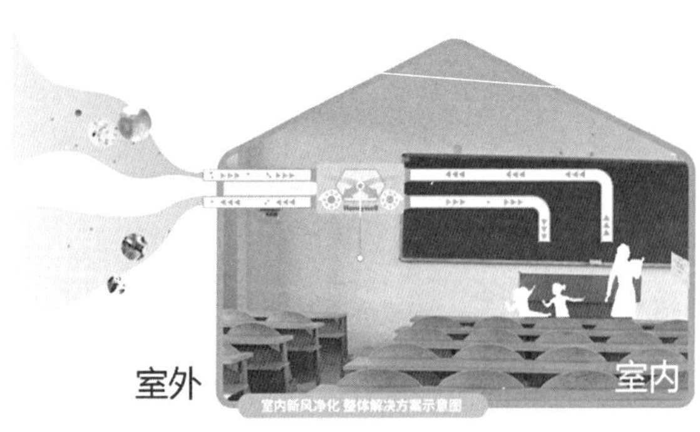

图6-7 建筑新风系统工作示意图

图6-8 建筑外观

资料来源：《绿色·教育·建筑——天津生态城国际学校》

2）设计理念

天津生态城国际学校采用紧凑的规划布局和建筑形式，充分利用场地，集约土地利用，将绿色低碳建筑和绿色低碳教育理念相互融合，坚持低碳可持续的发展理念，在绿色低碳技术方面应用了自然通风、自然采光等被动式设计策略和可再生能源、中水利用、雨水收集等绿色低碳技术，这些技术的使用为学校师生打造一个绿色舒适、低碳低能耗的校园环境。

3）技术要点

（1）低碳校园总体规划

校园建筑因其使用功能特殊，教学楼需要满足日常教学和学生活动的采光通风要求。考虑到地区日照环境、夏季和冬季主导风向、周边自然环境等条件，设计团队将国际学校的建筑朝向设置为南偏东 36.58° ，可基本避开冬季主导风向；在夏季，建筑西南区域较为宽广，有利于建筑夏季自然通风。

（2）被动式节能减碳技术策略

由于学校的教学时间主要集中在春秋两季，避开了酷暑和严寒，所以国际学校在通风处理中集中使用了热压通风和风压通风两种方式。

在热压通风方面，通过楼梯间以及共享空间形成烟囱效应，在气流上升后通过屋顶通风口把室内污浊空气排放出去。在风压通风方面，通过优化整体建筑布局，让建筑在过渡季节开窗时形成穿越式通风。教室等房间采用新风微循环系统，在卫生间和中庭顶部排风，通过窗式通风器引入新风，让建筑内部形成负压（图 6-9）。

教室南部外立面设置有遮阳板，该遮阳板能有效地反射太阳光到室内，提升室内照明质量，提高自然光利用率，降低建筑照明能耗。

（3）主动式节能减碳技术措施

天津生态城国际学校建筑空间按照使用时间分为长时间使用和短期周期性两种，通过对空调区域的合理划分可以确保部分空间使用空调系统时，空调系统仍能高效率运行。

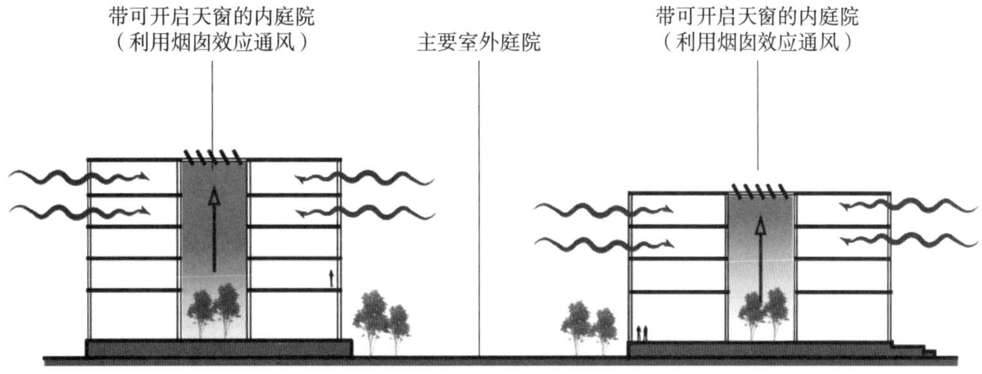

图 6-9 建筑通风策略示意图

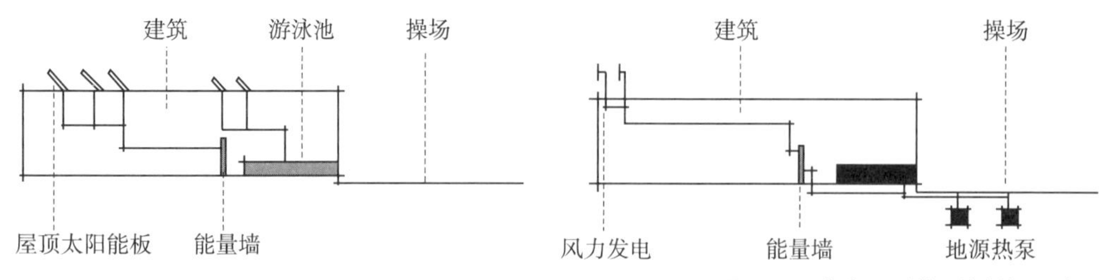

图 6-10　多种可再生能源结合使用示意图

（4）可再生能源利用

在实现建筑超低能耗的过程中，太阳能、地热能等可再生能源技术的应用发挥越来越大的作用——可再生能源“赋能”建筑超低能耗。在此项目中，通过将地热、风能和太阳能等综合利用，集成了太阳能光伏电板、地源热泵、太阳能热水器和风力发电机多种技术为学校建筑提供绿色、清洁、低碳的能源。太阳能光伏板和集热器设置在教学楼顶部，通过与建筑外型设计结合，实现一体化设计。地源热泵的地埋管换热系统则设置在操场下方，在非供暖季，太阳能系统和地源热泵进行耦合，以太阳能为主、地缘热板为辅为学校设施提供生活热水等，减少对电能和燃气的消耗，提高了能源利用效率（图 6-10）。

4. 美国凯瑟琳·格林学校

（1）项目概况

这所沙地上建造的凯瑟琳·格林学校是纽约州第一所零能耗学校，设计团队是 SOM，项目占地 68 000 平方英尺（1 平方英尺约等于 0.0929m^2），这所技术先进的学校尽可能让全年的能源需求都通过可再生能源来满足。在设计过程中，它没有使用 LEED® 绿色认证标准，而是使用 SCA 绿色学校指南标准（图 6-11）。

图 6-11　建筑外观
资料来源：ArchDaily 官网

（2）设计理念

SOM 在项目设计中，将建筑使用能耗控制在 SCA 公立学校标准的一半左右。该项目通过一系列可持续发展节能措施达成节能减碳的目标，例如确保建筑良好的密封性和使用高科技建筑外墙，采用节能环保照明、低能耗设备、地源热泵等系统。

（3）技术要点

该项目尝试了各种节能设计方案，采用了高性能、超紧密的建筑围护结构，并采用预制墙板作为雨幕系统，这些外墙板将雨水导入收集雨水的地下水箱以便二次利用。这些面板以 9.1m 长度浇筑并提拔吊装，从地基跨越到屋顶，9.1m 的长度确保其无须穿越建筑的隔热和防潮层，提供密闭的建筑围护结构（图 6-12）。

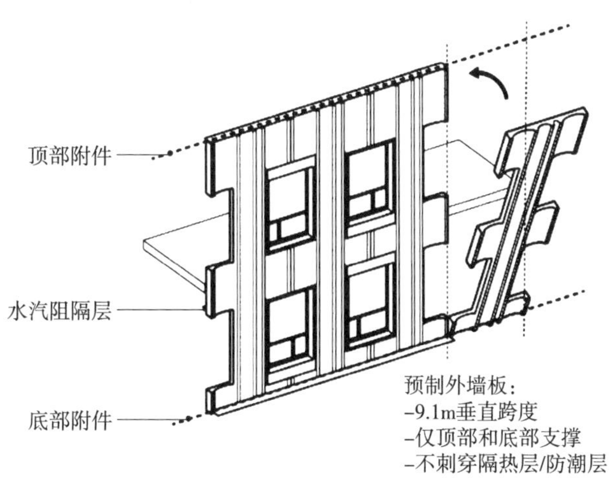

图 6-12　建筑预制板安装示意图
资料来源：ArchDaily 官网

外围护结构的预制设计团队选择了不同的形状和体积，创造出独特的“肋骨”形状元素，增加了面板的立体感。建筑的朝向和院落形状根据当地日照情况进行了优化，并且在朝南的立面和屋顶安装了太阳能光伏系统（图 6-13、图 6-14）。

6.1.2　低碳结构体系和循环材料的低碳学校实例

1. 南京一中江北校区（高中部）

1）项目概况

项目位于南京市江北新区中心区国际健康城内，东至浦镇大街、南至迎江路、西至广西埂大街、北至浦辉路。南京国际健康城作为江北新区先期启

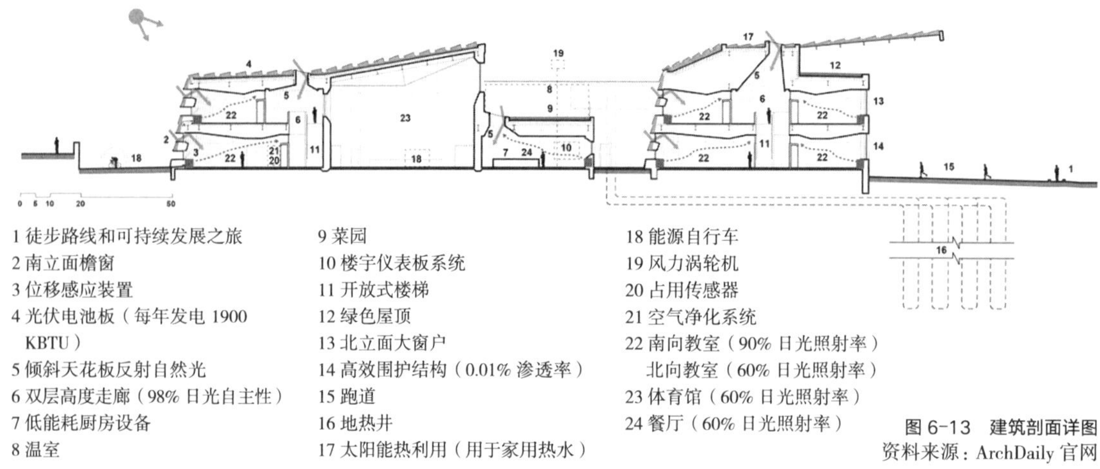

图 6-13　建筑剖面详图
资料来源：ArchDaily 官网

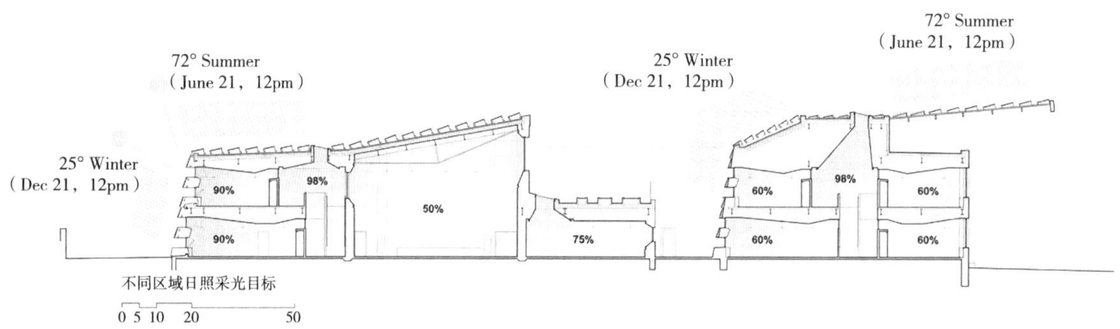

图 6-14　建筑各功能房间日照示意图
资料来源：ArchDaily 官网

动的重点项目，是江北新区打造健康产业的核心区域，是江北新区实现四大战略定位的重要载体和形象窗口（图 6-15）。

项目基地条件较特殊，一条规划中的次要道路将基地切成东西两地块。东部基地毗邻定向河，定向河路为封闭式高速通道，无法直接与项目联通并切断了与相邻东地块的连接，使进入基地的人流主要集中在主干道广西埂大街。因此，靠近主干道广西埂大街的西地块公共属性更加突出，被定义为教学区；东侧地块相对私密，有定向河相依，被定义为学校的生活运动区域（图 6-16）。

南京一中江北校区项目由中建科技集团有限公司以设计施工一体化的方式，采用“装配式建筑 +BIM 应用 + 绿色建筑”的建筑新科技、新理念打造为江苏省首个“住房和城乡建设部绿色校园示范工程”和“住房和城乡建设部绿色施工科技示范项目”。同时，该项目还承担科技部“装配式工业化建筑高效施工关键技术示范”等四项“十三五”课题，致力于打造绿色校园、百年建筑、国家一流的优质精品工程。

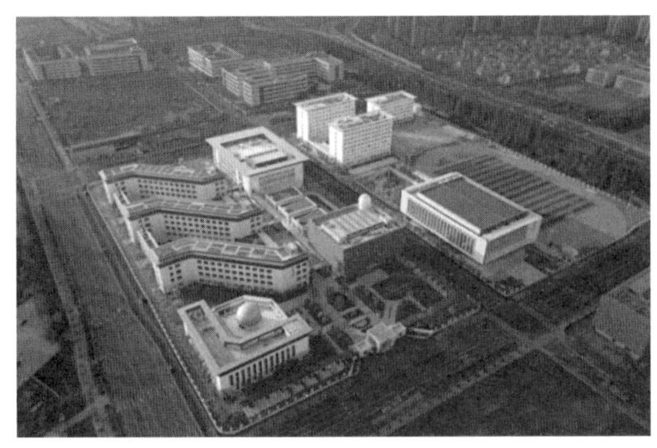

图 6-15　建筑外观
资料来源：ARCHINA 官网

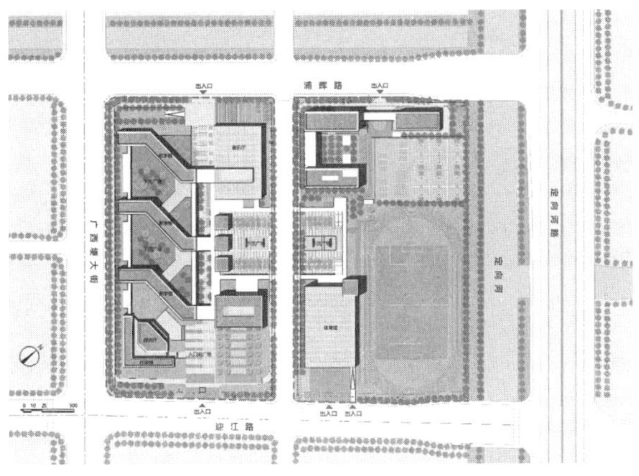

图 6-16　总平面图
资料来源：ARCHINA 官网

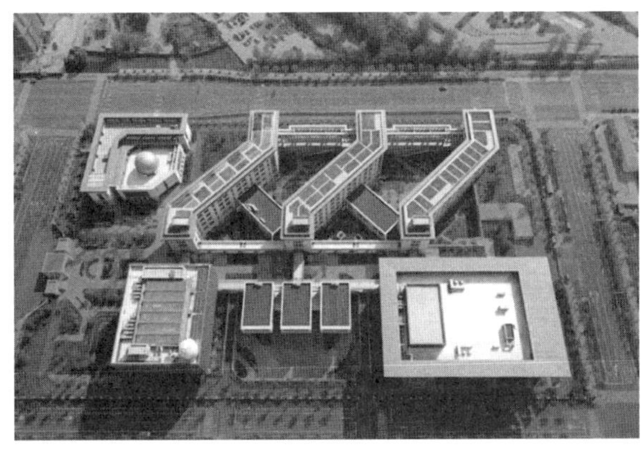

图 6-17　建筑外观
资料来源：ARCHINA 官网

2）设计理念

项目以教学区和生活区两条南北向轴线以及串联下沉广场的东西向轴线，形成两纵一横的总体格局，围绕这三条轴线布置各主要功能，功能区域之间通过道路、广场、绿化以及下沉庭院进行有机结合。

西侧地块南面沿迎江路为校园主要出入口，以一条南北向林荫道贯穿教学区，依次设置行政楼、图文信息中心、教学楼、音乐厅。结合音乐厅设置广场，便于音乐厅对外使用（图 6-17）。

生活运动区主入口设置在北侧，由北向南依次为教师公寓、学生公寓、食堂以及体育馆，形成生活区的主轴线，在主轴线东侧沿定向河布置室外田径场，体育馆南侧设置对外出入口。两地块之间的下沉广场，作为校园的核心景观区。交通和景观的纽带将校园连接成一个整体，建立教学区与生活区之间的联系，设置教学、生活、文体活动等不同功能的组团，这些组团围绕核心区展开同时也又能相对独立。

规划设计中考虑资源共享，将体育馆及音乐厅设置在方便对外的区域，为社会化服务带来便捷的同时又不干扰学校的日常教学。为实现绿色校园目标，项目将普通实验室、游泳馆、食堂、停车以及大量设备用房安排在地下空间，设置大小不一的下沉广场及庭院，在解决地下空间通风采光的同时形成立体景观，为学生提供不同的空间体验。

3）技术要点

（1）预制装配式框架结构体系

项目有教学楼、宿舍楼、图文信息中心、体育馆（对外开放）、音乐厅（对外开放）等 11 栋单体建筑，均为全预制装配式结构，单体预制率最高超过 50%，预制装

图 6-18　现场施工实景图
资料来源：预制建筑网 官网

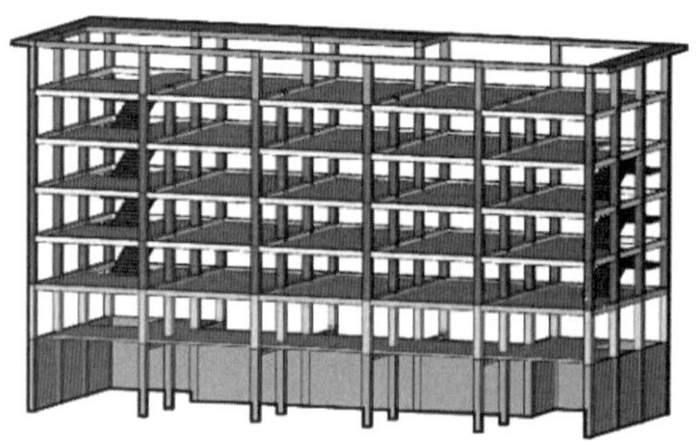

图 6-19　结构示意图

配率超过 60%。其中，教学楼、学生宿舍、教师公寓采用全预制装配式框架结构体系，预制部位包括预制柱、叠合梁、叠合楼板（含屋面板）和预制楼梯（图 6-18）。

（2）组合结构体系

音乐厅和体育馆采用“梁柱节点钢套筒 + 大跨度型钢梁 + 叠合板 / 钢筋桁架楼承板”组合结构体系；墙体采用 ALC 轻质隔墙，全面实现保温一体化和墙面免抹灰。

（3）装配式混凝土结构体系

针对教学楼、教师公寓等建筑，创新设计全装配式混凝土结构体系，突破传统部分预制、部分现浇的设计方法，从正负零开始采用预制构件，解决预制和现浇混用的装配问题，建立以预制装配为核心的混凝土结构建筑全装配设计体系（图 6-19）。

2. 青岛市澳门路小学

1）项目概况

澳门路小学位于澳门路以北、增城路以西、新会路以东、东方花园小区以南，规划用地面积 12 652.5m^2，总建筑面积 21 303.8m^2，建有小学教学楼（18 班）及配套附属设施、地下风雨操场及部分功能性用房，配备 230 个地下停车位，可容纳学生 800 余人（图 6-20）。

2）设计理念

该项目是国内首个 WELL 认证注册的中小学类项目、青岛市首个 WELL 认证注册项目，也是青岛市首个全钢结构装配式小学。项目秉持绿色理念、科技引领，将绿色建筑、BIM（建筑信息模型）、海绵城市、装配式建筑、健康建筑等先进理念和技术融合在一起，达到了建筑全生命周期的节地、节材、节水、节能和环保健康，是青岛市首个实践全过程绿色健康理念的 EPC 示范项目，装配率高达 90%。

图 6-20 建筑外观

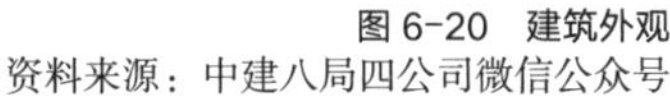

资料来源：中建八局四公司微信公众号

图 6-21 建筑外观

资料来源：ArchDaily 官网

3）技术要点

预制装配式钢结构体系

本项目采用钢结构，基础采用 700mm 厚防水板 + 独立基础的形式（含抗浮需求），梁柱及楼梯采用钢结构形式，钢结构的主次结构均采用 Q345 钢材，Q345 及以上高强钢材用量的比例达到 63.03%。围护结构采用装配式 CF 蒸压瓷粉加气混凝土墙板，在保证结构安全性的基础上减轻结构自重，从而减少混凝土梁截面及其钢筋用量。

3. 昭和学院附属小学西楼

1）项目概况

昭和学院附属小学西楼是日本首个采用 CLT 双向无梁板的现代化教学楼。为适应学校日渐增长的学生数量，在现有校园的基础上将西楼进行扩建，达到教学与空间的有机融合（图 6-21）。

在日本，战后经济高增长时期大面积种植的树木已经成熟，可用于建筑建造材料，因此如何使用再植循环保护森林资源成为亟待解决的社会问题。

项目位于日本千叶县市川市 Mamagawa 沿岸，由水体和绿色植物构成的城市中心区域，河岸上长达 2km 的樱花步道为城市增添了一抹色彩。由于城市规划对高度和景观等有着严格的限制，同时还需对连接原有校舍的水平高度进行调整，因而采用了没有梁的“CLT 双向无梁板结构”，在确保与原有校舍具有相同吊顶高度的同时最大限度地降低层高和建筑高度。此外，通过使用 CLT 减轻上部结构的重量，减少地基的负荷，从而缩短工期。建筑底层由南面的基础教室与北面的专业教室组成，遵循简洁的 9m 正交柱网。门窗设计向中心活动广场完全开敞，为班级交流、举办校园活动与其他事件提供整体而连续的灵活空间（图 6-22）。

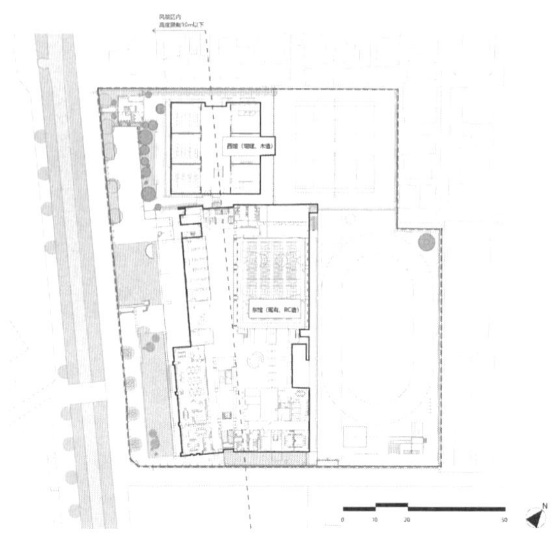

图 6-22　场地平面图
资料来源：ArchDaily 官网

图 6-23　立面细节实景图
资料来源：ArchDaily 官网

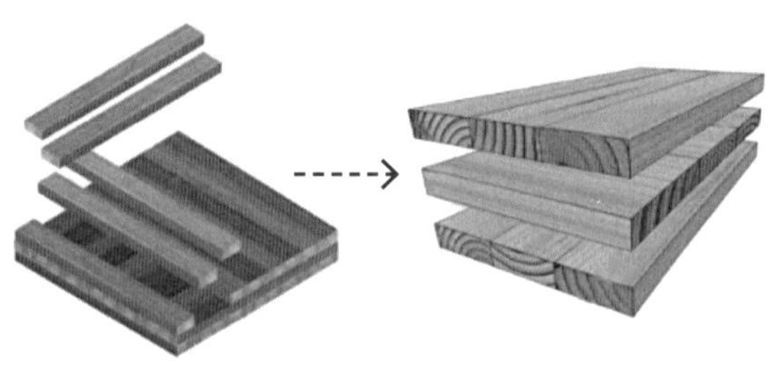

图 6-24　CLT 正交胶合木生产示意图

2）设计理念

设计师希望通过对木材的利用，达到森林保护和木材使用的教育目的，并希望校舍的实木空间能够成为孩子们亲近自然的场所，并为孩子们提供一个结合森林资源和地球环境发挥想象力的契机。

室内采用裸露的 CLT 板，营造出一种纯粹的一致性，鼓励学生不断创造、发扬探索精神。在外部，通过 CLT 双向无梁板上下两层在相接处的细节处理，在檐口折叠处展示木材断面的同时创造出阴影变化。其他建筑部分亦顺应 CLT 板特性设计了许多切口细节，创造出极具冲击力的光影效果，并强调了木材的三维效果。遍布实木空间的新建筑，旨在使孩子们与自然亲密接触，激发他们关于森林资源保护与全球环境的想象力（图 6-23）。

建筑的主要部分，例如木柱木梁，其防火性能比规范要求高，且有更高的强度防止它们在火灾中自燃，也可以减少隔断墙的数量，使空间更通透、更灵活，CLT 材料在室内与结构中都有运用（图 6-24）。另外，走廊与楼梯的设计尽可能展示结构与暖通设备，在调动不同活动的同时提供了感知建筑如何建构的空间。建筑中的所有元素都带有所使用木材的种类、产地标识，旨在提升对环境与森林问题的关注。

3）技术要点

CLT 正交胶合木结构体系。

对于木结构中柱、梁等建筑的主要部分，通过将比规范要求的耐火性能高一等级的火灾时燃烧厚度，附加在结构所需的断面结构截面上，得以不设防火分区隔墙，并可将 CLT 用作结构体兼内装材料，从而实现更加灵活舒展的空间（图 6-25）。

这一关注环境的建筑为碳中和作出极大贡献。结构中运用 700 余立方米的雪松 CLT

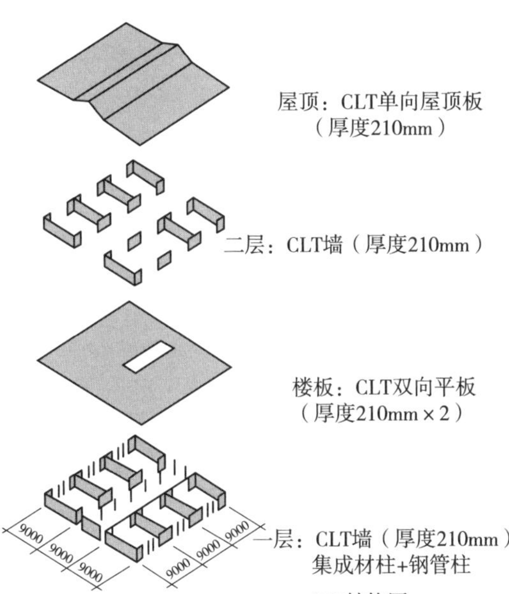

图 6-25 CLT 结构示意图
资料来源：ArchDaily 官网重新绘制

图 6-26 鸟瞰图
资料来源：上海柏涛官网

图 6-27 学校主入口
资料来源：上海柏涛官网

板固定了约 400t 碳元素（当转换为森林碳固定单位时，相当于约 4.0hm^2 森林的碳固定）。与普通的钢筋混凝土结构相比，小学结构与室内材料采用的雪松 CLT 板在建造过程中极大减少了 CO_2 的排放，大约减少 29%。

6.1.3 可再生能源的低碳学校实例

1. 无锡经开区清晏路零碳小学

1）项目概况

无锡经开区清晏路零碳小学，作为该市首个实现碳中和的校园项目，坐落于贡湖大道与清源路交会处的西北角。该校东邻大型 TOD 项目愉樾天成及水乡苑等住宅区，南接滨湖景观带，西边毗邻尚贤河湿地公园，北边与太湖国际博览中心和无锡市政府相望。整个校园占地 34 407m^2，总建筑面积 40 394m^2，其中含东侧城市绿带4109m^2。在这 3 万多平方米的建设用地上，规划了 36 个教学班级，包括三栋教学楼、一栋体育馆，以及一栋集零碳展示与行政管理于一体的综合楼。这些建筑通过内部的连廊相互连接，形成了一个功能丰富、互通有无的建筑群体。校园的主要功能区域涵盖了教室、办公区、风雨操场、图书阅览室以及食堂等多样化的学习与生活空间（图 6-26）。

2）设计理念

这所学校坐落于无锡市中瑞生态城的核心区域，致力于构建一个具有示范效应的零碳排放校园。设计追求简约而富有线条美感的视觉效果，通过巧妙地融入园林元素和坡道设计，营造出一个充满活力和互动性的校园环境，使学生能够更好地融入其中（图 6-27）。

为了实现零碳目标，校园的建设从减少碳排放源、寻找替代能源和增加碳汇三个方面着手。在建筑节能方面，采用了内外保温技术、八级气密窗设计、新风热回收系统和智能照明系统，以有效降低能源消耗。同时，通过屋顶光伏系统、空气源热泵辅助能源供应以及分布式储能设施，实现了对传统能源的替代。此外，校园还通过庭院绿化、屋顶绿化等多种手段，增强了绿地的碳汇功能。设计旨在最大限度地减少建筑、交通和废弃物等方面产生的碳排放，实现可再生能源和储能技术的规模化应用，推动校园向着更加绿色、低碳的方向发展，同时作为产能校园，利用多余的可再生能源，为周边市政设施提供电力支持。

3）技术要点

（1）太阳能光伏技术

屋顶安装的太阳能电池板，白天能高效收集太阳能并转化为电能。这些电能首先为教学空间提供辅助照明，降低对传统电力的依赖；剩余电能则接入市政照明系统，为周边道路提供安全可靠的照明。

（2）空气源热泵系统与太阳能热水系统复合利用

从空气中提取热能，集中加热水资源。加热后的热水被分配到校园各关键区域，满足校园热水需求。此方法提高了能源利用效率，创造了环保、节能的热水供应系统，优化能源利用结构，积极贡献于校园的可持续发展（图 6-28）。

2. 中国人民大学附属中学北京航天城学校

1）项目概况

中国人民大学附属中学北京航天城学校，坐落于北京市海淀区，地处北京西北部的城市与自然交汇的界限。其建设用地面积广阔，达到 46 533m^2，

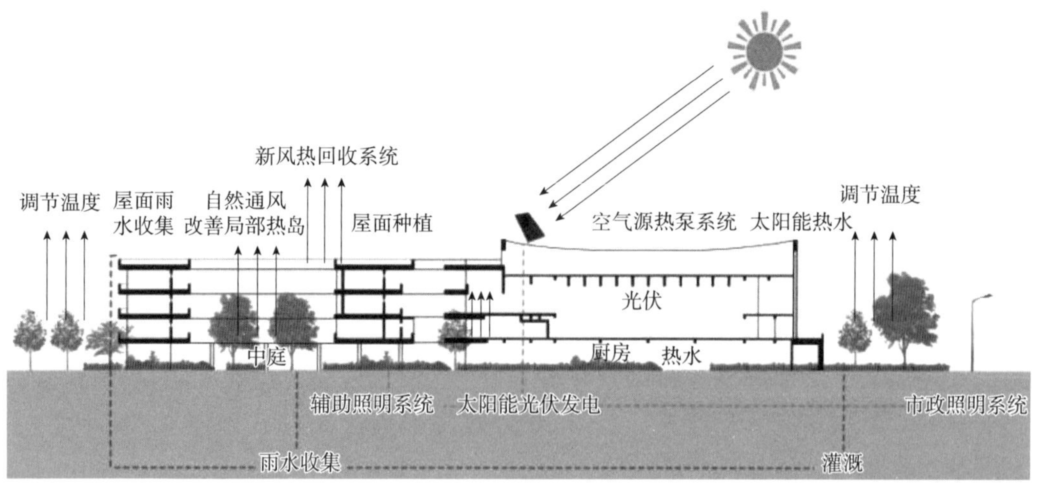

图 6-28 技术分析图
资料来源：碳中和科技创新平台，重新绘制

图 6-29 鸟瞰图
资料来源：谷德设计网官网

图 6-30 总平面图
资料来源：谷德设计网官网

总建筑面积高达 80 893m²。在校园规划中，地上建筑面积占据 41 880m²，整个学校的建设规模庞大，拥有 72 个教学班。这些班级涵盖了小学、初中、高中等多个教育阶段，同时学校还配备了宿舍、餐厅、冰球馆、体育馆、游泳馆和报告厅等多种功能设施（图 6-29）。

2）设计理念

基地的外围边界受到地形的制约，校园在规划布局上更加注重灵活性和适应性。与传统的建筑模式不同，这种设计使得整体建筑更加开放，形成不同朝向的半围合院落，旨在创造出更多室内外相互交融的空间。设计团队不仅实施了平面组团层面的动静分区策略，更在建筑的垂直方向上也采用了动静分区设计。这一举措显著提高了建筑各功能区的使用便捷性，并在低碳环保方面发挥了积极作用。通过简化流线设计，实现了高效的通行效率，进而从侧面减少了能源的无效消耗（图 6-30）。

2020 年 9 月，这座校园成为全球环境基金（GEF）“中国公共建筑能效提升项目”（中小学校园类）示范子项目。校园在绿色生态方面所做的包括以下方面：充分利用自然光线和通风、高性能围护结构降低能耗、屋顶种植再造自然和蓄能、太阳能地源热泵清洁能源、雨水收集和循环水再利用以及冰场制冰热回收融冰技术等。

3）技术要点

（1）太阳能光伏技术

校园南侧布置了高效能的太阳能电池板，这些电池板能够充分捕捉太阳能并高效地转化为电能，为校园提供绿色、可再生的能源（图 6-31）。

（2）地源热泵技术

为了进一步优化能源利用，引入了地源热泵技术。这种技术利用地下稳定的温度，通过热泵机组在冬季从地源中吸收热量，进而为校园的室内空间提供供暖。而到了夏季，热泵机组则能从室内吸收热量，并有效地将其转移到地源中，从而为建筑物提供制冷效果。这种双向的热能转移方式，不仅提高了能源利用效率，还有助于维持校园的舒适环境。设计结合太阳能和地源

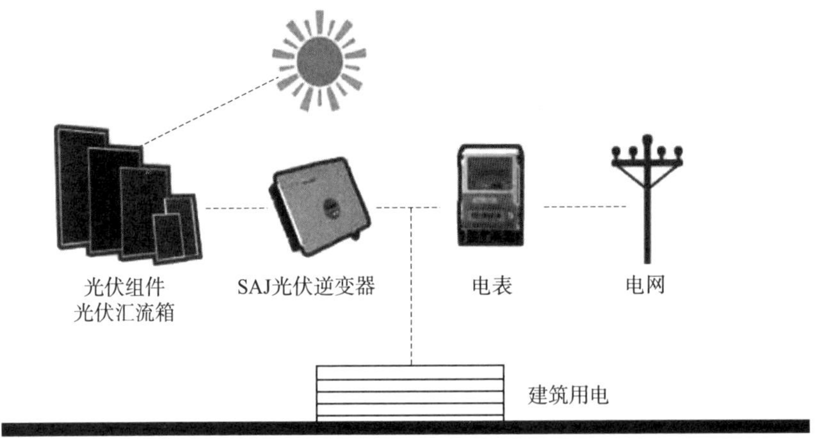

图 6-31　太阳能光伏技术

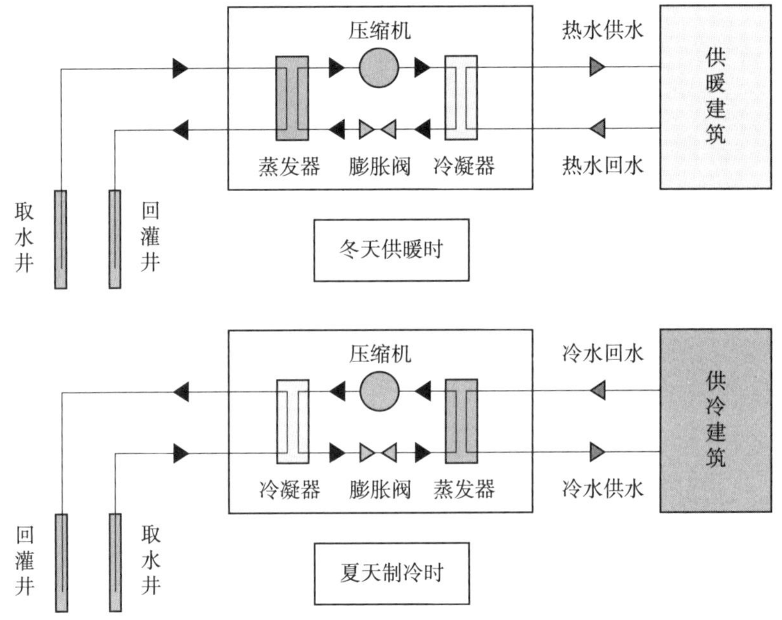

图 6-32　地源热泵系统原理图

热泵技术，为校园打造了一个高效、环保的能源系统，为师生们创造了一个绿色、健康的学习和生活环境（图 6-32）。

3. 广东省河源市中小学科普教育馆

1）项目概况

该建筑位于河源高级中学内部，建筑面积 3577m^2，是省中小学科普教育示范工程，获得了由中国建筑节能协会颁发的“近零能耗建筑”标识。

设计紧扣当代教育与展览的最新发展动向，创新性地将整个场馆划分为两个独具特色的功能区：一处是相对独立且封闭的科普观摩区，另一处则是灵活开放的教学区。科普观摩区聚焦于提供科普展示，通过精心设计的展厅，为参观者带来沉浸式的科普体验。相较之下，开放教学区则更具灵活性和适应性，空间灵活，师生可根据教学需求进行自主规划与重组。馆内通过多媒体互动和动手体验的方式，融入知识原理，旨在培养学生的探究精神和创新思维，从而提升他们的科学素养（图 6-33）。

2）设计理念

该建筑旨在打造一个面向中小学的科普教育平台，全年无间断地向公众开放。为了贯彻绿色、节能、环保低碳、可持续的发展理念，建筑在设计之初就明确了以建筑舒适度为首要指标，遵循“被动优先、主动优化”的设计原则。在建筑设计过程中，优先考虑利用自然资源和环境优势，如优化建筑围护结构的热工性能，通过高效智能空调系统和智能照明系统等技术手段，实现建筑的节能与环保。

该建筑还引入了智能管理平台，对建筑的各项系统进行智能化管理和调控，以进一步提高能源利用效率。此外，建筑还充分利用了可再生能源系统，选用高效能的光伏板和小型风力发电设备，以减少对传统能源的依赖，实现近零能耗的建筑设计目标。

同时，还采用了具有温变功能的玻璃，根据外界温度的变化自动调节室内温度，提高建筑的能源利用效率。在实体墙的外层采用低传热聚碳酸酯遮阳隔热材料，具有出色的隔热性能。这些材料的间距控制在 700mm，并上下贯通，使得板材之间形成对流空气层。当板材间的温度存在差异时，会形成自然对流，进一步提高建筑的散热性能。通过这种方式，可以有效地减少太阳辐射对室内环境的影响，创造出一个更加舒适、宜人的室内空间（图 6-34）。

图 6-33　全校区鸟瞰图
资料来源：谷德设计网官网

图 6-34　聚碳酸酯外观图
资料来源：谷德设计网官网

此外，在建筑的北向设计了可开启的电动天窗，这一设计巧妙地与BA系统（楼宇自动化系统）相连，实现了天窗的智能化管理。在过渡季节的白天，北向的天窗会自动开启，利用自然风的力量，引导空气向上流动，从而有效地增强室内的自然通风效果。这种设计不仅为室内带来了新鲜的空气，同时也降低了对机械通风的依赖，减少了能源的消耗。而在空调季夜间，管理系统会与气象站进行联动，实时监测室外的温湿度和天气状态。根据这些实时数据，管理系统会智能地判断是否需要开启天窗。当室外温度适宜、湿度较低时，天窗会自动开启，利用夜间的凉爽空气进行自然通风，进一步强化建筑的自然冷却效果。通过这些措施的综合运用，该建筑不仅成功实现了绿色建筑二星级的设计目标，还为未来的建筑设计提供了可借鉴的范例，推动了建筑行业向更加绿色、低碳、可持续的方向发展。

3）技术要点

（1）风力发电

项目在可再生能源利用中较为突出的一点是对风能的利用。在建筑的顶部安装风力涡轮机，用于捕捉风能并转换为机械能，再通过发电机将风力涡轮机转动的机械能转换为电能，供给建筑内部的各种电器设备和照明系统等（图6-35）。

（2）太阳能光伏技术

在项目的屋顶设计中，设计团队选用了90块单晶硅光伏组件，并通过组串式逆变器进行了精细的光伏系统配置。这样的组合使得建筑光伏系统总装机容量达到了42.3kW峰值（kWp），预计年发电量可达到4.89万kW·h。通过这一设计，成功实现了项目可再生能源利用率高达47.31%，这一举措不仅有助于减少碳排放和环境污染，同时也为建筑行业在可再生能源利用方面树立了新的标杆。

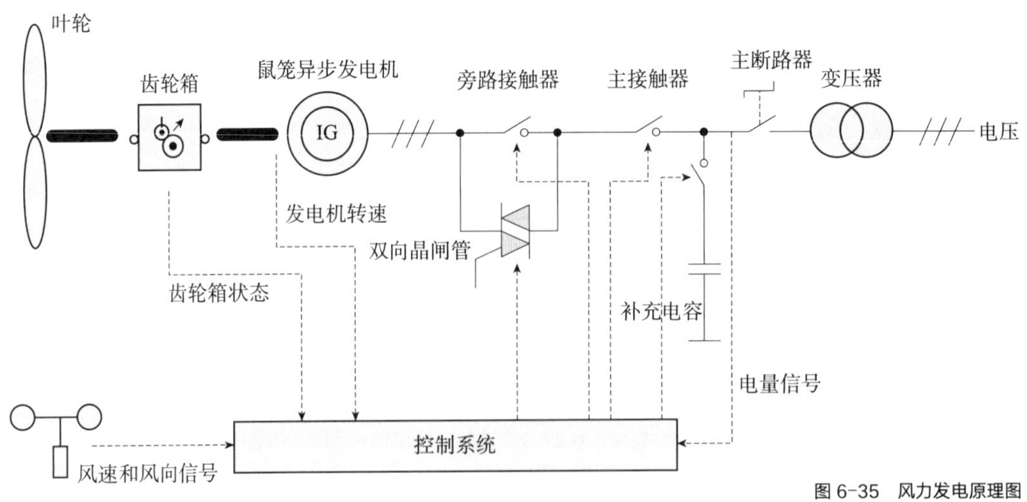

图6-35　风力发电原理图

4. 阿姆斯特丹自然与环境教学中心

1）项目概况

项目位于荷兰，建筑面积 281m^2。建筑师巧妙地运用了一系列清晰直观的可持续性设计手法，生动地向学生们展示了节能建筑对环境的积极影响。这些设计不仅体现了环保理念，还通过具体实践向学生传达了节能建筑的重要性。

2）设计理念

作为一座节能建筑的典范，自然与环境教学中心在运营过程中完全摒弃了对矿物燃料的依赖，充分体现了绿色建筑的核心理念。建筑师通过巧妙运用各种可持续性设计手法，使这座教学场地成为一个集教育与实践于一体的绿色课堂。其独特的设计不仅为孩子们提供了一个舒适、健康的学习环境，更让他们在亲身体验中深刻理解了可持续性设计的重要性。

3）技术要点

（1）太阳能光伏技术

由于特殊的地理位置，设计师对建筑的坡屋顶进行改良，将其朝南延伸，从而提高太阳能电池板的利用率（图 6-36）。

（2）特朗勃墙

除可再生能源利用以外，该项目还采用了特朗勃墙，即一种依靠墙体独特的构造设计的被动式供热方式，是无机械动力、无传统能源消耗、仅仅依靠被动式收集太阳能为建筑供暖的集热墙体。这种特殊的墙体加热了进入教室的自然空气，减少了暖气系统的使用频率，使教室内的温度得以维持在一个舒适的范围，而无需频繁启动暖气系统。通过这种方式，既节省了能源，又为学生们创造了一个温馨舒适的学习环境（图 6-37）。

图 6-36　低矮屋顶上的太阳能板
资料来源：谷德设计网官网

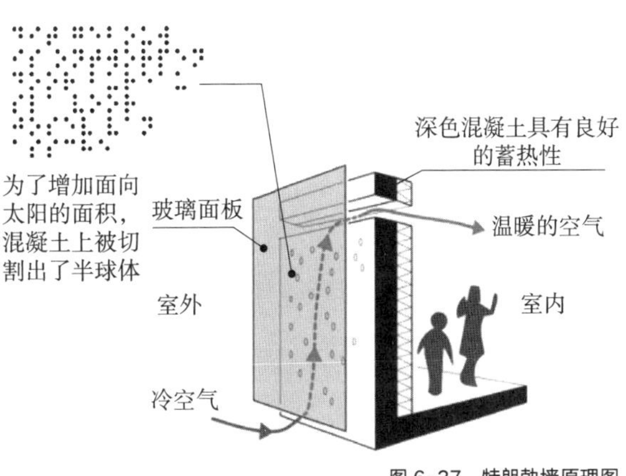

图 6-37　特朗勃墙原理图
资料来源：谷德设计网官网

6.1.4 碳汇景观的低碳学校实例

1. 渤龙湖科技园中小学

1）项目概况

项目位于天津滨海新区，于2017年竣工交付使用，学校为住房和城乡建设部绿色校园示范项目，并且获得了绿建三星标识。学校建筑面积为44 608m^2，为十二年制公立学校，包含小学24班，初中18班，高中12班（图6-38）。

渤龙湖科技园中小学为解决学校现有问题，提出节能、生态、艺术、体验的校园空间，打造精致的绿色校园模式。该项目获得了普罗奖公共建筑·银奖/新技术·银奖、2021英国伦敦设计奖·银奖。该校被选入《新时代中小学建筑设计案例与评析》这一权威著作。

2）设计理念

作为绿色校园，学校将绿色科技设计为体验式绿色教育平台，如光伏廊道、屋顶农场、雨水花园等，设计师希望在孩子们不知不觉的成长过程中，将绿色理念传达给学生，因此将中学的顶级科技走廊设计为彩色薄膜光伏廊道，让学生们可以在一个多彩的光影空间里学习可再生能源知识。小学设计屋顶农业，作为劳动技能课和生物课的一部分，学生可以在种植蔬菜的过程中体验收获的乐趣（图6-39）。

3）技术要点

（1）海绵景观

项目在应对环境变化时展现出卓越的"适应性"，有效解决了雨季积水问题，从而维护了校园的安全，并促进了生态环境的可持续发展。遵循

图6-38 校园环境
资料来源：TENIO官网

图6-39 光伏走廊
资料来源：SOHU官网

图 6-40 零碳花园
资料来源：SOHU 官网

“渗、留、储、净、用、排”的六步策略，校园内的雨水得以渗透、暂存、收集、净化、再利用和排放，这一系列过程紧密相连。这种方式综合考虑了防洪、径流污染控制、雨水资源化和水生生态系统修复等多重目标，以实现整体效益的最大化（图 6-40）。

（2）垂直绿化策略

在校园规划中融入多元化、绿色低碳的景观设计，采用均匀铺设的草坪毯式垂直绿化、色彩缤纷的模块式及器式垂直绿化，以及具有攀缘特性的金属网式垂直绿化。这些措施不仅为校园注入了生机与活力，同时也有助于提升整体环境的生态质量（图 6-41）。

（3）阳光学堂

通过科学规划中庭空间布局，打造具有丰富空间层次和多元景观体验的学习环境；运用艺术化的手段，实现自然采光、自然通风以及可再生能源利用等技术方案的有效整合。这种设计不仅优化了学习环境，同时显著降低了白天的能源消耗，实现了高效节能的目标（图 6-42）。

2. 沣西新城创新港中学

1）项目概况

沣西新城创新港中学，是由西安市教育局携手西咸新区沣西新城以及西安交通大学三方共同创建的一所高标准、高质量、高起点的公办学校。学校践行素质教育理念，将绿色低碳生态环境教育巧妙地融入校园的每一个角落，旨在全方位提升师生的安全感、健康感和舒适感，致力于打造一所具有国际水准的高品质学校。

图 6-41 屋顶农业垂直绿化
资料来源：SOHU 官网

图 6-42 下沉广场
资料来源：SOHU 官网

图 6-43 校园鸟瞰图
资料来源：mbachina 官网

该项目坐落于陕西省西咸新区沣西新城的西部科技创新港东侧，其地理位置由仲英南路、启德路和南洋环路三条城市道路所界定。学校所在区域地势平坦，属于渭河阶地，且邻近新河、沙河两条河流，具备优越的地形地貌条件，非常适合实施海绵城市建设（图 6-43）。

2）设计理念

为将校园雨水径流控制至开发前状态，减少城市建筑环境对自然雨水生态系统的影响，校园景观环境设计将有限场地的海绵设施设计与优质校园环境相结合，作为海绵城市建设的物质承载，建造各种海绵设施，如屋顶绿化和雨水花园。借助校园环境表达生态理念，充分体现交大附中的教育特色，展现沣西新城和中国西部创新港特色，以及中学校园的现代化生态文明教育特色（图 6-44）。

3）技术要点

（1）海绵城市建设

为了全面推广并实现人与自然和谐共生的目标，设计师致力于在校园内建设绿色屋顶、生态草沟、雨水花园等多种海绵设施。这些设施不仅美化了校园环境，同时也有效地管理和利用了雨水资源，提升了校园的生态品质。

（2）再生建材应用

为了积极响应绿色环保理念，设计师在校园地面和区域道路的建设中，大量采用了由建筑垃圾骨料生产的再生砖和再生路面材料。这种环保且美观的建材应用，既实现了资源的有效再利用，又提升了校园环境的整体品质。

（3）校园绿化提升

设计师始终坚持生态优先的原则，通过打造乔、灌、草的复层绿化屏障，营造出了一个满目苍翠、绿树成荫、四季常绿、花草芬芳的绿化景观。

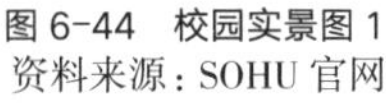

图 6-44　校园实景图 1
资料来源：SOHU 官网

图 6-45　校园实景图 2
资料来源：SOHU 官网

这样的绿化环境不仅为师生们提供了一个舒适的学习和生活空间，同时也为校园创造了一个良好的微气候环境（图 6-45）。

3. 北京师范大学天津生态城附属学校

1）项目概况

为了构建一个绿色、低碳且健康的生态校园，设计师将校园空间进行了科学划分。小学区域被规划为“天空农庄”，这里种植着各种农作物，不仅为学校的食堂提供了有机食材，同时也让学生们能够亲身参与农作物的种植与管理，深入理解劳动的意义与价值。初中区域被设计成了“阳光讲堂”，该区域融入了一系列教育科技设备，让学生在轻松的环境中学习科技知识，培养他们的科学素养。高中区域则被打造成“读书花园”，优美的花园环境让学生们能够在花香中阅读书籍，放松心情。此外，校园内还设有“会客花园”，作为校园社交的重要场所。

在整个校园规划中，设计师始终坚持绿色健康的理念，以科学、严谨的态度，致力于打造一个“绿色 +”的低碳健康生态校园。这样的校园设计能够为学生们提供一个既美观又实用的学习环境，让他们在享受自然之美的同时，也能够感受到科技的力量与魅力（图 6-46）。

2）设计理念

致力于打造一个新型的教育空间，构建一所集明亮、健康、活力与绿色于一体的高水平校园，同时确保其与城市定位和谐相融。作为校园形象的精神象征，设计中借鉴了“学者如登山焉，动而益高”的哲理，将山脉的轮廓形态融入校园整体设计之中。通过以绵延山脉为灵感，将自然之美与建筑艺术相结合，赋予建筑形体更为深刻的精神内涵，从而营造出一种既具现代感又富含文化底蕴的校园环境。

图 6-46　校园实景图
资料来源：Kinpan 官网

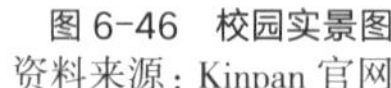

图 6-47　天空农场
资料来源：CITY.CRI 官网

3）技术要点

绿化屋顶空间不仅美化了整个校园环境，还充分践行绿色低碳校园的理念。这一举措不仅有助于减少城市热岛效应，提升校园环境的舒适度，更为培养学生环保意识提供了生动的实践平台。通过参与都市农场实践课堂的活动，学生能够更深入地理解环保的重要性，并积极参与到绿色低碳校园的建设中来（图 6-47）。

6.2.1 低能耗的低碳学校实例

1. 昆士兰大学全球变化研究所

1）项目概况

澳大利亚昆士兰大学全球变化研究所（图 6-48）由 HASSELL 设计，位于澳大利亚布里斯班昆士兰大学，建筑面积 3865m^2，建筑高度 19.2m，于 2013 年 7 月竣工，达到了当时世界上最先进的可持续发展水平。

建筑展示了可持续研究成果，并对创新技术进行试验。建筑实现在全年大部分时间可以自然通风，利用太阳能为整个建筑全天候供电，并开创了澳大利亚国内结构性地质聚合物混凝土使用的先河，其温室气体排放大大低于传统混凝土。项目作为处于亚热带气候可持续发展前沿的建筑，同时也将是进行实地研究的场所，利用建筑系统和入驻用户来评估亚热带地区低能耗建筑的理想的舒适条件（图 6-49）。

图 6-48　建筑外观
资料来源：《昆士兰大学全球变化研究所》

图 6-49　效果图
资料来源：《昆士兰大学全球变化研究所》

2）设计理念

昆士兰大学全球变化研究所设计旨在与自然环境相协调，以满足“居住建筑挑战”的可持续发展准则为目标，实现建筑碳中和与零能耗，为可持续发展作出贡献。

目前，全球变化研究所正为通过教育类 6 星级绿星评估认证而努力，希望成为零碳排放、零能源消耗、零水消耗和零废物污染的环境友好型建筑，使昆士兰大学始终处于可持续发展领域的前沿。

3）技术要点

（1）被动式节能策略——中庭

项目两层通高的公共学习区，为建筑提供了一个“呼吸核”。中庭打造“森林”的氛围特征，最大化屋顶高度设计，使自然光进入工作区域，楼板深度则保持在使照明最优化的尺寸。同时中庭扮演着“绿肺”的角色，利用周边空间与位于斯蒂尔大楼平台上方的通风烟囱形成对流通风，从而进行“呼吸”（图 6-50）。在内部墙壁种植植物，植物吸收 CO_2 进行光合作用产生氧气，从而促进空气流通，改善室内空气（图 6-51）。

（2）可调节建筑表皮

全球变化研究所的外立面以双层垂直曲面移动幕墙为特征（图 6-52），可跟踪阳光并自动调节角度，以此调节光照，控制室内温度，减少空调负荷，达到节能目的。

图 6-50　主动学习空间的百叶通风系统
资料来源：《昆士兰大学全球变化研究所》

图 6-51　绿墙与中庭空间
资料来源：《昆士兰大学全球变化研究所》

图 6-52　可调节遮阳穿孔金属铝板
资料来源：《昆士兰大学全球变化研究所》

图 6-53　ETFE 膜屋顶
资料来源：《昆士兰大学全球变化研究所》

建筑表皮由三层构成，最外层为可调节穿孔金属板幕墙，使建筑内有阳光和微风穿过，达到应对极端环境条件的要求；中间屏蔽层用于控制虫害，并有利于减少眩光；内层为可调节百叶。金属板幕墙利用弹簧安装，由发动机驱动控制多个面板绕中心轴转动。

（3）半透明 ETFE（Ethylene Tetra Fluoro Ethylene）膜屋顶

中庭屋顶采用半透明 ETFE 膜屋顶。耐久性作为 ETFE 膜材料的主要特征，其在紫外线或大气污染下也不会降解且可回收，拥有自清洁、高透光和良好的保温隔热性能。三重充气枕系统通过调节图案密度以及充气后膨胀来调整内层表面上下位移，调节透光率和太阳能负荷（图 6-53）。

（4）创新性的聚合物混凝土楼板

建筑的结构框架采用的地质聚合物混凝土预制楼板每 10t 混凝土可减少多达 8t 的 CO_2 排放，并且结合了地板内循环冷却盘管，通过冷热水循环，对室内地面进行冷热交换，从而调节室内温度，达到制冷或供暖效果（图 6-54）。同时架空地板下的夹层空间形成的静压箱，结合散流器，为地板送风系统实现独立送风和其他网络系统服务（图 6-55）。

项目通过采用加强对流通风和 100% 新鲜空气的原则（图 6-56），利用烟囱效应散热，辅助机械系统解决预计占全年 12% 的非舒适气候情况，提供内部适宜环境。在建造过程中还利用蓄热体来缓解极端天气对建筑室内的影响，以满足室内舒适度的要求。

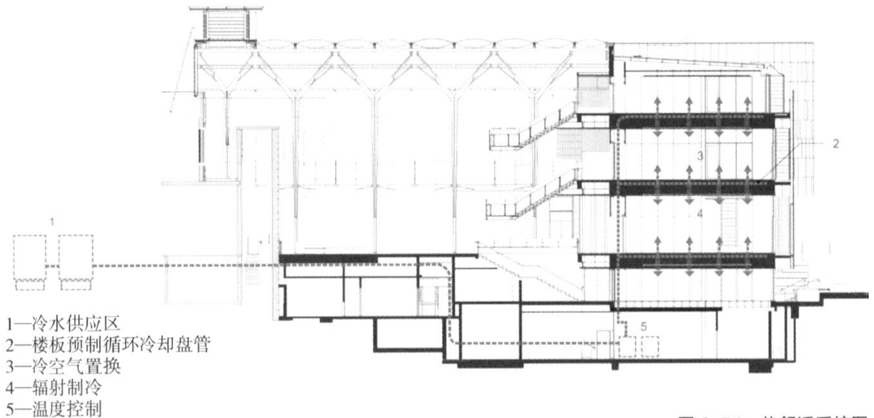

图 6-54　热舒适系统图

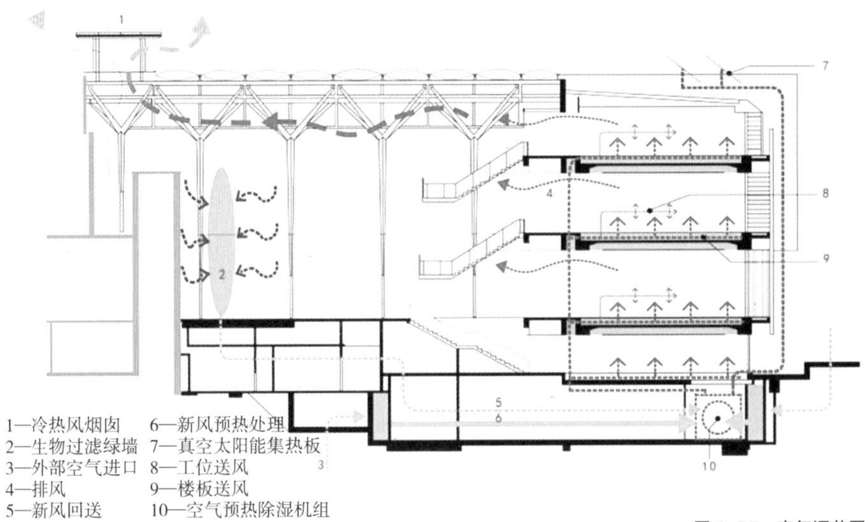

图 6-55　空气调节图

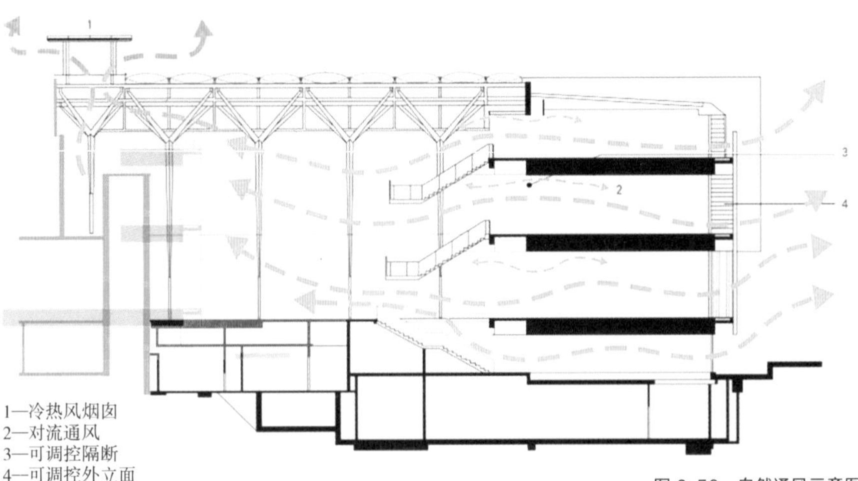

图 6-56　自然通风示意图

资料来源：《昆士兰大学全球变化研究所》，重新绘制

（5）野生灌木花园和生物滞留盆地

野生灌木花园和生物滞留盆地为项目策略的一部分，旨在抵消项目对基地的影响，提高大学校园的生物多样性，鼓励城市食用植物的栽培。花园还将在建筑的水循环和废弃物处理中扮演重要角色。

（6）可循环再生利用

全球变化研究所利用太阳能发电系统，实现所需的能源 100% 由场地内部产生的可再生能源提供，每年发电 175 274kWh，并可将富余电量回输至国家电网。同时太阳能发电系统为雨水收集提供能源，实现水资源在场地内部的循环利用。

2. UBC 可持续互动研究中心

1）项目概况

可持续互动研究中心（图 6-57）位于加拿大温哥华，项目于 2011 年建成。作为不列颠哥伦比亚大学“生态实验室”计划扶持的重点项目之一，该中心拥有北美地区“最绿色的建筑”的称号，实现了水源自给、净零能耗、卓越的自然采光通风等诸多可持续特色，有望成为可持续发展研究、创新实验室平台。

2）设计理念

该研究中心旨在实现可持续性发展，大力招揽社会各界的研究工作者来到这里合作开展研究工作。项目不仅仅局限于“负面环境影响较低”或

图 6-57　UBC 可持续互动研究中心效果图
资料来源：naturally：wood 官网

“节能效率较高”等建筑称号，目前项目获得并超越了 LEED 白金级认证，而“生态建筑挑战”的认证正在顺利进行中。

3）技术要点

（1）建筑形体

通过热环境性能模拟，UBC 可持续互动研究中心以四层的“U”形体量半围合布局融于场地之中，体形系数控制为 0.28。“U”形折面拥有较大的热交换界面可以进行热量补偿，夏季形成的自遮阳可屏蔽过多的太阳辐射热，冬季则保证室内足够的太阳辐射热。

在风性能体形调控上，建筑每年超过 32% 的时间实现自然通风。首先，“U”形体量可以形成并加强拔风效应。同时，在大进深平面中置入热压竖井，并将南北首层打通，形成穿堂风，再通过调整竖井体形高宽比和口底比，以及屋顶自动通风口强化拔风效果（图 6-58）。

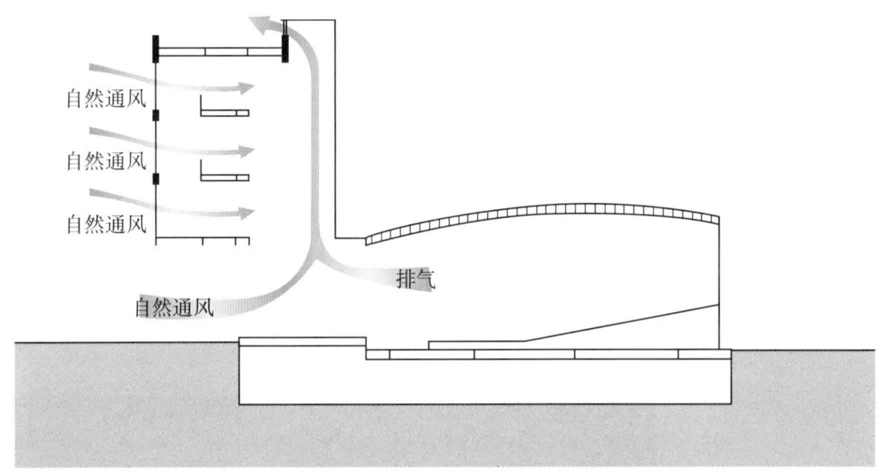

图 6-58　热压竖井的拔风效应

（2）表皮系统

研究中心采取了控制传热系数、生态介质表皮、光热平衡遮阳等被动式表皮设计策略。

温哥华冬季的室内外温差较大，因此建筑表皮的传热系数（*U* 值）尤为重要。设计选取 PVC 窗框的三层玻璃幕墙和铝合金窗框的双层玻璃窗，同时，表皮外墙大范围采用当地生产的杉木饰面，端部采用白色混凝土砖（表 6-1）。

表皮系统 *U* 值　　表 6-1

	窗体综合	杉木饰面	白色混凝土砖
U 值	0.85W/（m^2·K）	0.14W/（m^2·K）	0.17W/（m^2·K）

图 6-59　垂直绿化

资料来源：舒欣、陈晨、唐超，《碳中和导向的气候适应性建筑设计演绎——以英属哥伦比亚大学可持续发展互动研究中心为例》

建筑巧妙运用了生态介质表皮，其西立面利用金属框架种植攀爬力强的落叶葡萄藤，形成绿色屏障（图 6-59）。夏季枝叶茂盛提供遮阳，冬季叶落满足采光需求。礼堂屋顶设置屋顶花园，为了减少雨水径流，在其土壤层下方设置波纹排水层用于收集雨水和绿化灌溉。

建筑南立面采用光热平衡遮阳来平衡采光需求和太阳辐射。建筑遮阳构件为覆盖光伏电池的铝制水平遮阳板，旋转 30° 的设置可在保证光热效率的同时能够有效遮挡夏季的太阳辐射，在冬季时保证了适宜的自然光线渗透，减少了 70% 的光能耗（图 6-60）。

（3）结构材料

建筑的结构材料采用了胶合木结构，其碳排放相较于钢筋混凝土结构减少 74%。整个建筑中的木材在其全寿命周期内能够存储 600t 的 CO_2，实现了建筑材料的负碳足迹。

（4）碳汇景观设计

设计将地形地貌与建筑形体有机融合。景观区域在场地西南侧，设计了雨水花园和生态廊道，结合垂直绿化和屋顶花园，使场地绿化率达到了 45%。景观植物与虫鸟结合，共同构成微型生态系统。同时景观能够 100% 回收利用或者渗透场地内的雨水，有效解决了降雨与雨水径流问题，形成循环的生态系统，以此缓解建筑对场地的生态影响（图 6-61）。

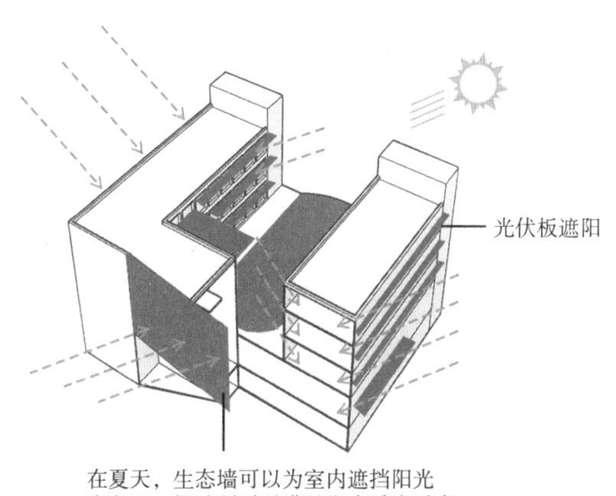

图 6-60　建筑表面的光热平衡遮阳

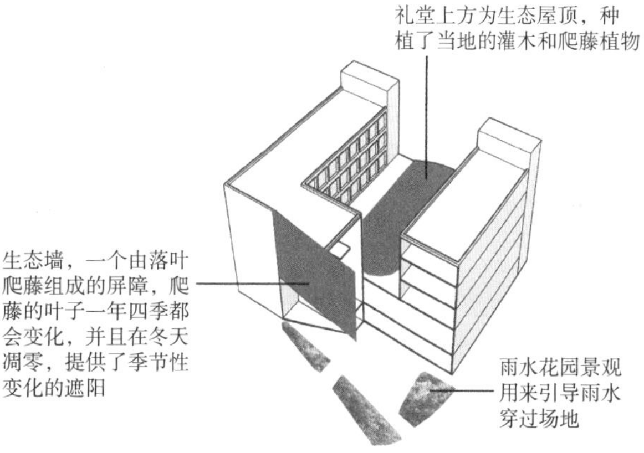

图 6-61　建筑场地景观系统

以上两图资料来源：《碳中和导向的气候适应性建筑设计演绎——以英属哥伦比亚大学可持续发展互动研究中心为例》，重新绘制

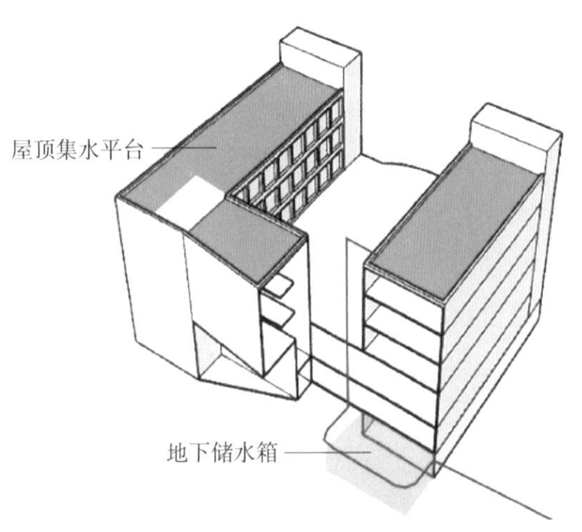

图 6-62　建筑雨水的收集、处理、储存和利用
资料来源：《碳中和导向的气候适应性建筑设计演绎——以英属哥伦比亚大学可持续发展互动研究中心为例》，重新绘制

（5）建筑设备

①水源自供给

温哥华的年降雨量约为 1226mm/m²，建筑屋顶 1000m² 的集水平台以及地下 100m³ 的储水箱，可收集的雨水量可达到 1220kL/ 年。雨水经过场地的过滤消毒处理，为建筑提供了 100% 的饮用水资源（图 6-62）。

②污水回用作中水

项目建筑西南角的独立玻璃房内采用太阳能—水生植物系统，仿效自然过程消耗人体的生物垃圾，然后产出洁净水。工作原理是从建筑的卫生洁具收集废水，然后再将经过处理的水源用于冲厕和景观灌溉，创造闭回路式的水源循环模式（图 6-63）。

③热回收系统

研究中心从三个不同的热源系统获得热源。主热源来自于从相邻教学楼回收的排气废热；第二个热源是其自身的废热回收；最后的热源来自于地源热泵。三个热源分别用于为建筑提供热辐射与冷却，建筑热水系统和对热交

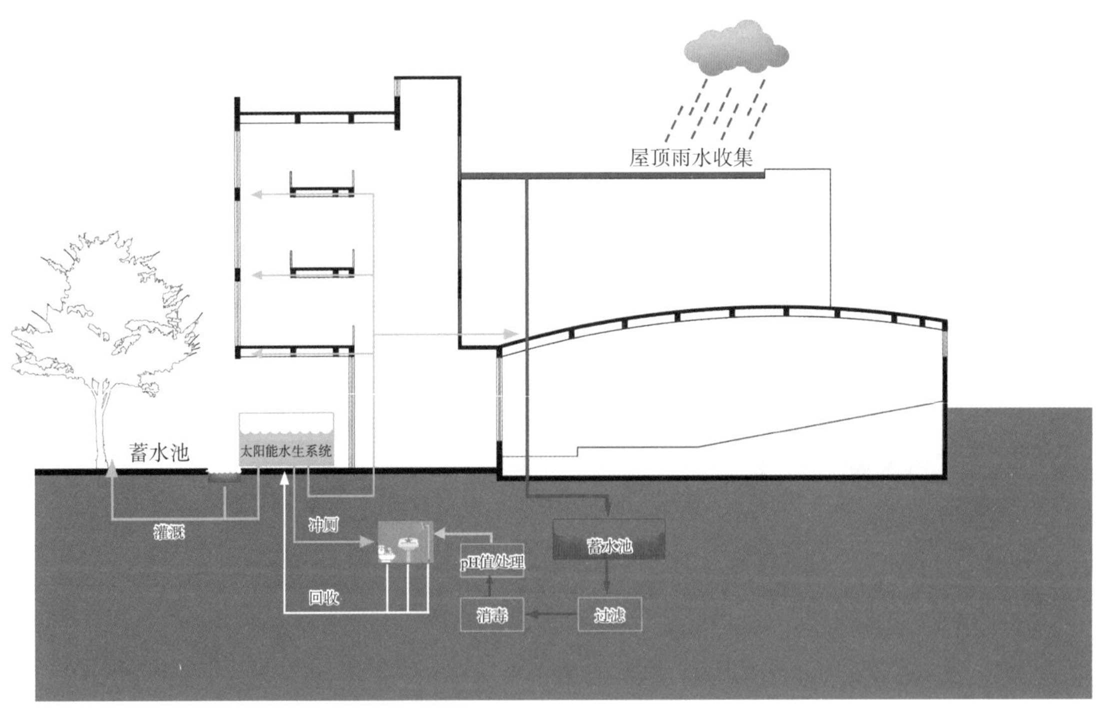

图 6-63　建筑水系统闭水循环分析图
资料来源：《碳中和导向的气候适应性建筑设计演绎——以英属哥伦比亚大学可持续发展互动研究中心为例》，重新绘制

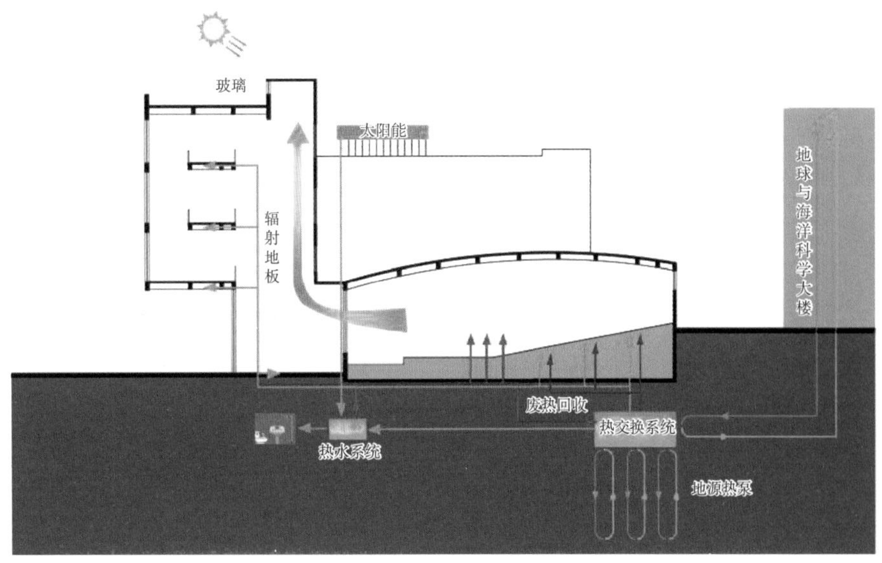

图 6-64　建筑可再生能源系统运转机制分析图
资料来源:《碳中和导向的气候适应性建筑设计演绎——以英属哥伦比亚大学可持续发展互动研究中心为例》，重新绘制

换系统提供补充。研究中心每年输送给 EOS 的热量超过了从 UBC 电网获取的电量，在实现负碳的同时也满足了建筑的能源平衡与碳中和（图 6-64）。

④可再生能源利用

研究中心对太阳能进行了最大化的转化和利用。建筑屋顶上 40m^2 的真空管集热器在夏季能够提供 15100kWh 的热量；建筑立面和屋顶采用 25kW 功率的光伏电板，形成光伏建筑一体化，在提供遮阳的同时也解决了建筑 10% 的用电量。

3. 清华大学超低能耗示范楼

1）项目概况

清华大学超低能耗示范楼是北京市科委科研项目，其位于清华大学校园东区，紧邻建筑馆（图 6-65），总建筑面积 3000m^2，地下一层，地上四层。从建筑全生命周期的观点出发，建筑采用了钢框架结构。同时，超低能耗示范楼是国家“十五”科技攻关项目“绿色建筑关键技术研究”的技术集成平台，用于展示和实验各种低能耗、生态化、人性化的建筑形式及先进的技术产品（图 6-66）。

2）设计理念

作为 2008 年奥运会办公建筑的“前期示范工程”，该建筑旨在体现奥运建筑的“高科技”“绿色”“人性化”。在建筑设计中选择生态策略时，设计师主张“被动式策略（自然通风、相变蓄热体、阳光房、保温隔热墙体等）优先，主动式策略（太阳能电池板、空调系统等）优化”（图 6-67）。

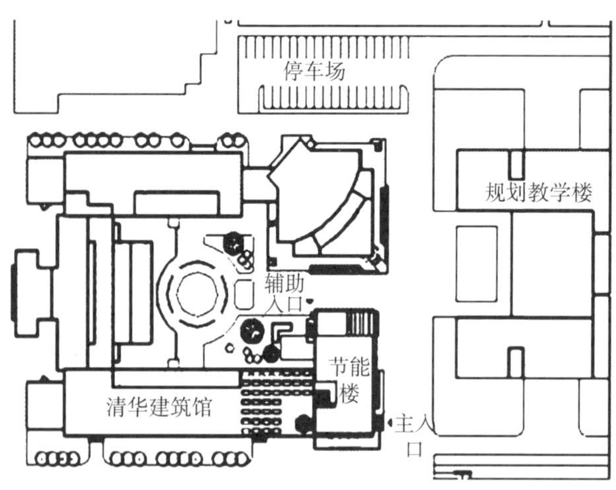

图 6-65　清华大学超低能耗示范楼总平面图

图 6-66　清华大学超低能耗示范楼效果图

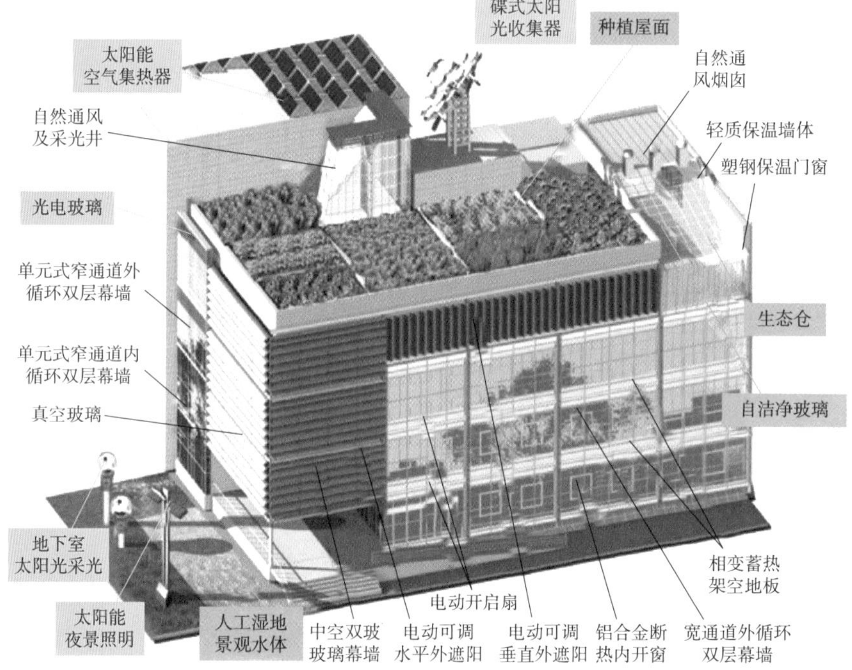

图 6-67　清华大学超低能耗示范楼节能技术应用示意图

3）技术要点

（1）围护结构方案

①玻璃幕墙和保温墙体

东立面和南立面采用双层幕墙及玻璃幕墙（图 6-68），综合得热系数为 1W/（m^2 · K），太阳能得热系数为 0.5。双层幕墙根据室内外温差调节室外空气进出风口的开合，夏季进出风口打开，利用幕墙夹层形成热压通风，带

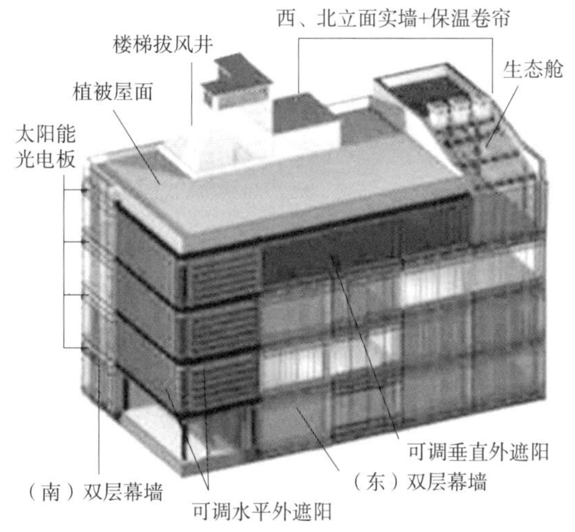

图 6-68　围护结构采用的方案

图 6-69　相变蓄热地板

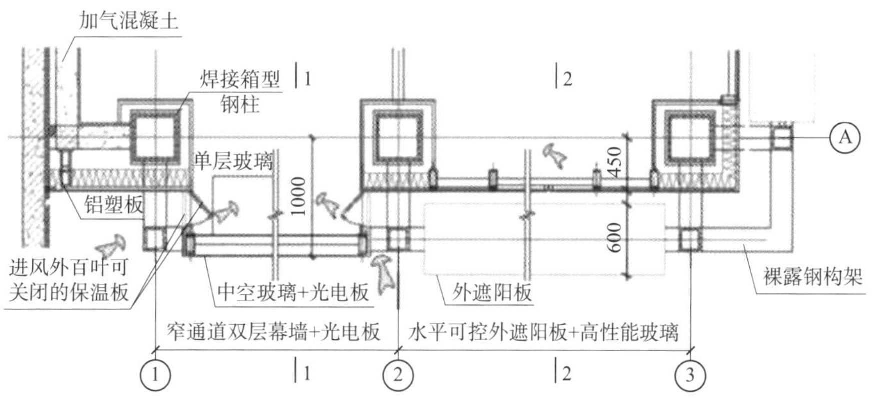

图 6-70　南立面幕墙平面构造

走室内热量；冬季进出风口关闭，减少向室内的冷风渗透。同时设置水平遮阳和垂直遮阳，并设置单独的自控系统，根据不同的室外环境以及不同区域功能要求进行控制调节，实现夏季遮挡太阳辐射，冬季满足室内采光（图 6-69）。

西北面采用 300mm 厚的轻质保温外墙，铝幕墙外饰面，传热系数为 0.35W/（m^2·K）。外窗采用双层中空玻璃，外设保温卷帘。

②相变蓄热活动地板

示范楼采用了相变蓄热地板来增加建筑热惯性，为建筑提供稳定的室内温度。构造方式为将相变温度为 20~22℃的定形相变材料填充进活动地板内，冬季时，白天储存太阳辐射热，夜晚释放热量，保证室内温差不超过 6℃（图 6-70）。

③植被屋面

建筑采用种植屋面技术，以此提高屋顶的隔热保温性能，改善生态环境质量，结合防水及承重要求，以及北京气候特征，选用喜光、耐旱、根系浅的低矮灌木和草皮（图 6-71）。

④光导采光系统

建筑在屋顶上运用了导光管技术，该技术能够穿透结构复杂的屋顶与楼板，将充沛的自然光线引入建筑的每一层。导光管系统主要由三部分构成：集光器负责收集日光；管体部分负责传输光线；而出光部分则负责调控光线在室内的分布（图 6-72）。有的管体和出光部分合二为一,一边传输，一边向外分配光线。

（2）自然通风利用

根据北京气候特点，利用热压和风压通风。在楼梯间和走廊设置通风竖井，负责各楼层热压通风，并在建筑顶端设计玻璃烟囱，利用太阳能强化通风。此外建筑外立面设置开启扇，通过风压作用实现室内外空气流通，保证室内较为舒适的热环境，缩短空调系统运行时间。

（3）建筑设备

①湿度独立控制的新风处理方式

为了满足室内人员的新风要求，消除室内的湿负荷，示范楼共设置 4 台新风机组，可提供干燥的新风。机组运用溶液除湿的方式，将除湿过程从降温过程中独立出来，减少能耗的同时减少显热冷负荷，从而降低空调能耗。

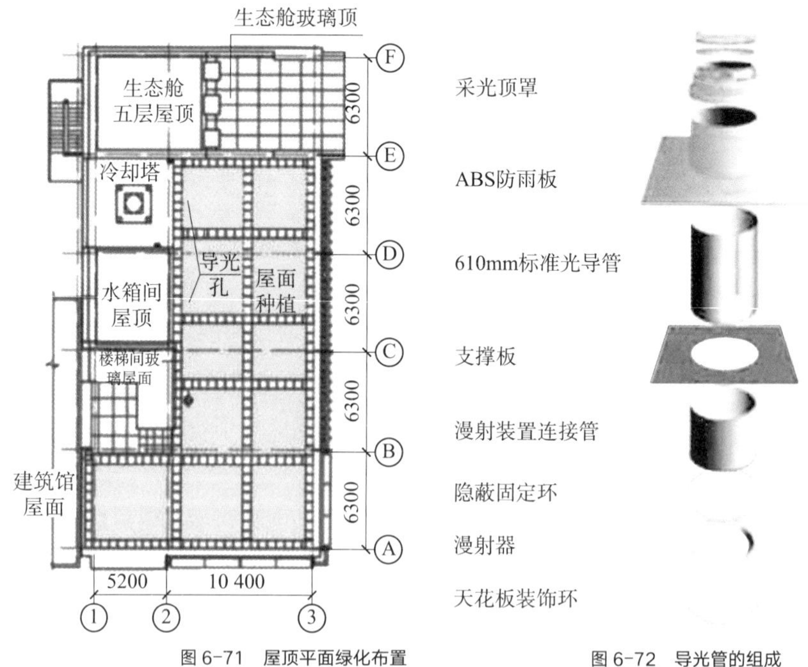

图 6-71　屋顶平面绿化布置

图 6-72　导光管的组成

②高温冷水机组或直接利用地下水

配合独立湿度控制的新风机组，夏季冷却水温度 18℃即可满足供冷要求。采用电制冷，冷冻机 COP 可达到 9 以上，高效节能。另外建筑也直接利用地下水，水流通过建筑为室内降温后，全部回灌，不会造成地下水资源的流失。

③ BCHP 系统

示范楼采用热电联供系统，采用天然气作为能源供应，数据显示系统总的热能利用效率可达到 85%，其中发电效率 43%。基本供电由内燃机或者氢燃料电池供应，发电后的余热冬季用于供热，夏季则当作低温热源用于除湿系统的溶液再生。

④太阳能利用

示范楼屋顶设置太阳能高温热发电装置，南侧立面装有 30m^2 的光伏玻璃，收集的太阳能通过转换后用于控制玻璃幕墙和遮阳百叶的启闭，以及建筑日常供电。屋顶设有太阳能集热器，用于除湿系统的溶液再生。

6.2.2 低碳结构体系和循环材料的低碳学校实例

1. 山东建筑大学绿色装配式综合实验楼

1）项目概况

山东建筑大学教学综合实验楼项目包括教学综合实验楼（主楼）和合堂教室两部分，位于山东建筑大学新校区内图书信息楼南侧，紧邻雪山东麓。教学实验综合楼建筑面积 9721m^2，为钢框架结构，地上六层，建筑高度为 23.96m，主要用于实验室和研究室；合堂教室为钢筋混凝土框架结构，地上二层，建筑高度为 13.4m，主要用于大会议室和 90 人合堂教室，采用 EPC 模式建造（图 6–73）。

山东建筑大学绿色装配式综合实验楼项目是国内首个钢结构装配被动式超低能耗建筑，也是山东省第一批入选被动式超低能耗绿色建筑示范工程的建筑。其创新点主要在于，首次将被动式建筑技术与钢结构装配式建筑技术进行一体化设计与应用，钢结构构件及围护结构均采用工厂化生产和装配式施工。2017 年 3 月 30 日，项目经现场检验顺利通过德国能源署、住房和城乡建设部科技与产业化发展中心专家组实体验收，该项目为研究寒冷地区装配式超低能耗建筑适宜技术提供了科学依据和数据支持（图 6–74）。

2）设计理念

山东建筑大学绿色装配式综合实验楼项目，是在绿色建筑设计价值观的指导下，以满足使用者对建筑舒适度的需求为出发点，考虑建筑的全生命周期的生态和节能，争取最低的资源消耗，采用“被动技术优先”的设计原则和思路，从根本上关注“人、自然、建筑”这三者之间的相互关系，依据建

图 6-73　建筑外观 1

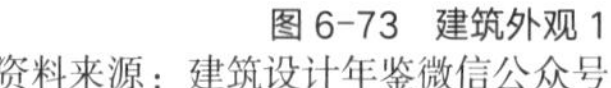

资料来源：建筑设计年鉴微信公众号

图 6-74　建筑外观 2

资料来源：建筑设计年鉴微信公众号

筑所处的自然环境及建筑特点来进行设计和选择。

无论是针对建筑与环境气候的关系，还是建筑物单体形态的设计，或是建筑物围护结构材料的选择与构造设计，项目均严格遵循装配式超低能耗建筑的要求，体现了被动优先的设计理念。

在被动优先绿色建筑设计时，首先对整个场地进行详细分析，充分了解建筑所处的环境条件和气候条件后进行建筑场地的规划。为了与周围环境相协调，设计最大限度地保留了场地内原有的地形。

在形体处理方面，建筑整体为方形，体形系数保持在 0.3 以下。建筑的南立面窗户较多，且窗面积较大，北立面则均为小窗。另外，建筑物在遮阳系统的选择上，都采用了“L”形的遮阳板，这种遮阳板的选择不仅可以减少阳光对室内的直射，还能够减少西晒对建筑的影响。

在内部空间处理上，建筑主要通过设置中庭空间来改善室内环境，整个空间内光环境也得到了极大改善。夏季，通过中庭热压通风所带来的拔风效果，可以减少空调的使用。而冬季，中庭又可以使阳光射入室内，从而提高室内的温度，也降低了冬季供暖设备的使用频率。

3）技术要点

钢结构装配式

项目采用钢结构装配式绿色建造技术，与传统混凝土现浇建造方式相比，钢结构装配式建筑可缩短工期 30%，减少建筑垃圾 50%。施工现场道路采用“永临结合”的方式降低混凝土用量，节省了成本。

2. 新加坡南洋理工大学商学院大楼

1）项目概况

新加坡南洋理工大学（NTU）从 10 多年前就开始实践可持续性校园规划，目前校园内拥有 8 座官方授予绿色标志白金认证的零碳建筑，其中最新

图 6-75　建筑外观 1
资料来源：青年建筑微信公众号

图 6-76　建筑外观 2
资料来源：青年建筑微信公众号

图 6-77　建筑外观 3
资料来源：青年建筑微信公众号

落成启用的商学院大楼“Gaia”由日本建筑大师伊东丰雄与参与建造新加坡星耀樟宜机场的 RSP Architects 共同打造，采用减少碳足迹的新建筑技术，具备可有效节省能源的设施，体现了南洋理工大学校园的绿色宣言。“Gaia”不仅是伊东丰雄第二座校园木构作品，更是亚洲最大规模的木制建筑（图 6-75）。

“Gaia”商学院大楼，取代原有的创新中心，坐落于校园中由 Heatherwick Studio 设计的学习中心旁。“Gaia”大楼设置了一间 190 人座的礼堂、12 间演讲厅，以及一系列研讨室、实验室、办公室、教室和会议室等空间（图 6-76）。

2）设计理念

这座占地 43 500m^2、由两栋六层楼建筑物组成的商学院大楼，名字取自希腊神话中大地女神之名 Gaia，呼应着伊东丰雄希望让人们感觉到身处于森林之中的盼望。

3）技术要点

CLT 结构体系

该建筑在设计上充分体现了低碳环保的理念，以及与自然环境的和谐共生。整幢建筑物采用低碳的层压胶合成实木，只有厕所和一楼楼板及外部的楼梯为混凝土材质，建筑体几乎全部采用奥地利、瑞典和芬兰的云杉木打造，入口立面以轻微的弧形延展出柔和姿态，巧妙地融入周边的植栽绿意中。

大楼以集成材（GLT）打造梁柱，再以直交集成板（CLT）构成楼板和遮阳板，木材虽昂贵，但其碳足迹低于钢筋混凝土，质轻且坚固，可塑性高。大部分袒露的木结构未涂保护漆，以让大家能毫无隔阂地体会大自然的温度及在森林间游走的感受（图 6-77）。

3. 马萨诸塞大学阿默斯特设计大楼

1）项目概况

马萨诸塞大学阿默斯特设计大楼是美国第一个运用交叉层压木材（CLT）的学术大楼，也是北美最大的木材混凝土复合材料装配建筑。这是一个充满活力的交流、合作和实验空间（图 6-78）。

2）设计理念

建筑围绕着一个天窗设置中央公共区域，将学生聚集在一起举办讲座、展览、演示和非正式聚会。工作室、制造空间和教室围绕着通向过道的中央空间以展示设计学科。公共空间由一个绿色屋顶覆盖，包括了户外学习空间和景观系的实验空间（图 6-79）。

3）技术要点

（1）CLT 结构体系

施工过程本身的示范、胶合层压木材的柱和梁、复合地板、暴露的交叉层压木板和铸造混凝土以及大厅的"拉链桁架"都是创新木材工程的例证（图 6-80）。

（2）阳极氧化铝面板循环材料

建筑的铜色阳极氧化铝面板和垂直窗户组成的高效建筑围护体系隐含着该地区森林和树木的颜色和图案。Stephen Stimpson Associates 在周边环境美化中大量使用原生植物和铺路材料。合理设计的玻璃窗和天窗可为建筑物的内部提供最大的日光照射，减少对人工照明的需求（图 6-81）。

6.2.3 可再生能源的低碳学校实例

1. 北京化工大学昌平新校区

1）项目概况

北京化工大学昌平新校区位于北京市昌平区南口镇，占地面积约为

图 6-78 建筑外观
资料来源：ArchDaily 官网

图 6-79 建筑天窗中央公共区域
资料来源：ArchDaily 官网

图 6-80　CLT 结构体系示意图
资料来源：ArchDaily 官网

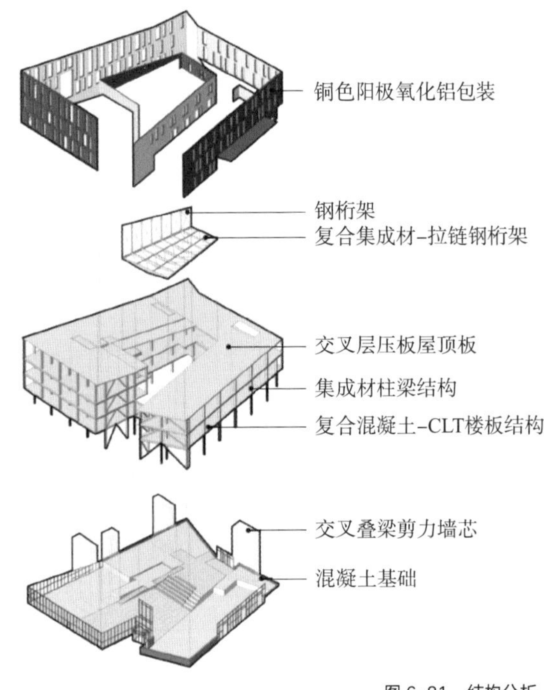

图 6-81　结构分析
资料来源：ArchDaily 官网，重新绘制

119 万平方米，场地东西跨度短，南北跨度长，自然地形为北高南低，高差约为 37m，东西方向坡度较为缓和。校区所有单体项目均满足绿色建筑设计评价标准，其中第一教学楼项目取得三星级绿色建筑运行标识证书，第一实验楼、图书馆和体育馆项目取得二星级绿色建筑运行标识证书（图 6-82）。

2）设计理念

北京化工大学昌平新校区秉持着交流共享、特色人文、绿色生态、可持续发展的理念，把绿色低碳校园建设的理念贯穿设计运行等全过程当中。项目依据“绿色校园规划”和“能源规划”等规划，遵循“被动式技术优先、主动式技术优化”的原则，采用适合的绿色建筑技术，并且考虑实际的建设成本，将项目建成为高质量的低碳绿色校园，为学生创造绿色宜人的校园空间（图 6-83、图 6-84）。

3）技术要点

（1）水资源利用

项目在水资源的再次利用上采用了雨水收集系统技术和污水处理系统技术等。

项目所在地区为暖温带半湿润大陆性季风气候，降雨集中，年平均降水量为 574mm，雨量占降水总量的 97%，7 到 8 月汛期降水量占全年的 63%。该校区的雨水系统主要采用室外散排和暗排相结合的方式，将雨水通过下凹式绿地及透水铺砖散排收集起来补充地下水，多余的雨水通过排水管渠进入人工景观湖和雨水调蓄池。根据校区的地形地势和雨水回收利用的原则，将校区分为 6 大雨水汇流区（图 6-85、图 6-86）。

校区将景观水体作为雨水的主要调蓄设施，将雨水调蓄池作为辅助的调蓄设施。在校园内合理布置排水管道，收集到景观水系中，并在其中投放鱼苗和多种水生植物来净化水质，做到功能性与景观性的统一，提高了雨水的

图 6-82　校园环境
资料来源：北京化工大学官网

图 6-83　第一教学楼 1
资料来源：三角洲杂志官网

图 6-84　第一教学楼 2
资料来源：三角洲杂志官网

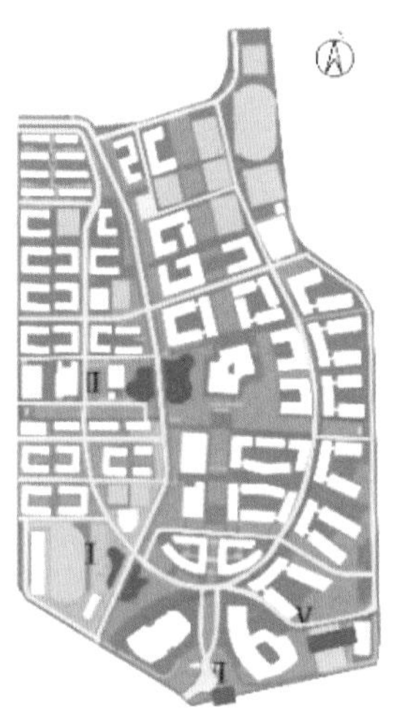

图 6-85 校园总平面图

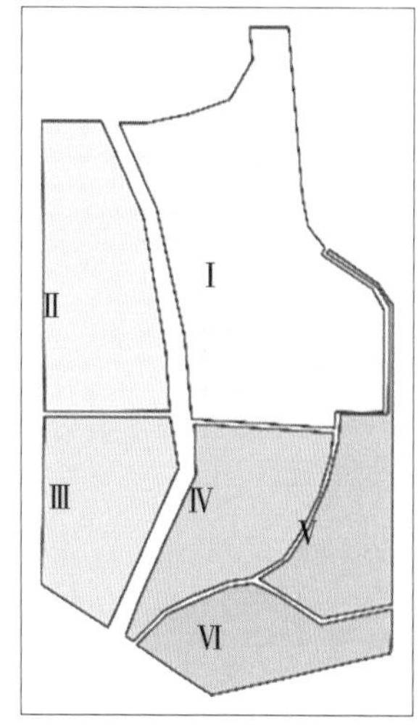

图 6-86 雨水汇流区分区图

以上两图资料来源：《北京化工大学昌平新校区雨水排放及调蓄方案设计探讨》重新绘制

生态利用成效。

校区建有污水处理站，污水依靠重力流至污水站调节池，经格栅过滤后通过提升泵输送到生化系统中（厌氧 + 缺氧 + 接触氧化 +MBR 处理工艺）（图 6-87），在处理系统中加入脱氮除磷工艺，处理合格的中水可以用于楼内冲厕、绿化浇灌和湖区景观补水，以此达到提高再生水利用率、减少城市用水供应量的目的。经测算，利用中水冲厕、绿化和湖区补水，每年可节约水费 200 余万元。

（2）地源热泵技术

项目中的第一教学楼采用了地源热泵作为项目冷热源，通过可再生能源技术，在教学楼周围的地下设置地热管，实现了教学楼和地下的热量进行热量传递。在夏天，通过地热管将室内的热量传送到地下；在冬天，又将土壤中的热量传递上来给室内供暖，由此实现了对教学楼的制冷和供暖，其能效比 COP 达到了 4.0 以上（图 6-88、图 6-89）。

（3）太阳能的再次利用

项目中关于太阳能的运用有两种途径，分别为太阳能光热一体化技术和导光筒技术。

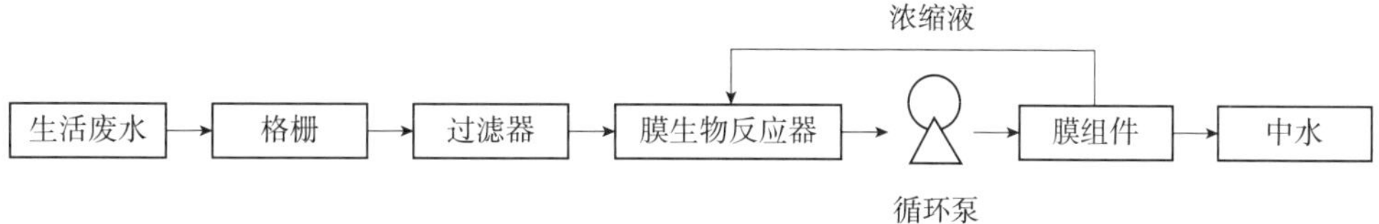

图 6-87 MBR 处理工艺原理图

资料来源：高芬、黄晓一、雷鹏等.《高校污水处理回用与达标排放策略研究——以北京化工大学朝阳校区为例》

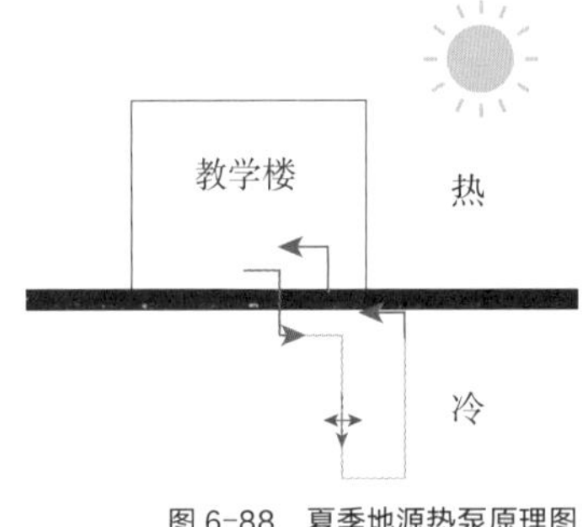

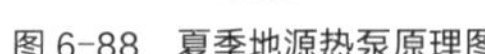

图 6-88 夏季地源热泵原理图

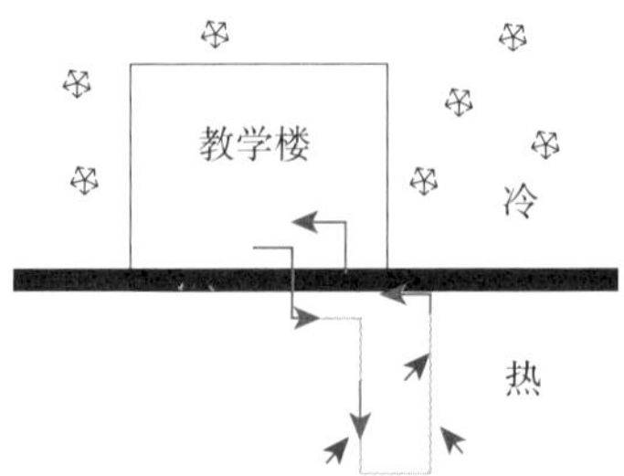

图 6-89 冬季地源热泵原理图

其中，公寓楼的集中淋浴系统和食堂采用了太阳能集热技术，太阳能作为主要热源，空气源热泵和供暖热水作为辅助热源。当太阳能提供的温度达不到所需的温度时，空气源热泵和供暖热水便对其进行辅助加热，供暖期为供暖热水辅助，非供暖期为空气源热泵辅助。此技术不仅提高了学生的生活质量，同时也节约了能源。在体育馆中利用太阳能热水系统，利用其为体育馆提供生活热水。

体育馆还采用了导光筒技术，原理为利用高反射的导光管将阳光从室外引入室内，收集的亮度可以满足馆内进行的各种活动和比赛（图 6-90）。根据推算，每个导光筒的亮度相当于一个 500W 白炽灯所产生的亮度，全年将节约大约 10 万 kWh 的用电量。导光筒技术有效利用自然采光，降低体育馆的照明能耗，节约了运营的成本。

2. 同济大学文远楼

1）项目概况

文远楼位于同济大学的东北角，由建筑师哈雄文和黄毓麟于 1953 年设计建造，总建筑面积约为 5050m^2。文远楼是混凝土结构的建筑，属于包豪斯风格，是在中国的第一栋现代主义建筑。但由于建成年代较早，且受当时的条件技术所限，建筑的保温性能较低，所以在 2005 年开始对其进行改造修缮。设计团队运用了当时国际最先进的节能建筑设计方法，并不断创新，最终在 2007 年完工。此项目是我国基于保护建筑的改造与生态节能技术相结合的第一例，开创了生态节能领域的先河（图 6-91）。

2）设计理念

文远楼的更新设计共采取了十项绿色节能技术：地源热泵技术、太阳能及燃气补能系统、辐射吊顶技术、内遮阳节能系统、绿色材料及保温体系、屋顶花园、节能照明系统、智能控制即时展示系统、雨水收集系统、太阳能热水系统。由于建筑为历史保护建筑，所以需要设计团队经过多方面的考量，采取更适宜的技术，对其进行更精密的设计，结合实际情况寻找可行性

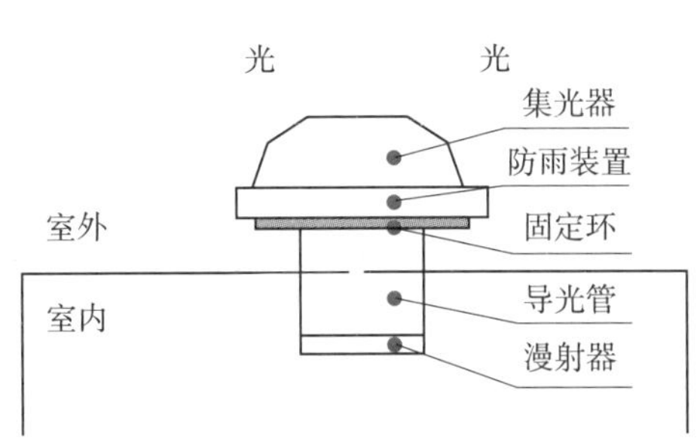

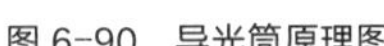

图 6-90　导光筒原理图

图 6-91　建筑外观
资料来源：同济大学官网

方案（图 6-92）。

3）设计要点

（1）雨水收集技术

项目中的雨水收集系统主要将雨水在屋顶和地面进行收集和储存，然后将其用于植物灌溉或者作为工业和民生用水补充水源等。文远楼屋面雨水收集面积约 1500m^2，绿化面积约 3500m^2，根据 2L/m^2/ 天（定额为 1~3L/m^2/ 天，取中间值）的绿化喷灌水量计算，每天需要绿化喷灌用水 7t，因此雨水收集在此设计中较为重要。并且项目在雨水与中水处理设备中采取了自动化装置，主要体现在内置式中水处理设备，一泵多用，采用 PLC 控制及自控弃流装置，降低了人工操作的强度（图 6-93）。

（2）地源热泵技术

由于文远楼是上海市级保护建筑，所以需要对其专门设计改建方案。项目建筑布局可分成三个部分：中间展厅和教室部分、300 人多功能报告厅和 4 个阶梯教室。针对三个部分不同的空间特征，设计团队为其设计三个不同的可再生能源利用方案：展厅和教室部分利用地源热泵和辐射吊顶结合；报告厅利用燃气驱动发动机热泵和余热除湿结合；阶梯教室利用太阳能（燃气补燃）吸收式热泵。

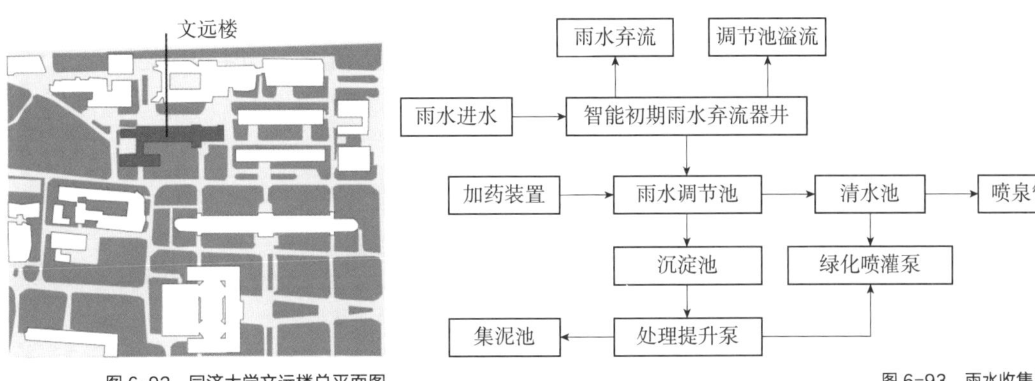

图 6-92　同济大学文远楼总平面图

图 6-93　雨水收集原理图

展厅和教室部分的地源热泵技术利用土壤的恒温层来吸收或者释放热量，在地下埋入换热器，冬季将土壤中的热量吸收上来提供给室内采暖，夏季时将室内的热量通过管道释放到土壤中，并加以辐射吊顶调节室内温度，提高空调热泵系统的能效比（图 6-94）。

300 人报告厅主要采用燃气驱动发动机热泵和余热除湿复合系统（GEHPS），用燃气发动机驱动空调压缩机实现机组制冷与制热，同时还利用发动机的余热达到了除湿效果，此技术可使建筑在各种天气中一直保持适宜的温度和湿度。报告厅采用动态制冷和制热，通过座椅送风，大大降低了能源消耗（图 6-95）。

（3）太阳能发电技术

项目采用光伏发电系统，每平方米屋顶每个小时可以获得 130~180W 的电能，根据上海的光照时长计算，每平方米的屋顶每年可以获得 169~234 度电。虽然文远楼周围环境良好，为太阳能的收集利用提供了良好的环境条件，但是由于项目为历史保护建筑，为了不影响建筑外观，只能将少量的太阳能光电板集中设置于建筑的屋顶，由此来提供建筑所需的部分电能。

3. 清华大学中意环境节能楼

1）项目概况

清华大学中意环境节能楼（SIEEB）是由我国科学技术部与意大利环境与国土资源部（现更名：自然资源部）共同合作完成的一栋绿色节能的典型建筑。该建筑由意大利建筑师马利奥·古奇内拉设计，中意环境节能楼主体为 C 字形，南向的楼体呈由北向南跌落的阶梯状，南侧外墙为高性能玻璃幕墙。中意环境节能楼的功能主要为研究中心、办公教学科研用房、培训中心等，地下 2 层，地上 10 层，总建筑面积为 20 268m^2。此项目是中意双边清

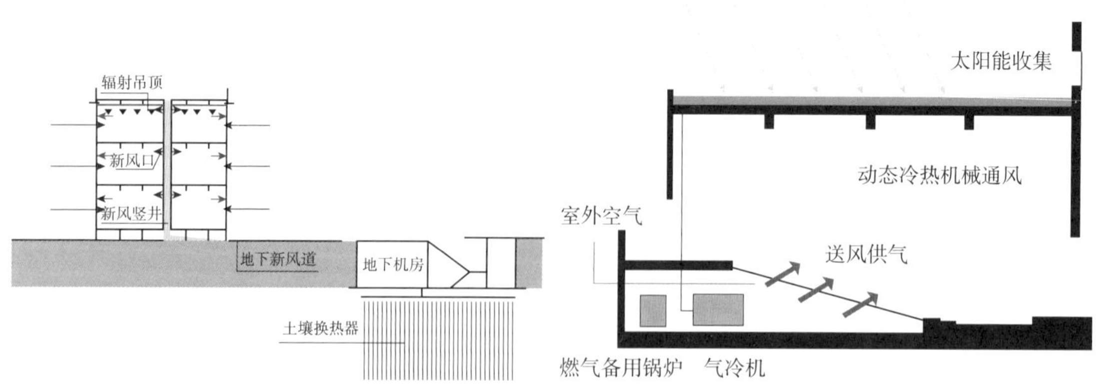

图 6-94　教室部分地源热泵技术原理图　　图 6-95　300 人报告厅地源热泵技术原理图

以上两图资料来源：《同济大学文远楼改造工程——历史保护建筑的生态节能更新》重新绘制

图 6-96　建筑外观

洁发展机制 CDM 项目基地，为我国建筑温室气体减少排放提供了范例（图 6-96）。

2）设计理念

中意环境节能楼的设计融入了绿色、生态、环保、节能等理念，其目的为建成一座“绿色建筑”的典型建筑。设计过程遵循了可持续发展的原则，体现出人与自然和谐融合的理念，并采用当时国际最先进的技术、材料和设备，尽可能地降低温室气体的排放，利用可再生能源，节约能源，提高建筑性能。

3）技术要点

（1）水系统的综合利用

中意环境节能楼在负二层设置雨水收集及中水处理系统，在其地下室四周设置了连通的通风采光窗井，可利用此空间将雨水收集至地下二层的雨水贮水池中，加以楼中的全部生活废水，共同通过中水处理站处理，处理后的中水用于卫生间冲水及车库的地面冲洗等。此楼内的卫生间均采用负压式大小便分离系统，不仅冲水量为常规的十分之一，并且可以减轻污水处理的负担。卫生间的洁具也均为节水型（图 6-97）。

（2）供暖系统

环境节能楼在供暖供冷系统的设计上采用的是楼宇冷热电联产（供），简称 BCHP。此系统采用清洁燃料天然气为能源供应的内燃机发电机组及氢燃料电池，将发电后的余热再次利用，在冬季时用于供暖及生活热水系统，夏季将回收的热量用于热水型溴化锂吸收式冷水机组，产生空调用冷水。BCHP 系统总的热能利用效率为 85%，发电效率为 43%（图 6-98、图 6-99）。

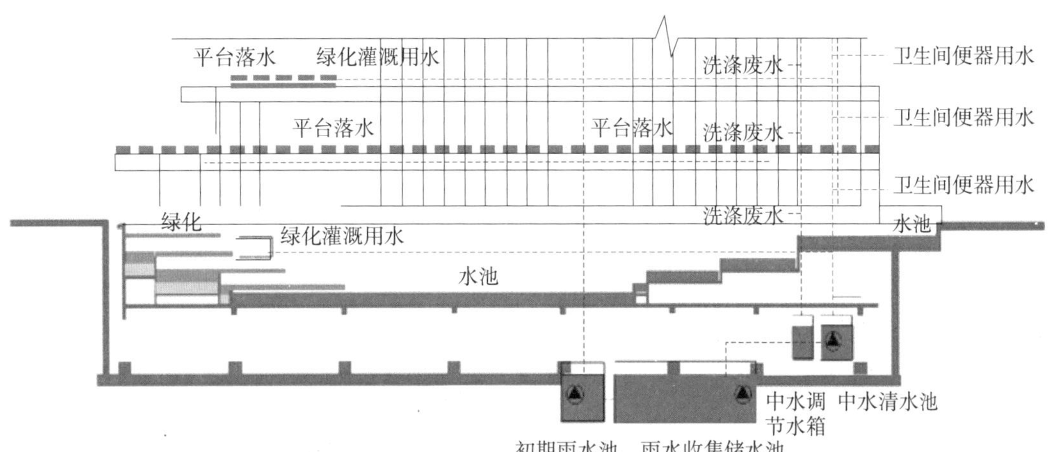

图 6-97　雨水收集系统示意图
资料来源：《清华大学环境能源楼——中意合作的生态示范性建筑》重新绘制

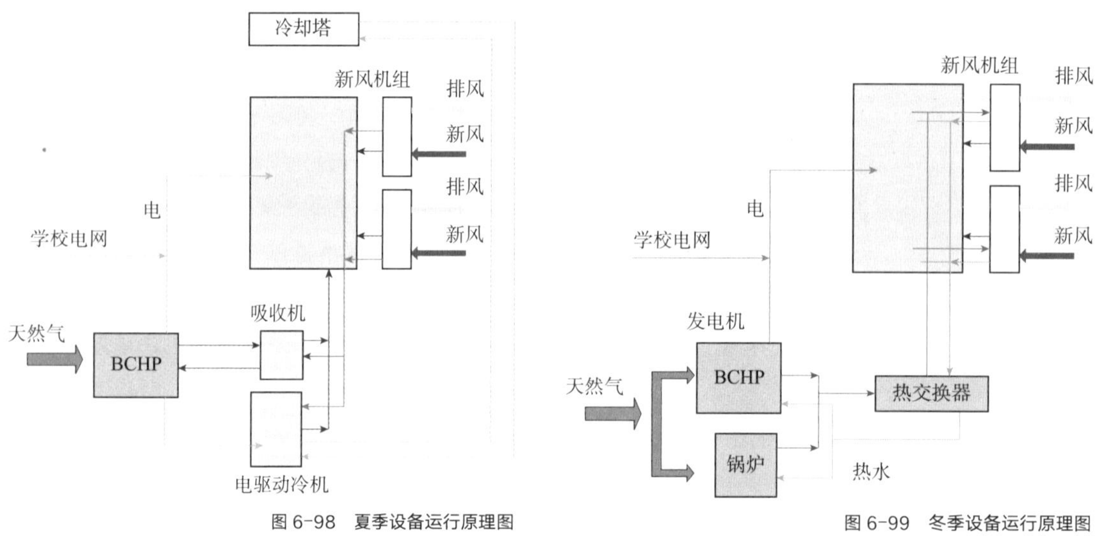

图 6-98　夏季设备运行原理图

图 6-99　冬季设备运行原理图

以上两图资料来源:《清华大学环境能源楼——中意合作的生态示范性建筑》重新绘制

除此之外，项目的屋顶设有太阳能集热器，所获得的热量可用于除湿系统的溶液再生。屋面还装有太阳能高温热发电装置，该系统为抛物面碟式双轴跟踪聚焦，峰值发电功率为 3kW。

（3）太阳能发电系统

项目在南侧退台设置了遮阳系统（图 6-100），遮阳板面层覆盖太阳能 PV 板，与配套设备构成太阳能发电系统（Photovoltaic Generator）。太阳能 PV 模块产生有效电流，并由逆变器转变成项目设备所需的交流电。并网时，太阳能发电机时刻与市电同步，即同电压、同相位、同频率。逆变器组的控制逻辑采用一个保护系统来探测不正常运行条件。

项目的南侧设置了悬臂式机构，在其上面安装了太阳能光伏发电组件，布置在南侧东西两翼的梯形露台之上，每侧对称安装各 95 块，一共为 190 个模块，每个模块的额定功率为 105Wp，总额定功率为 20kWp（图 6-101）。

图 6-100　太阳能光电板

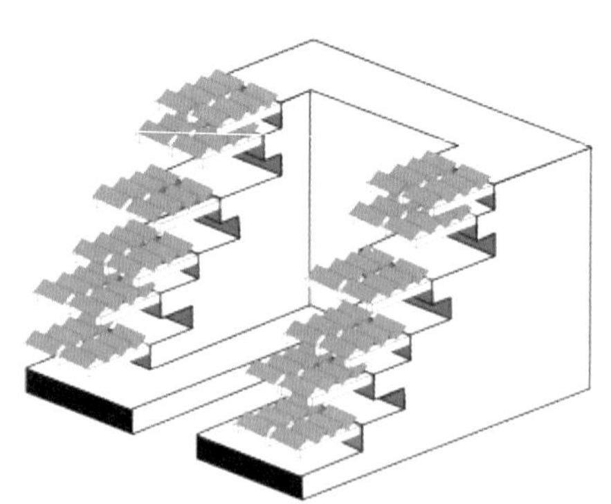

图 6-101　太阳能光电板位置示意图

6.2.4　碳汇景观的低碳学校实例（高校）

1. 同济大学四平路校区

1）项目概况

为了营造更加安全、宁静的校园环境，同济大学四平路校区于 2018 年进行了重要的规划调整，转变为“无车校园”。这一变革涉及机动车流线的重新组织，实现了校园核心区的无车化。

项目的总体设计贯彻了再生设计的理念，充分利用场地原有的资源与要素，注重保留场所的记忆，并通过简洁、实用的设计，打造出宁静、舒适的非正式学习场所。这些场所与校园景观融为一体，为师生提供了一个宜人的学习和交流环境。见图 6-102。

2）设计理念

该校区在景观营造方面，积极倡导资源的循环利用和可持续发展。为了实现这一目标，校区充分利用场地废弃的混凝土铺装和植草砖废料。具体操作上，首先翻起原有的铺装，将废弃的植草砖进行清洗，并巧妙地砌成景墙。同时，收集废弃的块石基座，将剩余的植草与混凝土打碎，制作成石笼。

图 6-102　校园环境
资料来源：SOHU 官网

通过这种方式，原场地的地面被巧妙地翻转为景观立面，通过隔断围合创造出新的空间。这种新的空间语言不仅保留了场所的历史记忆，还为校园景观注入了新的形式和元素。石笼和景墙的运用，不仅是对废弃材料的再利用，也是对场所记忆的尊重和传承，同时展示了校园对可持续发展的坚定承诺（图 6-103）。

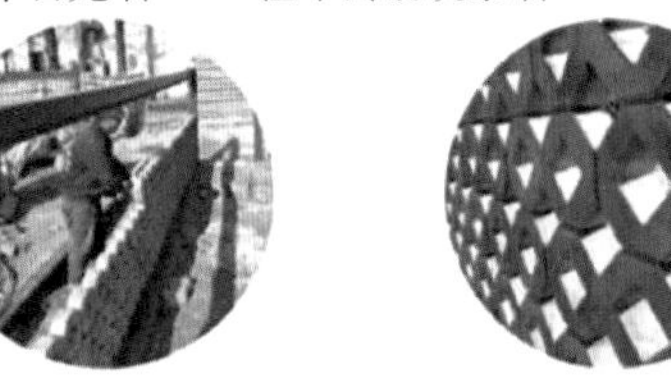

图 6-103　利用回收材料
资料来源：SOHU 官网

3）设计要点

（1）景观流线

为了构建一个高效、环保且富有吸引力的校园景观，需要对景观道路系统进行科学、严谨的规划。这一规划确保道路系统能够有效地串联起各个功能区，实现空间的高效利用（图 6-104）。

图 6-104 校园环境
资料来源：SOHU 官网

在规划过程中，注重行人的引导与车流的组织，通过合理的交通布局降低碳排放，积极响应全球环保的号召。同时，设计遵循“步行优先”的原则，确保行人的安全与便利，并构建“外线车行，内线人行”的道路系统，以优化交通流线，提升城市活力。在道路铺装材料的选择上，注重多样性与环保性。多样化的铺装材料不仅能够丰富景观的视觉效果，还能适应不同的气候与环境条件。同时有助于减少环境污染，实现可持续发展。

在规划过程中，充分考虑景观游览性的提升。通过优化道路系统，为人们提供更加便捷、舒适的游览体验。此外，设计还充分开发道路系统的低碳功能，如设置自行车道、推广公共交通等，以减少碳排放，推动城市的绿色转型。

通过科学、严谨的规划，构建出一个高效、环保且富有吸引力的景观道路系统，为校园的可持续发展贡献力量。

（2）植物分析

在场地改造的过程中，植物造景被视为一个关键要素，能够因地制宜地创造独特的场所氛围。梧桐广场的设计充分展示了这一点，场地保留了广场角落的一株高大的梧桐树，将其作为路径的端点，并使其成为整个广场的视觉中心。通过巧妙的设计，这株梧桐树不仅引导着人们的行走路径，还营造出一个相对私密和宁静的空间。

为了实现这一目标，设计师在梧桐树周围采用了阶梯式的石笼墙，这种设计手法巧妙地划分了空间，增强了场所的私密性和安静感。高大的梧桐树见证着场地的历史，它的存在为人们提供了思考和想象的空间，使人们在欣赏自然美景的同时，也能感受到场地的历史和文化底蕴。

整个设计过程体现了对植物造景和场地特性的尊重与利用，通过巧妙的设计手法，创造出一个既美观又富有内涵的广场空间。这样的设计不仅提升了场地的整体品质，也为人们提供了一个理想的休闲和交流场所（图 6-105）。

2. 南方科技大学

1）项目概况

南方科技大学，简称“南科大”，位于广东省深圳市，作为国家“双一流”建设高校，紧密围绕国家提出的“双碳”目标，以构建节水型校园为核心策略，积极推进节水管理、技术创新以及宣传教育。学校通过建立综合能源管理平台，实施雨水回收再利用系统，以及提高水资源利用效率等措施，显著提升了水资源的可持续利用水平。经过不懈努力，南方科技大学于 2021 年年底成功通过了节水型高校的验收，展现了学校在环保和可持续发展方面的坚定决心和显著成果（图 6-106）。

2）设计理念

在校园的整体规划布局中，设计采用了创新的“三廊一环”结构设计。这一设计在规划过程中，深思熟虑地将绿色校园的理念与先进的技术手段相结合，使之巧妙融入师生的日常生活场景。精心策划的连续遮阴连廊旨在为师生提供便捷的通行体验，并让他们能够在户外环境中享受到优质的声、光、热条件。这一设计的核心目标是创造一个宁静且清新的学习工作环境，以促进师生们在这个空间中的高效工作和学习。

图 6-105 校园环境
资料来源：SOHU 官网

图 6-106　校园实景
资料来源：gooood 官网

3）设计要点

（1）绿色展厅

校园内设有绿色展厅，为师生提供了一个可以直观感受和学习绿色校园技术知识的平台。在这个展厅中，师生们可以深入了解绿色校园的理念、技术和实践案例，从而进一步传播绿色校园的理念，营造出浓厚的绿色校园人文氛围。这种将绿色校园技术融入日常生活场景的做法，不仅提升了校园的环境品质，也为师生们提供了更加健康、环保的生活学习体验。

（2）中水处理

项目坚持因地制宜的原则，对能源、水资源及材料资源进行了科学规划与整合，旨在实现资源的最大化、合理化利用。项目采用了中水处理技术，该技术结合了接触氧化法与超滤的工艺流程，对建筑污废水进行有效处理，处理后的中水可用于多种用途。

（3）雨水利用

此外，通过人工湿地处理技术，将其用于校园景观湖的补水。在雨季时，多余的雨水还可用于周边绿地的浇洒，从而实现了非传统水资源的综合再生利用。低势绿地、透水铺装和雨水花园等措施，不仅有助于保持优良土质，还能增加地下水的涵养，为校园生态环境提供有力保障。

通过科学规划与整合资源、采用中水处理和雨水利用技术，以及实施低冲击开发措施，项目成功地实现了资源的综合利用和非传统水资源的再生利用，为校园的可持续发展提供了有力支持。

3. 昆山杜克大学

1）项目概况

在校园一期的建设中，充分贯彻了海绵城市的策略，确保校园的可持续发展。设计师并没有仅仅从技术角度出发，而是将水生态设计与校园的整体景观紧密相连，从而提升了校园景观的整体价值。二期的校园建设继续秉承“创新、生态”的设计理念。在雨水处理方面打破了传统校园常用的地下管道市政排水模式，采用了一种更为生态和艺术化的设计方式。设计将校园内的雨水与校园景观相融合，使雨水循环过程成为校园景观的一部分。这样，校园的使用者可以近距离地感受、欣赏雨水循环的自然过程，从而受到启发和教育，同时也能够享受这种自然美景所带来的愉悦感受。这样的设计不仅符合海绵城市的理念，还体现了对校园环境的尊重和关爱（图 6-107、图 6-108）。

2）设计理念

经过严格的评估与审核，校园二期的所有建筑均成功获得了 LEED 绿色认证。特别值得一提的是，访客中心因其卓越的设计和可持续性实践，达到了 LEED 的最高等级——铂金级。项目在建设和运营过程中，通过应用多能互补综合能源系统，以及广泛采用可循环材料和模块化建筑构件，显著降低了碳足迹，为环保事业作出了积极贡献。

校园规划特意保留了大面积的绿地，并计划种植大量树木，以提供遮阳效果。为了更加高效和环保地利用水资源，特别采用了微喷节水灌溉系统，并使用经过处理的雨水进行灌溉，覆盖了 90% 的绿地。

此外，为了保护鸟类的飞行安全，所有玻璃幕墙均采用了针对防鸟撞设计的符号化彩釉图案。这一设计不仅体现对生态环境的关心与保护，也展示了校园规划中的人性化考量。

综上所述，校园二期项目在可持续发展、环保节能以及生态保护方面均取得了显著成效，为构建绿色、和谐的校园环境奠定了坚实基础。

3）设计要点

二期校园雨水管理结合整体空间的布局，分为五个区。学生院落生活区

图 6-107　校园实景
资料来源：知乎官网

图 6-108　校园实景
资料来源：知乎官网

景观空间为下沉式庭院，建筑屋面与绿地承接的雨水自然下渗，多余雨水溢流至位于院落生活区中间的雨水花园中。中轴活动区水体景观承接此区域地表径流雨水以及建筑落水。入口展示区的地表径流主要汇集于斜坡草坪中。教工院落区的景观空间也为下沉式庭院，屋面雨水和绿地承接的雨水自然下渗。运动休闲区地表径流则汇入地下管道中。与一期衔接区的雨水主要汇集到两个下沉广场中。校园雨水花园、滞蓄水池等水体景观中滞蓄的雨水，可以用于校园景观灌溉、道路清洗、小型水体补水等。遇到极端降雨天气，溢流的雨水将通过地下管道排入市政雨水管道中（图 6-109）。

图 6-109 滞蓄水池
资料来源：知乎官网

6.3.1 国内竞赛案例

1. 上海交通大学碳中和示范校园规划竞赛方案：阡陌田园上的学习社区

1）项目概况

竞赛将核心关注点放在碳中和示范校区的建设规划上，首先针对一期23万平方米的示范区域进行深入探索，同时展望未来整体67万平方米校区的宏伟蓝图，着重聚焦低碳、零碳乃至负碳的前沿技术，致力于将这些技术融入校区的交通、建筑、能源、生态循环以及智慧化管理等多个方面。通过系统研究与实践，形成一套清晰的碳中和示范校区建设理念、思路、技术路径和目标，并据此制定出切实可行的实施方案。这些成果不仅将为碳中和校区的建设提供重要参考依据，更有望为加速实现未来低碳城市和零碳建筑的宏伟愿景提供宝贵的借鉴与启示（图6-110）。

[上海交通大学碳中和示范校区规划方案国际竞赛一等奖：马溯建筑设计咨询（上海）有限公司]

2）设计理念

项目将一期建设作为实践基地，致力于构建一套完整的校园低碳建筑、综合能源、绿色园区以及智慧管理体系。通过实施校园碳管理，期望将零碳理念深度融入校园教育和制度体系之中，从而积累出可复制、可实施的低碳校园建设经验，目标是实现校园全域在运营过程中的净零碳排放，并推动校园的可持续发展。

为实现这一目标，采用了以雨水花园、透水铺装、下凹式绿地为核心的海绵城市技术策略。这些设施旨在促进雨水的自然积存和下渗，从而达到减排、缓排和截污的效果。通过这些措施，期望在应对气候变化和推动可持续城市发展方面取得显著成效。

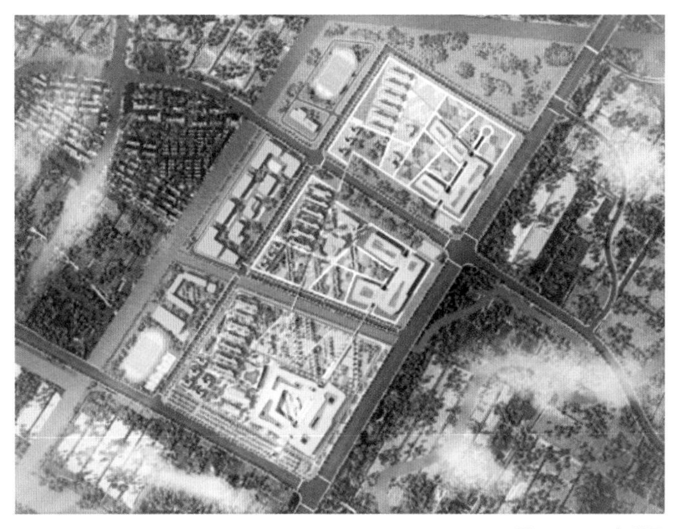

图6-110 鸟瞰图
资料来源：朗绿科技官网

3）景观要点

学院建筑以“零碳之庭”为核心，形成了超链接的校园空间关系，使学校成为一个高度复合化、连接便捷的教育综合体。零碳之庭学院综合楼采用零碳立方设计，巧妙地布置在浮游之庭的四周。这种院落式的空间布局不仅赋予每个区域独特的社区属性，同时也展现了出色的灵活适应性。未来，各学院可以

图 6-111　校园环境
资料来源：朗绿科技官网

图 6-112　校园环境
资料来源：朗绿科技官网

根据自身的特色，定制符合自身需求的、充满诗意的学院空间场景。这一设计既体现了环保理念，又优化了校园空间布局，为学校的未来发展奠定了坚实的基础（图 6-111、图 6-112）。

4）技术要点

（1）雨水花园

作为一种生态设施，雨水花园可以是自然形成或通过人工挖掘得到的浅凹绿地。它的主要功能在于收集并吸纳来自屋顶或地面的雨水。经过植物和沙土的联合作用，雨水得以净化，并且这种结构对于削减雨水峰值流量具有良好的效果。

（2）特殊材料

慢行步道采用了透水陶瓷砖这种特殊材料。这种透水砖的特点在于它能够维持地面的透水性和保湿性。无论是道路面层还是路基，都采用了透水性材质，从而有效地减少了道路雨水的径流总量。

（3）植物组团

学校的生活区，与遵循自然秩序和阡陌结构的教学组团形成鲜明对比，呈现出更为开放和自然的特点。学生的居住空间以线性流动的方式巧妙地融入了校园的自然环境，底层设计架空，上部的居住单元面向湿地湖景。以一种开放的态度拥抱自然。这种线性的师生居住组团设计，最大化地利用了景观资源。在交通组织方面，它创造了一种可以时而欣赏风景、时而享受闲适居住的空间场景。

（4）庭院空间

建筑的底层架空部分与自然的线性空间共同围合出的庭院，为师生们提供了一个互动共享的空间。这不仅促进了学习与游憩的结合，还为健康生活提供了新的体验。

2. 深圳前海桂湾四单元九年一贯制学校竞赛方案

1）项目概况

项目坐落于深圳前海地区，这一地带被定位为深港澳深度合作的示范区以及城市的新兴中心。鉴于周边高楼林立的城市景象，方案深入探索并设计了一种创新的校园模式，以回应未来的教育需求。经过多轮研究与实践，由此得出了结论——“城市山谷中的花园式学习社区”将成为理想的校园模式。

这一新型校园将采用城市花园的设计理念，巧妙地融入周边环境，并与城市形成更加紧密的互动与共享。校园空间规划注重空间的灵活性和适应性，确保它们能够与教育内容相呼应，满足教育活动的多元化需求。

通过这种“城市山谷中的花园式学习社区”模式，为学生和教师创造一个既美丽又实用的学习环境，促进深港澳之间的深度合作，并推动城市教育事业的持续发展（图 6-113）。

[桂湾四单元九年一贯制学校项目全过程设计第三名：北京市建筑设计研究院有限公司 / 中外建工程设计与顾问有限公司]

2）设计理念

绿色智慧的理念在校园规划中得到了充分体现，目标是将这所学校打造成城市中一道亮丽的风景线，使之成为高密度建筑群中的绿色核心。通过巧妙的底层架空，构建了丰富的庭院空间，为校园增添了更多绿意。同时，利用层层叠加的屋顶绿化和空中花园，创造出了一个立体的绿色山谷，使校园成为一个真正的绿色生态空间。这种设计不仅提升了校园的美观度，还为学生们提供了一个更加舒适、健康的学习环境（图 6-114）。

3）技术要点

（1）海绵校园

在校园生态建设的层面，致力于通过地面自然景观与精心设计的跌落式屋顶花园，引入丰富多样的生态物种，从而构建一个具备持久生命力的校园生态

图 6-113　校园鸟瞰图
资料来源：SOHU 官网

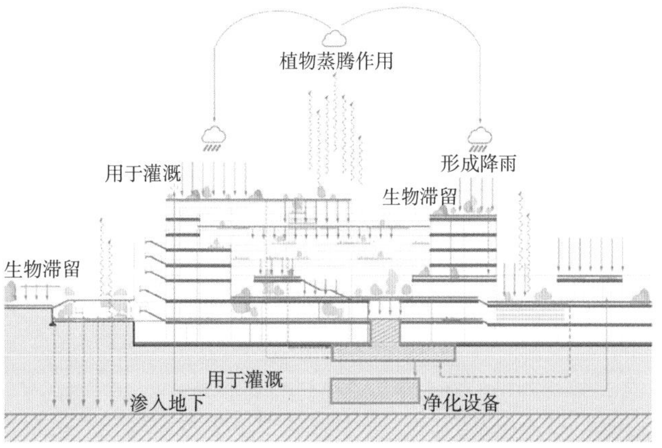

图 6-114　理念分析
资料来源：SOHU 官网

系统。打造一个物种繁多、生态平衡的“海绵校园”，实现与西侧和北侧城市公园的生态互联互通，为鸟类提供自由的栖息和觅食空间。

为了实现这一目标，在各层屋顶和空中花园布置了精心设计的景观绿化，这些绿化区域不仅美观，更重要的是它们构成了一个立体的生态与雨洪管理系统。此外还设计了不同尺度的下沉庭院，这些庭院在保持校园高密度的同时，也遵循了海绵城市的原则，提供了更多的可下渗海绵体，促进了地下水的补给和水循环。通过这样的设计，期望能够真正实现整个校园的低影响开发，确保校园生态的可持续发展（图 6-115）。

（2）低碳界面

建筑界面以理性之姿回应着各种形式的挑战。东西向紧邻城市街道的界面，采用考虑遮阳角度的穿孔铝板，既形成连贯的城市景观，又有效隔绝噪声，其与教室窗户间的微妙空隙，不仅营造出“冷巷”效果，更为绿植生长提供了温床。校园南北两侧，挑空的绿植空间与局部竖向格栅相映成趣，打造出简洁开放的校园形象。底层部分结合“游赏”路径架空，与城市共享互动，而屋顶层层叠翠的退台，则编织成立体的城市花园。内侧设计充分开放且架空，绿植点缀其间，既适应了深圳气候，又与教育理念交相辉映。

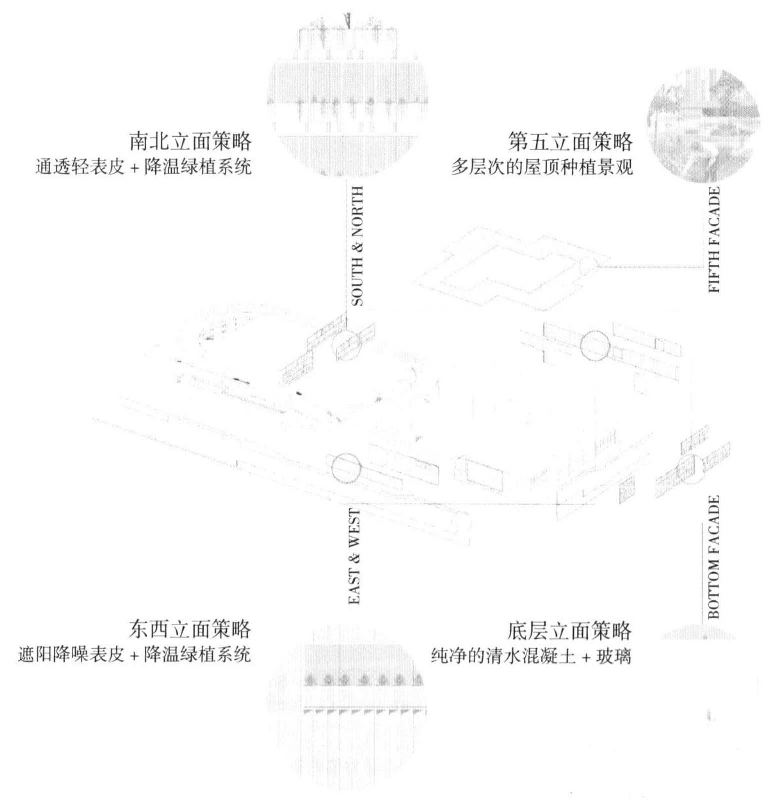

图 6-115　理念分析
资料来源：SOHU 官网

6.3.2 国外竞赛案例

Latlit Suri 酒店管理学院 -FAP 2020 奖

1）项目概况

项目位于印度的奥迪沙州首府布巴内斯瓦尔，是多个农业社区的所在地，表达了客户公司的精神气质，同时展示了酒店业的传统和未来。由 Sonali Rastogi 和 Manit Rastogi 建筑师设计。项目基地面积 2 万平方米，总建筑面积 1.3 万平方米，于 2019 年 7 月完成。房间数量为 120 间，建筑物高度为 17.5m（图 6-116）。

项目将建筑群与现有景观融为一体：场地正面是一个朝向西方的有机市场。在它的北部边缘，它毗邻一大片树叶茂密的印楝。设计理念是围绕着这些美丽的树木集群，并将其整合到整体设计中。景观和建筑尊重场地的自然坡度。该建筑的高度保持在较低的水平，使其具有行人友好的人性尺度，并使“绿色”和“建筑”无缝融合（图 6-117）。

此项目获得 2020 年 FuturArc Prize（FAP）竞赛绿色领导力奖。FuturArc Prize 于 2008 年推出，是亚洲首个面向专业人士和学生的国际绿色建筑设计竞赛。它旨在引发建筑设计艺术和科学的持续变革和创造力，展示可持续未来的创新理念和解决方案。

图 6-116 建筑外观
资料来源：Futurarc 官网

2）设计理念

建筑公司借鉴了 Otto Konigsberger 对布巴内斯瓦尔的最初愿景，他在那里看到了拥有许多政府办公室的国会大厦成为“公共生活的一个活跃点”。因此，建筑师建议将公共功能和社区空间包括在内，以创建一座能增加城市社会基础设施的建筑，这一建议得到了客户的欣然接受。这种将建筑纳入公共领域的尝试是通过将底层设计成一个自由流动的公共空间来实现

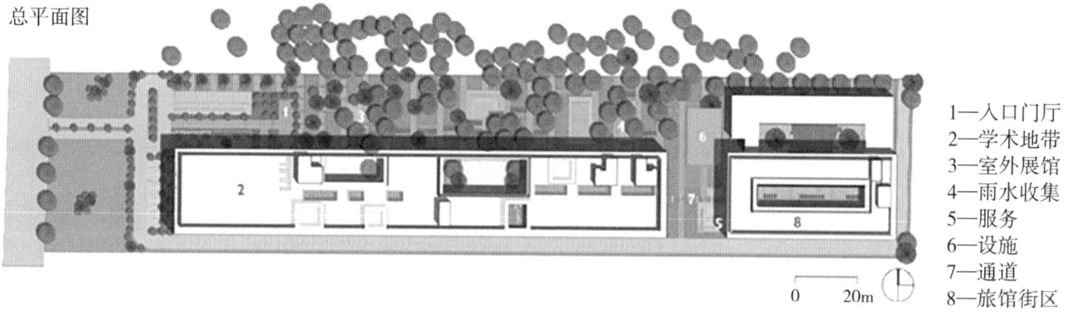

图 6-117 总平面图
资料来源：Futurarc 官网

的，该空间通向广场，广场是街道的延伸。

项目将建筑体量与现有景观融为一体。场地的北部边缘生长着茂密的苦楝树树林。建筑形式通过需要来回移动，主动与树簇接触并交织在一起（图 6-118）。设计采用印度当地的砖作为建筑材料。

3）技术要点

（1）被动式节能减碳技术策略

项目采用分散式布局，建筑体块间保留通道，可以让风通过。西北夏季风在降低室外温度的水体上得到控制和重新定向，同时利用东北和东南季风在高湿度月份降低湿度（图 6-119）。

1. 场地东北边缘的印楝林

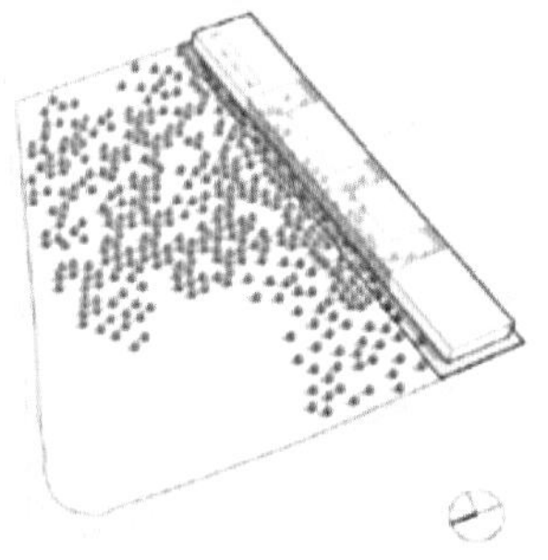

2. 最大允许建筑面积

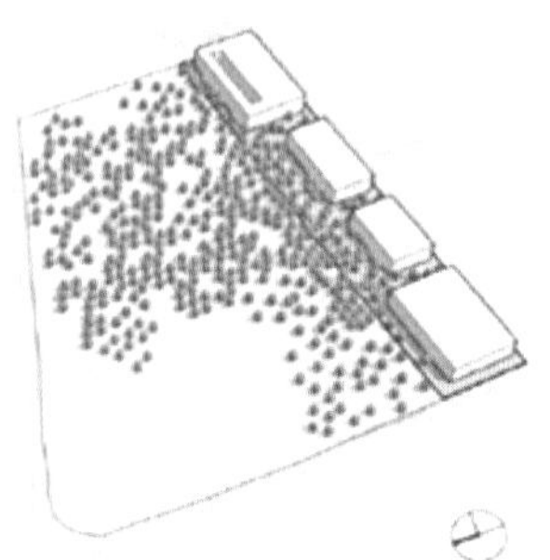

3. 优化的建筑形式允许零砍伐树木

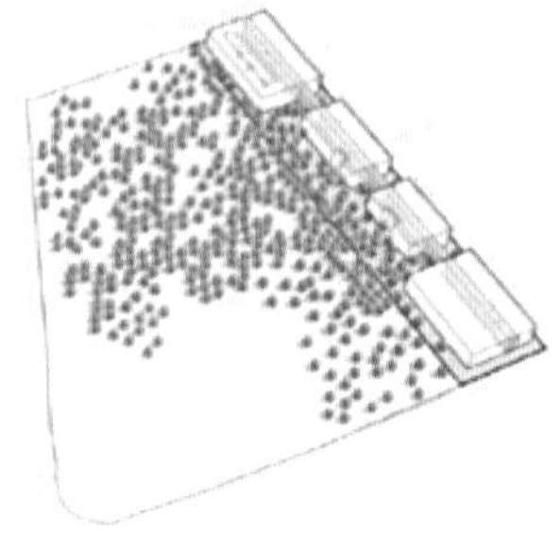

4. 百分百自然通风的脊柱中央

图 6-118　生成过程：生态系统图
资料来源：Futurarc 官网

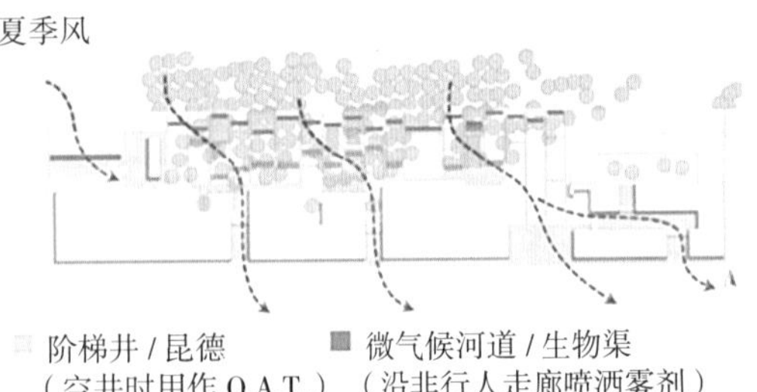

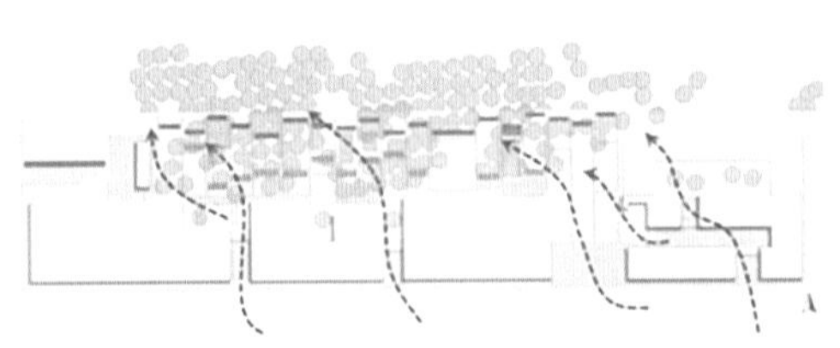

图 6-119　风分析图
资料来源：Futurarc 官网

底部架空和庭院营造出烟囱效应，新鲜空气通过底部的脊柱，达成100% 的自然通风，景观庭院增强了建筑内新鲜空气的交叉流动（图 6-120）。

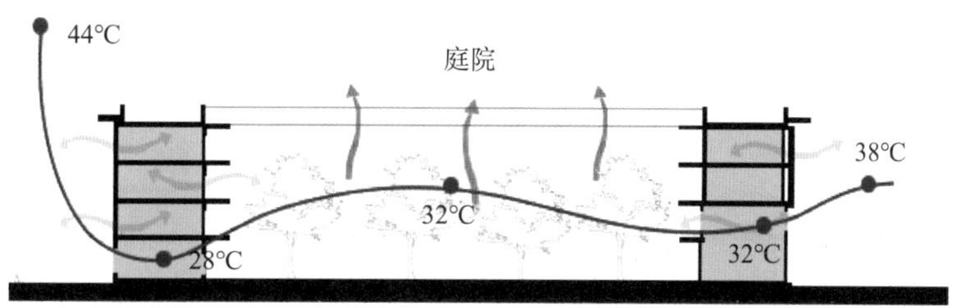

图 6-120 烟囱效应分析图

同时设计中也利用空腔墙体、露台花园、灰空间等，以减少建筑物内的热量增加。

建筑的北侧有基地中原本就存在的森林，出于对环境的保护选择建筑体块的移动和建筑高度的设计，和树群保持友好的尺度。建筑可以通过现有的树木通过“蒸腾冷却”来冷却空气。将森林延伸到室内，也可以提高学生的生产力（图 6-121）。

当地最小太阳照射的最佳方向为南北方向，悬臂投影等立面上的起伏使墙壁能够遮阳，而悬垂部分防止阳光直射到空间中，同时起到减少热量增加的作用，还设计了自遮阳墙和空腔壁，以减少建筑中的热量增加。通过合理的功能排布和空间规划，缓冲太阳能的辐射，例如将礼堂设置在西侧。剖面分析图显示了外部的双层贾利墙在减少热量增益方面的效果（图 6-122）。

（2）外围护结构设计

由于成本敏感性，项目选择裸露的砌砖作为整个项目的单一材料，以提供一种永远存在的持久感、低维护性，并最终提供心理安慰和安全感，从而解决了材料特质和可负担性问题。此外，由于土壤中黏土含量高，因此在此项目 500km 半径范围内也很容易获得砖作为材料。立面主要选择模式化堆砌方式，可以有效防止阳光进入室内，减少热量增加。同时，采用低墙窗比的简单裸露砖作为物理屏障，可以过滤 30% 的室外光线（图 6-123、图 6-124）。

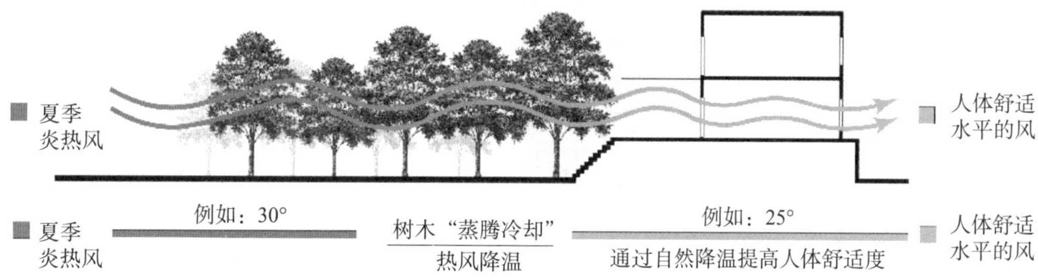

图 6-121 树木蒸腾冷却示意图

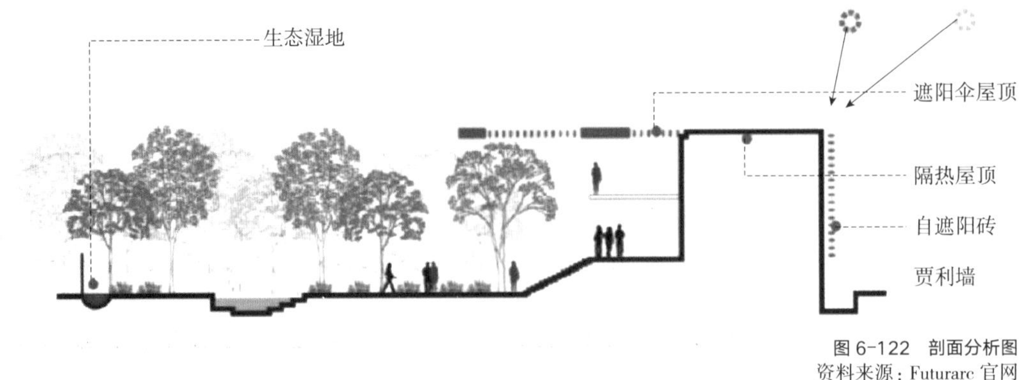

图 6-122　剖面分析图
资料来源：Futurarc 官网

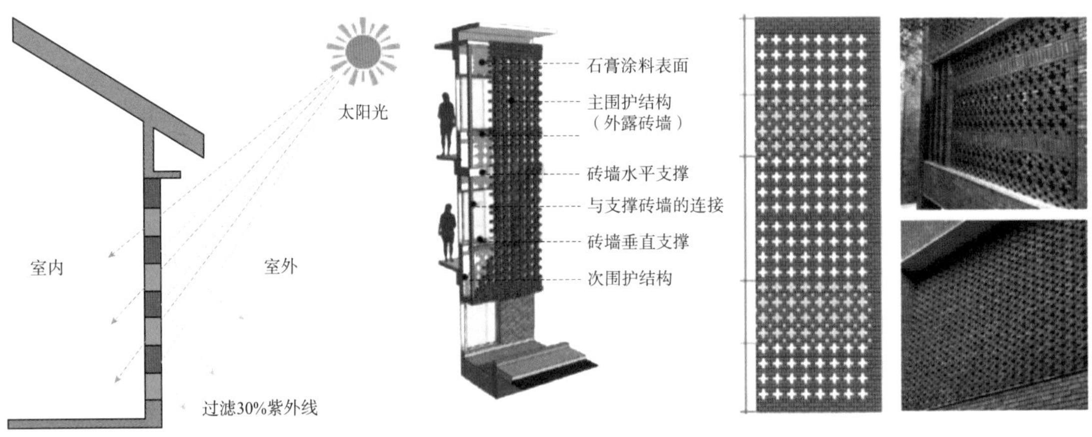

图 6-123　砖墙分析图

图 6-124　砖墙细部分析图
资料来源：Futurarc 官网

（3）碳汇景观优化设计

建筑部分低于地面，有助于实现更好的可达性和热舒适性，并可作为主要道路和建筑之间的缓冲，达到减少噪声的效果（图 6-125）。

场地的北部边缘种植着茂密的楝树树林。设计者在保护这片树林的基础上将其整合到整体设计中，用树林来遮蔽建筑前面的开放和半开放空间。

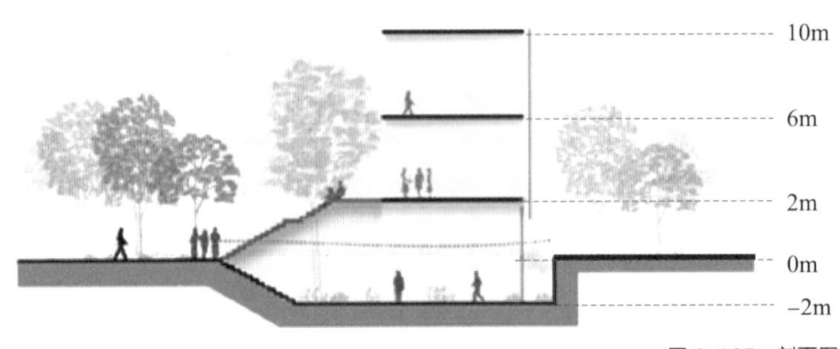

图 6-125　剖面图
资料来源：Futurarc 官网

（4）雨水、废水回收与利用

项目设计了雨水收集系统，在季风期通过设计收集井，利用生物沼泽，将雨水收集并再次利用。根据统计得出，季风期间收集到的雨水约为 4900m^3，而季风期间各机构的淡水需求约为 3500m^3，所收集的雨水远超出需求用水量。因此，建筑在每年的六月至九月的季风期间可以达到零净水目标（图 6-126）。

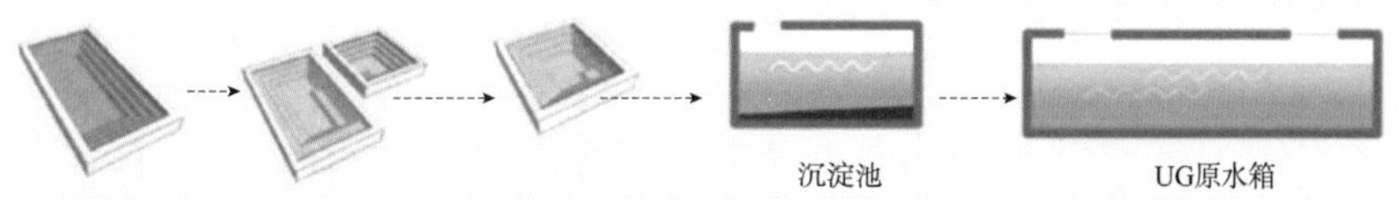

图 6-126　雨水收集分析图
资料来源：Futurarc 官网

（5）可再生能源利用——光伏建筑一体化

太阳能的应用，使 100% 的教学区实现了零能耗。建筑屋顶 5750m^2 的面积用于太阳能农业。项目能源性能 ≤ 58kWh/m^2/ 年，与 ECBC 基准 90kWh/m^2/ 年相比，为学校节省了 35% 的运营开支（图 6-127）。

（6）专家学者评论

Nirmal Kishnani 博士：地区主义又回来了。这是庭院建筑和地区主义情感重生的一个极好的例子。我们一直知道，这种组合从根本上讲是有好处的，它提供了一个凉爽的小气候，并增加了在炎热气候下进行社会互动的可能性。该项目（图 6-128）有入住后的数据支持上述观点。

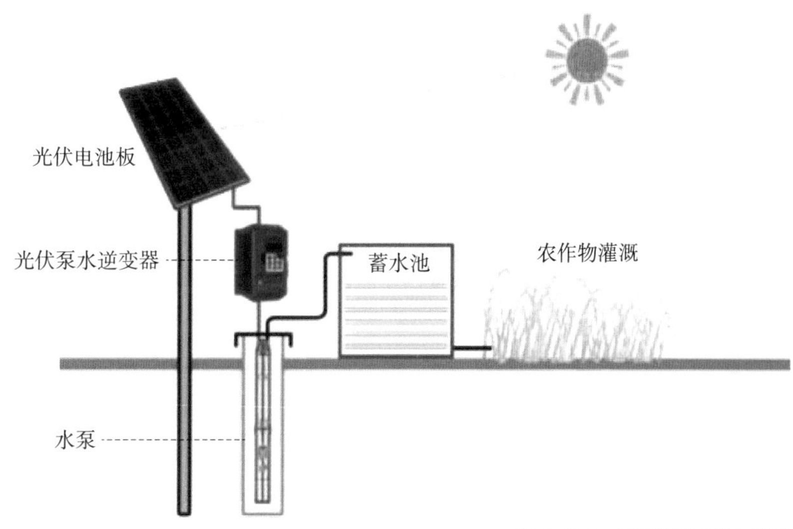

图 6-127　太阳能农业运用示意图

图 6-128　项目场景图
资料来源：Futurarc 官网

Herbert Dreiseitl 教授：关于这个案例，有两件事给我留下了特别深刻的印象：物质性和内外之间的无缝连接。虽然机构往往倾向于遵循安全措施，大门和固定外墙对外关闭，但这一入口向人们和现有的景观开放。事实上，它使景观生态系统流经建筑，为建筑带来新鲜空气、自然光和再生能源的氛围。此案例有其自身的特点，采用了精心制作的材料和颜色组合，完美地使用了砖块。做得好！

Christina Duplessis 教授：朴素的砖和玻璃外墙隐藏了该项目对其场地的敏感性及其在当地的嵌入性。该建筑的位置非常谨慎，以尽量减少对自然的干扰，同时利用相邻印楝林产生的凉爽微风，它使用了一系列传统解决方案，如穿孔砖表皮和小的绿色内部庭院，以减少热量增加，阶梯井用于蒸发冷却，以及雨水管理和收集。

参考文献

[1] 田亮，徐序，李小明，等．光储直柔技术在校园建筑中的设计应用 [J]. 建设科技，2023，(23)：81-85+90. DOI：10.16116/j.cnki.jskj.2023.23.019.

[2] 陈海龙，张本松，王忠云，等．被动式超低能耗学校类公共建筑项目管理创新实践 [J]. 创新世界周刊，2021，(1)：74-85.

[3] 冯恩明，林梦佳，林仁，等．新型节能建材在学校建筑中的应用研究 [J]. 中国建筑装饰装修，2023，(14)：107-109.

[4] 蔺雪峰，戚建强，邹芳睿．绿色・教育・建筑——天津生态城国际学校 [J]. 动感（生态城市与绿色建筑），2013（Z1）：52-59.

[5] 陈向国，刘京佳．可再生能源为建筑超低能耗"赋能" [J]. 节能与环保，2022，(08)：10-17.

[6] 张念恩．基于低碳理念下的寒地中小学教学楼建筑策划研究 [D]. 吉林：吉林建筑大学，2023.

[7] 王丽文．中小学绿色示范校园创建研究 [D]. 武汉：长江大学，2023.

[8] 白浩永．低碳目标指引下的寒冷地区中学设计研究 [D]. 北京：北方工业大学，2022.

[9] 贾佳．寒冷地区中小学教学楼被动式绿色设计方法研究 [D]. 天津：天津大学，2017.

[10] 张豪．光伏建筑一体化在校园环境中的应用潜力研究 [D]. 天津：天津大学，2014.

[11] 叶杭冶．风力发电系统的设计、运行与维护 [M] 上海：电子工业出版社，2010.

[12] HASSELL. 昆士兰大学全球变化研究所 [J]. 城市环境设计，2014，(5)：146-152，144-145.

[13] 舒欣，陈晨，唐超．碳中和导向的气候适应性建筑设计演绎——以英属哥伦比亚大学可持续发展互动研究中心为例 [J]. 建筑师，2022，(2)：68-75.

[14] 薛志峰，曾剑龙，耿克成，等．建筑节能技术综合运用研究——清华大学超低能耗示范楼实践 [J]. 中国住宅设施，2005，(6)：14-16.

[15] 陈玉保，赵晓健．高校低碳校园规划建设的实践探索——以北京化工大学昌平校区为例 [J]. 办公室业务，2022，(12)：177-178.

[16] 肖欢，肖敏，李楠．北京化工大学昌平新校区雨水排放及调蓄方案设计探讨 [J]. 给水排水，2015，51（S1）：285-287. DOI：10.13789/j.cnki.wwe1964.2015.0403.

[17] 高芬，黄晓一，雷鹏，等．高校污水处理回用与达标排放策略研究——以北京化工大学朝阳校区为例 [J]. 城市建设理论研究（电子版），2023，(34)：208-210. DOI：10.19569/j.cnki.cn119313/tu.202334069.

[18] 钱锋，魏崴，曲翠松．同济大学文远楼改造工程历史保护建筑的生态节能更新 [J]. 时代建筑，2008，(2)：56-61.

[19] 曲翠松．历史保护建筑的生态节能更新——同济大学文远楼改造工程 [J]. 城市建筑，2007，(8)：16-17. DOI：10.19892/j.cnki.csjz.2007.08.005.

[20] 金跃．清华大学环境能源楼设计 [J]. 暖通空调，2007，(6)：73-75.

[21] 张通．清华大学环境能源楼——中意合作的生态示范性建筑 [J]. 建筑学报，2008，(2)：34-39.

[22] 严露．光伏建筑一体化在我国高校中的应用研究 [D]. 泉州华侨大学，2016.

[23] 张神树 .LEED 和绿色建筑的设计方法 [J]. 世界建筑，2008，(4)：110-112.